ENGRAIS CHIMIQUES

LE FUMIER ET LE BÉTAIL

NOUVEAUX

ENTRETIENS AGRICOLES

DONNÉS AU CHAMP D'EXPÉRIENCES DE VINCENNES

1874-1875

PAR

M. GEORGES VILLE

TOME DEUXIÈME

PARIS
LIBRAIRIE AGRICOLE DE LA MAISON RUSTIQUE
26, RUE JACOB, 26

LES

ENGRAIS CHIMIQUES

OUVRAGES DU MÊME AUTEUR

Recherches expérimentales sur la végétation, mémoires et mélanges. 1 beau vol. grand in-8° de 400 pages, avec des gravures noires et 3 planches....... 15 fr. »

La production végétale, Conférences agricoles de Vincennes en 1864. 1 beau vol. gr. in-8° de 460 pages. 7 fr. 50

Les Engrais chimiques, entretiens agricoles donnés aux champs d'expériences de Vincennes. 2 vol. in-18 ensemble de 816 pages avec gravures et planches :

1er volume : Entretiens de 1867. 4e édition. 412 pages avec préface nouvelle. 4 gravures et 2 planches.. 3 fr. 50

2e volume : Entretiens de 1874-1875, les engrais chimiques, le fumier et le bétail, 400 pages avec gravures et planches................... 3 fr. 50

L'École des engrais chimiques, premières notions de l'emploi des agents de fertilité (*Bibl. des écoles primaires*). In-12 de 108 pages et 1 planche............. 1 fr. »

Résultats obtenus en 1868 au moyen des engrais chimiques. Grand in-8° de 75 pages.............. 2 fr. »
Le même. Édition in-18 de 155 pages.......... 1 fr. »

Maladie des pommes de terre. Grand in-8° de 32 pages.................................... 1 fr. »

La Betterave et la Législation des sucres. Gr. in-8° de 48 pages et 2 planches......................... 1 fr. »

L'Agriculture par la science et le crédit. Gr. in-8° de 44 pages........................... 1 fr. »

Typographie Firmin-Didot. — Mesnil (Eure).

LES

ENGRAIS CHIMIQUES

LE FUMIER ET LE BÉTAIL

NOUVEAUX

ENTRETIENS AGRICOLES

DONNÉS AU CHAMP D'EXPÉRIENCES DE VINCENNES

1874-1875

PAR

M. GEORGES VILLE

TOME DEUXIÈME

PARIS

LIBRAIRIE AGRICOLE DE LA MAISON RUSTIQUE

26, RUE JACOB, 26

1876

PRÉFACE.

J'offre au public cette nouvelle série d'entretiens avec la confiance qu'ils recevront un accueil non moins favorable que ceux qui les ont précédés.

Lorsque je me reporte à la fondation du champ d'expériences de Vincennes, en 1860, et que je me rappelle le petit nombre d'auditeurs, qui m'entourait alors, tous pour la plupart mes amis, les confidents d'une pensée qu'ils voulaient bien encourager de leurs suffrages, et que je vois maintenant l'affluence qui se presse à ces conférences; lorsque je mesure l'étendue et la variété des applications que la doctrine agricole des engrais chimiques a provoqués, l'importance des résultats qui en sont le fruit, je trouve dans ce concours spontané, à la fois une récompense et la justification de la confiance qui m'anime.

Ce nouveau volume est la continuation de cet enseignement, dont mes conférences de 1864 ont fixé pour la première fois le cadre et les bases, et que mes Entretiens de 1867 et 1868, ont eu pour destination d'agrandir et de vulgariser.

On me rendra cette justice que la critique ne s'est guère montrée, à mon égard, soucieuse d'impartialité et de ménagements. Elle a commencé par tout nier dans mon œuvre, les principes et les résultats. Lisez les journaux agricoles d'il y a dix ans, comparez à leurs articles d'alors leurs articles d'aujourd'hui ! Sur le fond de la doctrine l'opposition a cessé; les faits nouveaux en 1867 qui leur servent de base, consacrés par des milliers de vérifications sont admis maintenant, comme des vérités démontrées. Il n'y a plus qu'un point, un seul, sur lequel l'opposition subsiste encore dans le cercle restreint de quelques petites coteries : son origine, dont on a voulu successivement faire honneur à M. Boussingault d'abord, puis aux savants de l'Allemagne et de l'Angleterre, qui à leur tour se voient délaissés au profit d'une prétention nouvelle : faire de la doctrine des engrais chimiques, une œuvre essentiellement anonyme, fruit du progrès général de la science et sans aucune attache personnelle.

Il n'y a rien là qui doive nous surprendre : à quelle œuvre un peu originale ce procédé a-t-il fait défaut?

Quand on pense que Lavoisier, la gloire la plus pure de notre temps, en a connu les amertumes! Mais, dites-moi, qui s'occupe aujourd'hui d'Hasseanfrazt, de Baumé, de Cadet-Gassicourt, les importants du moment, que l'opinion opposait avec une ostentation affectée à Lavoisier, comme des égaux ou des émules?

Laissons donc le temps accomplir son œuvre de justice, mettre chacun à sa place et suivons sans plus de soucis, le cours de nos patientes et laborieuses études. L'oreille attentive à tout ce qui se dit, non-seulement en France, mais à l'étranger, sur les questions agricoles, je ne laisse jamais passer sans réponse une objection fondée, ou qui ne l'étant pas, pourrait donner le change à l'opinion.

Mais au lieu de faire descendre la discussion dans le domaine des dissentiments personnels, je m'applique au contraire à la dégager de tout ce qui peut en masquer la portée et le véritable caractère. Par exemple, après tout ce qui a été dit à l'égard de l'humus et de son rôle agricole, j'ai cru devoir ramener la question à ses véritables termes et montrer, autant par des faits pratiques, dont la prairie a fait presque tous les frais, que par des arguments de science, que la géologie m'a fourni au sujet des végétations primitives, que les matières noires du fumier n'ont qu'une importance très-secondaire, et ne sont dans aucun cas une nécessité imposée à la culture.

A ceux qui préconisent la culture intensive par le fumier, il était nécessaire de prouver que ce système en dehors de l'annexe toujours rare d'une industrie agricole, ou de prairies richement colmatées par l'irrigation, ne donne à l'exploitant ni sécurité, ni profit.

Depuis quatre à cinq ans, des recherches nouvelles m'ont conduit à modifier la formule de plusieurs engrais et à présenter une classification générale des engrais aujourd'hui usités, qui met en lumière les règles d'après lesquelles on passe des uns aux autres, comme aussi les symboles, au moyen desquels on les exprime et on les définit.

Malgré tout ce qu'on a dit contre les champs d'expériences, il est bien démontré aujourd'hui que leur témoignage est le seul moyen pratique de fixer avec certitude la composition de la terre au point de vue des besoins agricoles; j'ai donc insisté, avec un soin tout particulier, sur les règles qu'il faut suivre pour interpréter leurs résultats, et j'ai montré que, grâce aux notions dont on leur est aujourd'hui redevable, toutes les cultures d'une exploitation deviennent une source d'informations, d'une sûreté sans égale, pour signaler les agents de fertilité dont le sol peut être dépourvu.

Enfin j'ai cru le moment venu de traiter la question du bétail; le sujet est à la fois si grave et si complexe, qu'on ne saurait y apporter trop de méthode et de circonspection. Aussi pour ne rien laisser dans le vague, me suis-je d'abord appliqué à fixer la véritable place des animaux dans l'organisation d'une exploitation rurale, pour montrer ensuite avec plus de sûreté, à quelles conditions ils peuvent devenir la source d'opérations capables de donner de sérieux profits.

A cet effet j'ai présenté une analyse aussi complète que sévère, de tous les résultats obtenus à la ferme de Bechelbronn, à l'époque où elle était dirigée par M. Boussingault, isolant avec un soin minutieux, les trois branches de l'exploitation : la culture, le bétail, et la prairie, dans une série de véritables budgets.

J'ai pu ainsi, à l'aide de chiffres certains et de résultats positifs, montrer ce qu'a été dans le passé cette exploitation célèbre, lorsqu'on y gagnait 3,333 fr. par an, et ce qu'elle pourrait devenir, si on avait recours à une importation d'engrais, et si le bétail au lieu d'un rationnement précaire, était soumis à une alimentation surabondante, fixée d'après les règles que la science physiologique a tracées depuis quelques années.

Mais le côté le plus original de cette étude est certainement la partie que j'ai consacrée à la production de la substance animale.

En soumettant les faits consacrés par l'expérience des éleveurs les plus autorisés, à une discussion approfondie, il m'a été démontré que les lois qui règlent la production des plantes sont applicables aussi aux animaux, et que la condition qui rend la culture rémunératrice s'étend encore au bétail.

Tout ceci, bien entendu, sans méconnaître les contrastes et les oppositions qui séparent sous quelques rapports le règne végétal du règne animal.

Une question capitale, le prix de revient du fumier, m'a fourni l'occasion de fixer les principes qui doivent servir de base à la comptabilité agricole.

Ce sujet a été l'objet de tant de controverses et de si vives discussions, que pour mettre mes conclusions à l'abri de toute nouvelle atteinte, et donner à mon exposition plus d'unité, je n'ai pas hésité à reproduire deux ou trois comptes déjà publiés par moi, comme un exorde et une sorte de préparation à la discussion de fond à laquelle je me suis ensuite livré.

Enfin pour clore cette nouvelle série d'entretiens, j'ai pensé qu'il convenait d'expliquer comment l'industrie peut devenir l'auxiliaire de la culture, et comment, dans certains cas, elle se rattache au régime du sol.

J'avais déjà traité ce sujet dans mes conférences de 1864, mais vu son importance j'ai cru devoir y revenir. — La culture de la betterave, prise comme exemple, m'a fourni le moyen de donner à cette étude un caractère plus pratique que je ne l'avais fait jusqu'ici.

En un mot, cette nouvelle série d'entretiens raffermit, étend et complète le cadre de ceux de 1867.

On saura maintenant comment et dans quelle mesure l'élève du bétail peut concourir au progrès agricole, et à l'amélioration du résultat financier dans une exploitation, et enfin, comment l'industrie peut se rattacher elle-même au régime du sol.

Ceci m'amène à parler de quelques questions d'un ordre nouveau.

Dans le cours de ces trois dernières années, j'ai fait une excursion sur le domaine de la chimie industrielle en vue des questions agricoles. Il y a là tout un ordre d'intérêts que j'avais besoin de pénétrer. Cette tentative a été pour moi sous certains rapports la source de plus d'un mécompte, mais elle m'a valu comme compensation la connaissance d'une situation qui ne m'était qu'en partie connue.

Malgré les efforts pour la plupart fort louables, faits par de grandes et puissantes compagnies, l'industrie des produits chimiques n'a point réussi à se constituer comme le veut à mon sens l'intérêt agricole. De ce côté, tout un ordre de chose nouveau est appelé à se produire, et j'ai le ferme espoir, que ce jour venu, les efforts que j'ai pu faire n'auront pas été sans utilité.

Mais le point sur lequel se sont concentrés de préférence mes efforts depuis trois ans, c'est la partie économique et financière du problème agricole.

Jusqu'à présent l'agriculture a vécu d'épargne. Ce qu'on appelle le profit, c'est en général le prix du travail de l'exploitant et de sa famille, mais ce profit disparaît pour peu que voulant assimiler la ferme à une usine on attribue à la gérance un traitement en rapport avec l'importance des capitaux engagés.

Voyez Bechelbronn et l'institut de Roville ; à part le cas de cultures exceptionnelles, comme la vigne par exemple, je connais peu d'exploitations à bénéfice sans l'annexe d'une industrie, si on se renferme dans le cadre exclusivement agricole, et qu'on n'emploie pour engrais, que le fumier produit sur le domaine.

De toutes les tentatives faites pour éclairer ce grand problème, aucune n'a eu l'importance de celle de Lavoisier. D'abord personne n'a jamais rempli au même degré que lui les conditions qu'elle exige de son auteur pour porter tous ses fruits.

Savant incomparable, administrateur consommé, esprit ouvert à tous les problèmes économiques et sociaux, par la nature particulière de ses travaux, Lavoisier avait pressenti les véritables termes de la grande équation dans laquelle se résout le travail agricole.

Or, c'est là précisément ce qui a manqué aux hommes d'ailleurs si estimables, qui, avec des visées moins hautes, sont entrés dans la même voie; Mathieu de Dombasle et Bella pour ne citer que les morts. Lisez le mémoire célèbre *du succès et des revers dans les améliorations agricoles,* qui fut le testament de Mathieu deDombasle, et restera son œuvre culminante; sa lecture vous laisse sous l'impression d'un sentiment inexprimable de tristesse. Tout y est prévu, défini, analysé, pour arriver à quoi? — au profit que donne l'épargne. Mais rien, absolument rien qui soit de nature à élever la culture au rang d'une véritable industrie.

Or, sans vouloir sortir du cadre des appréciations pratiques les plus modérées, dites-moi, je vous prie, si l'on établissait sans contestation possible que la culture, sans le secours d'aucune annexe industrielle, peut donner de 10 à 15 0/0 aux capitaux qu'on y applique, leur quotité étant fixée à 1,000 ou 1,500 fr. par hectare, cette démonstration ne serait-elle pas, de votre aveu, un grand fait dans l'ordre économique, capable de réagir sur la prospérité publique et privée du pays, dans une proportion inespérée?

Sans revenir sur ce que j'ai déjà dit à maintes reprises, concernant l'obstacle que l'article 2102 du code civil, nos droits de mutation trop élevés, et notre législation si désastreuse sur les héritages, opposent à la constitution d'une agriculture vraiment industrielle et puissante, je me suis attaché à découvrir le moyen de triompher de ces difficultés, qui au premier abord semblent insurmontables.

Ici l'obstacle c'est la loi. Ne pouvant la changer, il faut demander à l'initiative et au libre consentement des intéressés de se placer au-dessus d'elle, et à la charte, le bail, qui doit sauvegarder leurs intérêts et leurs droits, à la fois les garanties qui font la force des entreprises industrielles, et la liberté d'action sans laquelle il n'y a pas de succès possible.

Après l'article 2102, arrivent les prescriptions restrictives des baux en usage : d'abord leur durée est généralement trop courte, insuffisante pour que le fermier ait le temps de rentrer dans ses avances, s'il entreprend un système un peu significatif d'améliorations.

L'interdiction de vendre les pailles et les fourrages etc., etc. La prescription de suivre un assolement déterminé, et de laisser à la fin du bail une certaine quotité de terre en jachère, etc., sont autant de clauses restrictives sans aucune compensation.

Vous êtes surpris qu'avec de pareilles entraves, les capitaux fuient la culture, et que, faute de capital, elle soit aux mains d'une classe qui ne peut la faire progresser? Mais vous en parlez bien à votre aise. La routine, c'est-à-dire la tradition, est pour le fermier qui manque de capital la garantie du maigre succès qu'il obtient; sa vie, à lui, c'est le travail, son procédé, l'épargne ; il récolte peu, mais il n'aventure rien. A sa place vous feriez comme lui.

Changeons par la pensée le cadre de cette situation.

Le propriétaire consent un bail de trente ans; il prend à sa charge toutes les améliorations foncières, drainage, routes, appropriation des bâtiments, et ces travaux il les exécute à bref délai et d'après un plan d'ensemble.

L'article 2102? — Il l'annule, liberté entière de vendre les pailles et les fourrages, et même d'engager les récoltes en terre. En échange de cette libéralité sans exemple, il réclame diverses garanties.

En premier lieu, que le fermier ne soit pas un individu isolé, mais une société anonyme, que le capital versé soit de 800 fr. par hectare, avec un fonds de garantie de 200 à 400 fr. En second lieu, le propriétaire s'intéresse directement à l'opération et y participe même par son entrée dans le conseil d'administration.

Quant au gérant, les garanties qu'on réclame de lui sont de deux ordres : les qualités personnelles d'abord et la possession d'un capital de 20 à 40,000 fr. suivant l'importance de l'exploitation, qu'il engage dans l'opération, et dont il s'interdit la disposition pendant toute la durée de sa gérance.

De plus, le bail fixe pour les trois dernières années le régime du sol, le rapport des cultures fourragères aux cultures d'exportation, et surtout la quotité et la nature des engrais qu'on devra importer, et enfin au terme de la société, pour en faciliter la liquidation, les récoltes en terre devront être estimées par une commission arbitrale, afin que le bail cesse en quelque sorte à jour fixe, et sauvegarde tous les intérêts.

Avec une telle constitution, que peut craindre le propriétaire?— Le non paiement de ses fermages?— le capital de la société les garantit. — La mauvaise administration du gérant? — La loi commerciale en aura bientôt fait prompte justice. Un vote des actionnaires et il est exclu de la gérance, il devient simple actionnaire et tout est dit. Il meurt. Pas d'embarras.— Sa liquidation se fait par le partage de ses actions entre les héritiers, sous la réserve que les intérêts de la société ont été bien dûment sauvegardés, et dans ce concert d'intérêts, le propriétaire a sa place marquée, sa part d'influence légitime, dans le conseil d'administration où le fauteuil de la présidence devra dans le plus grand nombre de cas lui être réservé.

Oh! je sais bien où est le nœud de la difficulté. — Le choix du gérant; mais dites-moi n'est-ce pas là le point délicat de toutes les affaires. Mettez en regard du fermage ainsi conçu et pratiqué l'ancien système, quels avantages en faveur du nouveau! D'abord l'opération, pourvue dès l'origine de tout le capital qui lui est nécessaire, et le jour où il est avéré que les actions reçoivent un dividende de 10 à 12 0/0, l'ouvrier des campagnes ayant à sa portée un placement plus avantageux que la caisse d'épargne, un placement à la prospérité duquel il concourt par son propre travail.

Lorsqu'on voit la lutte qui se poursuit depuis le commencement de ce siècle, entre la main d'œuvre et le capital, les tentatives qui ont été faites, en Angleterre surtout, pour les prévenir et les apaiser, et les résultats excellents, aujourd'hui avérés, qu'une part d'actions réservée dans les exploitations houillères aux ouvriers a produit, demandez-vous les résultats qu'il est permis d'attendre de l'innovation que je propose.

J'ai dit un mot tout à l'heure du rôle qui revient au propriétaire. Il me paraît utile de compléter sur ce point ma pensée.

Le propriétaire doit prendre à sa charge tous les travaux fonciers de nature à donner une plus value permanente à la terre, et dans cet ordre d'idées, je place au premier rang, les irrigations, le drainage, et la construction des bâtiments : mais il convient que toute avance de cette nature soit passible d'un intérêt d'au moins 8 %, dans lesquels 5 % devront alimenter un compte d'amortissement destiné à reconstituer le capital engagé dans une période de quinze années; la quotité du fermage que le propriétaire doit se contenter de dépenser, s'il le juge à propos, étant celle qui correspond à l'intérêt foncier de 3 %, le surplus devant être affecté à l'amortissement, de la dépense, afin que lorsque le capital primitif se trouvera reconstitué, la plus value de 3 % donnée au fermage, lui reste acquise, à lui et à sa descendance, à titre de profit.

De cette manière, le fermier bénéficie de la rapidité imprimée à l'amortissement, qui devient ainsi le corollaire du nouveau mode de fermage que je viens d'indiquer.

Mais, dira-t-on peut-être, comment pouvez-vous bien proposer une opération de drainage, par exemple, au prix d'une annuité de 8 0/0, lorsque le crédit foncier, se contente de 6 1/2?

La réponse est des plus simples. A 8 % pendant quinze ans, les annuités étant ensuite réduites à 3 %, l'opération est plus avantageuse qu'au taux de 6 1/2 pendant 31 ans qu'exige alors l'amortissement, avec la perspective d'une élévation de bail au premier renouvellement.

Mais ce n'est pas tout. Si on fixe à 250 fr. par hectare le prix du drainage, au taux de 8 % l'annuité est de 20 fr. 40 par hectare. A 6 1/2 elle serait de 16 fr. 25. Or un écart de 4 fr. par hectare peut-il servir de base à une objection bien sérieuse, lorsqu'à partir de la 15e année, le service des annuités descend de 20 fr. 40 par hectare à 7 fr. 50, et que le propriétaire rentré dans ses avances, peut concourir à de nouvelles améliorations et s'y montrera tout disposé.

En Angleterre, c'est une règle inscrite dans les chartes de toutes les sociétés de crédit, de ne faire à l'agriculture de prêts amortissables par annuités, que d'autant que les opérations auxquelles on les applique peuvent rapporter au moins 10 °/₀ du capital engagé.

Or, un amortissement rapide, lorsque l'opération qui en est l'origine laisse une plus value, si faible soit-elle, est l'équivalent d'un placement réel. Au fond de ma proposition, il n'y a donc que l'application raisonnée des traditions que la pratique journalière de l'industrie a depuis longtemps consacrée et qu'un mot résume, ne pas engager l'avenir.

Le cadre d'une préface ne comporte pas de développements plus étendus.

Ce que j'ai tenu à exposer, c'est la nature des solutions que je poursuis et si ma confiance sous ce rapport avait besoin d'un encouragement et d'un appui, je pourrais me prévaloir avec quelque orgueil de l'adhésion que ces idées à peine écloses sont en voie de recevoir. Deux notabilités du monde financier s'occupent en ce moment même de donner à une exploitation de 600 hectares la constitution fermière que je viens d'exposer; mais cette innovation en appelle une autre plus profonde encore, que la force des choses me semble rendre inévitable.

Le grand mal dont nous souffrons en France, c'est le morcellement exagéré de la propriété qu'on peut combattre il est vrai par l'agglomération des parcelles trop exiguës, opérée par voie d'échange sous le patronage d'une commission arbitrale, mais ce procédé n'est lui-même qu'un palliatif et un acheminement à une solution d'une portée bien supérieure.

Supposez par exemple, un grand domaine dont le

fond de roulement *aurait pour origine des actions* assimilables de tout point à celles de l'industrie, et le capital *foncier,* des obligations rapportant 2 ou 3 °/₀, mais amortissables en 90 ans. Quelle puissance de constitution la propriété n'acquerrait-elle pas, si l'épargne du pays se portait vers des opérations de cette nature au lieu d'aller s'égarer dans des emprunts étrangers, et si comme je *l'affirme les actions agricoles rapportant* de 10 à 12 °/₀, permettaient par une alliance entre l'action et l'obligation d'obtenir un intérêt moyen de 6 avec un gage hypothécaire pour les deux tiers des titres!

Soumise à ce régime, la France donnerait en moins de cinquante ans à son état social une fixité supérieure à celle de l'Angleterre; car la propriété en conservant son caractère *démocratique*, *acquerrait cependant* la possibilité de se vouer aux entreprises de longue *haleine*, ses créations étant protégées contre l'action dissolvante de notre législation sur les héritages, par la division du capital substituée désormais à celle du sol.

Vous voyez par ces rapides indications que la question agricole n'est pas en dehors du travail de transformation qui nous *agite.* — *Faisons des vœux pour que* les dépositaires du pouvoir et les grands propriétaires *eux-mêmes,* sollicités par leurs intérêts, s'associent à ce mouvement. Ce jour-là nous pourrons envisager toutes les éventualités que nos fautes et nos dissensions doivent fatalement léguer à nos enfants, avec la calme sérénité d'une nation qui ayant de grands désastres à réparer a compris que *la terre*, *avec un climat comme* le nôtre, était sa première richesse.

Georges Ville.

Le Grand Bilbarteault, ce 25 janvier 1876.

PREMIER ENTRETIEN.

LES ENGRAIS CHIMIQUES JUGÉS PAR LA TRADITION.

Messieurs,

Le but de ces réunions est toujours le même ; nos efforts tendent toujours au même objet : définir les conditions les plus fructueuses de l'exploitation du sol.

Jusqu'à présent j'ai pris mon point de départ dans l'étude approfondie des conditions, et des lois qui déterminent, favorisent et règlent l'essor de l'activité végétale.

Je compte aujourd'hui suivre une autre voie. Je me propose, avant d'aborder le côté pratique de nos études, de faire une excursion dans le domaine de l'histoire, de rechercher quels furent les progrès accomplis par l'art agricole dans le passé, quelle est leur exacte signification, dans quelle mesure ces progrès se rattachent à nos propres efforts, et comment ces efforts sont la continuation et comme le couronnement du passé.

En effet, Messieurs, reportez-vous aussi loin que vous voudrez dans les voies de la tradition; que trouvez-vous? Que partout où l'homme a commencé à vivre en société, il a cherché ses conditions d'existence dans deux modes parallèles de culture. A-t-il préludé à la fondation d'établissements sédentaires? Guidé par une sorte d'instinct infaillible, il a choisi de préférence pour s'établir les terrains d'alluvion, le versant des collines, le fond des vallées sillonnées de nombreux cours d'eau, ou les rives des grands fleuves.

Là, tout l'art agricole se résout dans un fait : l'irrigation, née de l'observation des bons effets produits par les inondations naturelles. L'Égypte nous offre encore aujourd'hui un exemple de ce système aussi imposant par son ancienneté que par l'importance des résultats qu'il produit.

Mais ce mode de culture, n'est pas le seul auquel les sociétés naissantes aient eu recours. Sur les vastes plateaux du centre de l'Asie, sur plusieurs points de l'Afrique, des populations nombreuses vivent à l'état nomade, groupées en tribus. Quel est, dans ces conditions, le régime agricole? Une culture restreinte d'orge et de froment alternant avec une jachère longtemps prolongée : de nombreux troupeaux nourris par le libre parcours sur d'immenses espaces.

Or, quelle est, au point de vue de la science

contemporaine, la signification de ces deux méthodes primitives de culture? l'aveu tacite qu'il faut rendre à la terre une partie de ce qu'on lui a pris. On ne sait pas exactement ce qu'on lui a pris, mais la pratique dit qu'il faut accomplir un acte de restitution, acte nécessaire sans lequel il n'y a pas de récoltes durables. Ici, c'est par l'irrigation, là, c'est par le parcours du bétail et par la jachère.

Par l'irrigation, il y a importation de matière étrangère, par la jachère et le parcours du bétail, la restitution a pour origine le sol lui-même et résulte d'une utilisation meilleure des ressources existantes. Mais, remarquez-le, la raison suprême qui domine toutes les autres, c'est l'aveu implicite que la terre n'est pourvue que dans une proportion bornée des substances que la végétation a besoin d'y trouver, et qu'il faut les lui rendre pour lui conserver sa fertilité.

A mesure que les populations se sont accrues ces deux systèmes sont devenus insuffisants : il a fallu cultiver des régions où l'irrigation n'était pas possible, et où le régime pastoral ne l'était pas davantage, à raison des grands espaces qu'il exige.

Alors se fait dans la vie des peuples, au point de vue agricole, un des plus grands progrès dont l'histoire nous ait légué le souvenir. Alors s'inaugure le système triennal, dont il me reste à définir le caractère, mais qui résulte de la fusion des deux systèmes précédents.

En quoi consiste essentiellement le système triennal ?

A diviser la terre en deux parts à peu près égales. La première, réservée à la prairie que l'irrigation continue à féconder ; la seconde, vouée à la production des céréales, mais avec cette réserve expresse que la terre est laissée en jachère une année, tous les deux ou trois ans. Vous voyez, par conséquent, que le système triennal n'est que la fusion des deux méthodes primitives : le régime pastoral et l'irrigation, qui ne peuvent être appliquées séparément que dans des conditions spéciales de lieu et de sol.

Comment s'opère, dans le système nouveau, la restitution reconnue nécessaire? Par les mêmes procédés. La prairie reçoit de l'irrigation et de l'atmosphère l'équivalent de ce qu'elle a perdu. Quant à la partie cultivée en céréales, la restitution s'effectue par le fumier, qui a lui-même pour origine le foin de la prairie et la paille des céréales.

De cette alliance est sortie la formule célèbre : *Prairie, bétail, céréales.* Formule féconde assurément, mais absolue, despotique, attentatoire à la liberté de l'individu comme la féodalité dont elle a servi les intérêts et dont elle reflète le caractère.

Ici, arrêtons-nous, Messieurs, et définissons avec plus de rigueur que le passé n'a pu le faire, la portée et la véritable signification de cette restitution.

L'expérience universelle du système triennal a démontré qu'après des oscillations en plus ou en moins le rendement des céréales est en moyenne de :

946	kilogr.	de grains par hectare, soit 14 hectolitres, et de
1850	—	de paille, soit
2796	—	pour la totalité de la récolte par hectare et par an.

Voilà donc un point bien établi : sous l'empire du régime triennal, la terre produit année moyenne et en nombre rond 3,000 kilogrammes de récolte par an.

D'un autre côté, quelle est la quantité de fumier nécessaire pour assurer cette production? L'expérience répond 6,660 kilogrammes par hectare et par an. Ainsi, avec 6,660 kilogrammes de fumier, on a la certitude d'obtenir un rendement annuel de 3,000 kilogrammes.

Ah! certes, si l'on pouvait maintenir l'expression de ces deux termes comme je viens de les rapporter, tout s'expliquerait, car la récolte serait moindre que le fumier, et la terre recevrait plus qu'elle ne perd. Mais les choses ne se passent pas ainsi. Dans les 6,660 kilogrammes de fumier, il y a 5,280 kilogrammes d'humidité qu'il faut absolument distraire pour avoir une balance exacte, ce qui nous ramène alors aux deux termes que voici :

Récolte	2796 kilogr.
Fumier	1380
Excédant de la récolte	**1416**

Ainsi, avec 1 de fumier, on obtient 2 de récolte (1).

Ce n'est pas sans motif que je vous mène à cette conclusion. Ce n'est pas moi qui parle, c'est une tradition dix fois séculaire, et cette tradition affirme dans l'universalité de ses manifestations qu'avec 1 de fumier on a 2 de récolte, avec 100,

(1) Boussingault. *Économie rurale,* tome 2e, page 187.

ASSOLEMENT TRIENNAL

RENDEMENT A L'HECTARE :

ANNÉE.	NATURE des récoltes.	PAS desséchées.	DESSÉCHÉES.	CONTENANT				
				Carbone.	Hydrogène.	Oxygène.	Azote.	Minéraux.
		kil.	kil.	kil.	kil.	kil.	kil.	kil.
1re.	Jachère fumier..	»	»	»	»	»	»	»
2e et 3e.	Froment.	3.318	2.836	1.307	165	1.231	65	68
	Paille....	7.500	5.550	2.686	294	2.159	22	389
Total pour 3 années..........		10.818	8.386	3.993	459	3.390	87	457
Fumier........		20.000	4.140	1.482	174	1.068	83	1.333
Excédant en faveur de la récolte..........		»	4.246	2.511	285	2.322	4	»
Excédant en faveur du fumier..		»	»	»	»	»	»	876

La récolte pour trois ans, l'emporte sur le fumier de 5.122 kil. pour les éléments organiques, alors que le fumier l'emporte au contraire sur la récolte de 876 kil. pour les minéraux.

200, avec 1,000, 2,000 ; par conséquent, que l'on obtient plus de la terre qu'on ne lui donne.

Mais l'agriculture aujourd'hui cherche à s'affranchir du système triennal. Vers la fin du dernier siècle, un grand progrès a été accompli. L'expérience a montré qu'on pouvait supprimer la jachère, et qu'à la condition de faire alterner le froment avec le trèfle, et d'ouvrir l'assolement par une culture de pommes de terre, on arrivait à ces deux résultats, d'obtenir un rendement de froment supérieur et une somme de récoltes beaucoup plus élevée. Que dans ces nouvelles combinaisons de culture, les rendements se maintenaient aussi bien que dans le système triennal. Or, comment les choses se passent-elles au point de vue de la restitution, dans ces conditions nouvelles ?

Exactement comme pour l'assolement triennal. Les terrains en pommes de terre et en blé reçoivent du fumier alors que la prairie n'est fécondée que par l'irrigation.

Ce système est cependant beaucoup plus productif que le premier. Pourquoi ? Parce que la terre ne reste jamais inactive et que sur quatre récoltes, une et demie, si ce n'est deux, le trèfle et la pomme de terre, sont consommées sur le domaine. Voyez en effet, l'ordre dans lequel se succèdent les cultures :

1re année................	Pommes de terre.
2e année................	Froment.
3e année................	Trèfle.
4e année................	Froment.

La terre n'est pas un instant en repos, plus de jachère, et cependant la moyenne générale des récoltes s'élève beaucoup. Pour les céréales, la récolte du grain passe de 13 hectolitres à 22, et celle de la paille, de 1,850 kilogrammes à 2,522. Ce qui porte le rendement total par année, de 3,000 kilogrammes de récolte sèche obtenus dans le système triennal, à 5,000 kilogrammes. Donc, ce système est un grand progrès sur le régime triennal.

L'avantage que nous venons de constater pour les récoltes n'est pas le seul, on en retrouve un de même importance dans la production du fumier.

Dans le système triennal, la quantité de fumier disponible est de 6,660 kilogrammes, par hectare et par an, représenté par 1,380 kilogrammes de matière sèche. Dans l'assolement alterne au contraire, la production s'élève pour quatre ans à 44,000 kilogrammes, ce qui porte la quotité annuelle à 11,000 kilogrammes, exprimée à son tour par 2,280 kilogrammes de matière sèche. Si les assolements, l'emportent décidément beaucoup sur le système triennal, il y a un point sur lequel leur témoignage se confond.

Ici encore avec 1 de fumier on obtient 2 de récolte. Les assolements alternes nous conduisent exactement à la même conclusion, puisque avec

2280 kilogrammes de fumier par hectare, on obtient en réalité
5000 — de récolte, par hectare et par an.

et que ce résultat n'est pas moins durable.

Obéissez-vous aux prescriptions du régime triennal? les rendements se maintiennent indéfiniment au même niveau. Suivez-vous avec la même rigueur les prescriptions de l'assolement alterne, ils se maintiennent également. D'où cette conclusion invariable qu'avec 1 d'engrais, vous avez 2 de récolte, toujours deux fois plus de récolte qu'on n'a employé de fumier.

Quelle est la conclusion qu'il faut tirer de ce fait, emprunté au témoignage de l'histoire, c'est que dans l'acte de la production agricole, c'est une erreur de croire qu'il faut rendre au sol poids pour poids, kilogramme pour kilogramme, atome pour atome ce qu'on lui a pris de substance. Non! même lorsqu'on opère avec le fumier, une restitution partielle suffit.

Mais pour qu'une restitution partielle suffise, et que cependant la fertilité originaire du sol ne subisse aucune atteinte, il faut manifestement qu'il y ait une source inapparente où les végétaux vont puiser l'excédant. L'engrais n'étant qu'une valeur d'appoint, quelle est donc cette source étrangère? C'est à la découvrir, à savoir sous quelle forme elle intervient, quelle est la nature des agents qu'elle fournit à la végétation, quelle est son importance, que nous devons consacrer nos efforts. Pour cela, au lieu de nous borner à une comparaison générale entre le fumier et les récoltes, nous allons faire l'analyse des deux, et nous établirons ensuite une balance rigoureuse entre leurs éléments respectifs.

Si vous vous livrez à ce travail, si vous faites l'analyse du fumier et des récoltes, un premier résultat, résultat bien inattendu, se dégage à vos yeux, c'est que, quelle que soit la plante sur laquelle porte votre investigation, vous trouvez toujours dans la constitution de cette plante 14 éléments, ni un de plus, ni un de moins. Ces éléments se combinent selon des modes variés; suivant que ces modes changent, vous avez une betterave ou une céréale, un arbre ou une mousse, mais le fond commun sur lequel l'activité végétale opère est invariablement le même, toujours ces 14 éléments que nous diviserons en deux catégories :

Éléments de la production végétale.

ORGANIQUES.	MINÉRAUX.
Carbone.	Phosphore.
Hydrogène.	Soufre.
Oxygène.	Chlore.
Azote.	Silicium.
	Fer.
	Manganèse.
	Calcium.
	Magnésium.
	Sodium.
	Potassium.

Les uns, que nous appelons organiques, au nombre de 4, carbone, hydrogène, oxygène et azote, ce sont ceux qui se résolvent en vapeur et en fumée lorsqu'on brûle les plantes. Ils sont donc combustibles et forment les 95 centièmes de la substance des végétaux.

Viennent en second lieu les éléments minéraux qui ont le sol pour origine, et dans lesquels on trouve du phosphore, du soufre, du chlore, du silicium, du fer, du manganèse, du calcium, du magnésium, du sodium et du potassium à l'état de combinaisons diverses que nous apprendrons à connaître, mais qui en ce moment n'auraient aucun intérêt pour nous.

Donc, premier résultat donné par l'analyse des végétaux : invariable fixité de composition.

Et l'analyse du fumier, que donne-t-elle? Exactement le même résultat. On y retrouve également les 14 éléments que nous venons d'énumérer. *A priori*, cela se comprend, puisqu'en définitive le fumier provient des déjections des animaux nourris des produits de la végétation.

Ceci dit, livrons-nous à l'étude que je vous ai annoncée, essayons de faire la balance entre les éléments du fumier et ceux des récoltes, et prenons comme base de cette appréciation nouvelle, non plus le système triennal, mais un système plus avancé, l'assolement alterne dont je vous ai entretenus en second lieu : Que trouvons-nous?

Que pour les quatre années que comprend l'assolement, le fumier consommé s'élève à 9,108 kilogrammes de matière sèche.

Et la totalité des récoltes estimées complétement sèches aussi à 20,000 kilogrammes par hectare, le fumier et la récolte se décomposant ainsi :

Fumier.....	9108 kilogr.	**Récolte**....	20 000 kilogr.
Carbone....	3260	—	9300
Hydrogène..	382	—	1080
Oxygène...	2349	—	8098
Azote......	182	—	304
Minéraux...	2935	—	1218
Total égal...	9108	Total égal...	20 000 (1)

La signification de cette balance analytique est singulièrement instructive.

(1) Boussingault. *Économie rurale*, tome 2e, page 189.

ASSOLEMENT ALTERNE DE QUATRE ANNÉES.

RENDEMENT A L'HECTARE :

ANNÉE.	NATURE des récoltes.	PAS dessé-chées.	DESSÉ-CHÉES.	CONTENANT : Carbone.	Hydro-gène.	Oxy-gène.	Azote.	Miné-raux.
		kil.	kil.	kil.	kil.	kil.	kil.	kil.
1re	Pommes de terre...	10.000	2.410	1.060	140	1.077	36	97
	Betteraves.	20.000	2.440	1.044	142	1.059	41	154
2e et 4e	Froment..	3.634	3.106	1.432	180	1.348	71	75
	Paille.	8.000	5.720	2.769	303	2.225	23	400
3e	Trèfle (3 *coupes*).	8.000	6.320	2.996	316	2.389	133	486
Total pour 4 années.		49.634	19.996	9.301	1.081	8.098	304	1.212
Fumier..........		44.000	9.108	3.261	382	2.350	182	2.933
Excédant en faveur de la récolte.....		»	10.888	6.040	699	5.748	122	»
Excédant en faveur du fumier.......		»	»	»	»	»	»	1.721

Ainsi pour une rotation de quatre ans, la récolte l'emporte sur le fumier de 12.609 kil. pour les éléments organiques, tandis que le fumier l'emporte au contraire de 1.721 kil. pour les minéraux.

Entre les éléments constitutifs du fumier et ceux de la récolte, il se fait un départ complet. S'agit-il des éléments minéraux? le fumier en contient plus que les récoltes. S'agit-il des éléments organiques? le fumier en contient beaucoup moins.

Mais si les choses se passent ainsi dans la culture proprement dite, où la restitution se fait avec du fumier, comment se passent-elles dans le cas particulier de la prairie. Là, le fumier n'intervient pas, tout vient de l'irrigation. Dans ce dernier cas cependant, le rendement se maintient aussi bien que celui des autres cultures. Il est curieux de savoir comment se fait la restitution?

L'analyse des eaux n'y fait découvrir que des composés azotés comme l'ammoniaque, les nitrates et les divers minéraux qui entrent dans la composition des plantes, mais pas trace significative de matières hydrocarbonées, analogues aux produits noirâtres que contient le fumier.

Et pourtant le rendement moyen de la prairie se soutient avec non moins de fixité que celui des terres fumées.

La conclusion de tout ceci est évidente et forcée : le fumier n'apporte aux plantes qu'une partie du carbone, de l'hydrogène, de l'oxygène et de l'azote qu'elles contiennent. Il y a toujours dans les récoltes un excédant de ces quatre corps au moins égal à ce que le fumier contient, et qui provient d'une autre origine. Quelle est cette origine? Sur ce point pas d'hésitation. — L'air et l'eau : l'air comme source de carbone et d azote, l'eau comme source d'hydrogène et d'oxygène.

Et pour raffermir cette déclaration, j'invoque quoi? L'exemple de la prairie entretenue par l'irrigation dont les rendements se soutiennent par la seule intervention de substances minérales et azotées que l'eau tient en dissolution et qui représentent à peine 2 ou 3 centièmes du poids de la récolte.

Par conséquent, cette première notion que la restitution opérée par le fumier n'est qu'une restitution partielle, la responsabilité en appartient tout entière à la pratique; ce n'est pas la science qui affirme, c'est une pratique dix fois séculaire. Seulement la science intervient pour vous dire : la restitution est intégrale pour les minéraux, partielle pour les éléments organiques.

Sur les quatre éléments organiques du fumier, trois ne remplissent qu'une fonction tout à fait secondaire, c'est le carbone, l'hydrogène et l'oxygène qui sont représentés dans le fumier par les litières et cette partie des plantes que l'action digestive des animaux n'a pas altérée.

Ces matières n'ont, je le répète, presque pas de valeur fertilisante.

Au témoignage de la prairie nous pouvons en ajouter un second dont la grandeur, je dirai presque la majesté, domine singulièrement tous nos dissentiments, et celui-là, c'est la géologie qui nous le fournit.

Que dit la géologie? Que les premiers êtres qui ont fait leur apparition à la surface du globe étaient des végétaux, que les couches si puissantes de houille que nous exploitons pour nos besoins comme source de chaleur proviennent de ces végétations primitives; qu'à cette époque reculée les végétaux atteignaient des dimensions qu'ils ont perdues; que les Calamites et les Lépidodendrons qui formaient les forêts de ce monde disparu et qui s'élevaient à 10 ou 15 mètres de hauteur, ont pour représentants, dans notre flore actuelle, d'humbles plantes, les Prêles et les Lycopodes dont la hauteur atteint à peine un mètre.

A cette époque reculée cependant, la terre ne contenait ni humus, ni fumier qui présupposent une génération antérieure. Par conséquent, en prenant la tradition agricole dans son intégrité, soit qu'elle agisse avec le fumier ou par irrigation, on est conduit à la même conclusion, c'est que les matières hydrocarbonées, en les supposant utiles, ne remplissent qu'un rôle très-secondaire, puisque la prairie d'une part et les végétations primitives de l'autre s'accordent pour attester qu'on peut s'en passer absolument.

Mais si les choses sont ainsi, comment devons-nous comprendre la constitution et le rôle du fumier? Quels rapports y a-t-il entre le fumier et cette loi de restitution à laquelle on ne peut échapper, et dont la non-observation porte atteinte à la fertilité du sol?

Mieux que de longues explications, ce tableau va me permettre de répondre à cette question.

FUMIER DE FERME......	100	
Eau................	80	Ci.... 80 sans utilité pour les plantes.
Carbone............	6,80	Ci.... 13,29 de tiges ligneuses dont les éléments ont l'air et l'eau pour origine.
Hydrogène..........	0,82	
Oxygène	5,67	
Silice..............	4,32	Ci.... 5,07 de minéraux secondaires dont le sol est surabondamment pourvu, et qu'on n'a pas besoin de lui rendre.
Chlore..............	0,04	
Acide sulfurique......	0,13	
Oxyde de fer.........	0,34	
Soude..........	Mémoire.	
Magnésie...........	0,24	
AZOTE..............	0,41	Ci.... 1,64, dont le sol n'est pourvu qu'en proportion limitée, et dans lesquels réside essentiellement l'efficacité du fumier.
ACIDE PHOSPHORIQUE...	0,18	
POTASSE............	0,49	
CHAUX..............	0,56	

Dans 100 parties de fumier, nous trouvons, en premier lieu, 80 parties d'eau. Or, l'eau n'est évidemment pas la condition de son efficacité. Viennent ensuite 13,29 de carbone, d'hydrogène, d'oxygène, représentés par les débris de litière, et cette partie de la nourriture que la digestion animale n'a pas désorganisée. La prairie est là pour attester que ce n'est point en eux non plus que réside l'activité du fumier.

Nous trouvons de plus dans le fumier 5,07 représenté par du silicium, du chlore, de l'acide sulfurique, de l'oxyde de fer, de la soude et de la magnésie. Et nous disons que ces produits n'ont qu'une valeur insignifiante par la raison bien simple que les plus mauvaises terres en sont presque toujours surabondamment pourvues.

Restent enfin 1,64, en nombre rond 2 pour 100 des quatre corps : *azote*, *acide phosphorique*, *potasse* et *chaux*, dont nous composons l'engrais chimique et que nous retrouvons seuls dans les eaux qui suffisent à l'entretien de la prairie et qui seuls ont alimenté les végétaux des premiers âges.

Entre l'engrais chimique et le fumier où est donc la différence ? Dans la forme, dans le volume, dans la composition, et cette différence est bien peu significative, car ce qu'il y a en plus dans le fumier est une gangue sans valeur.

Vous resterait-il un doute à l'égard de ce que j'ai dit des minéraux secondaires, silice, chlore, oxyde de fer, etc.? Penseriez-vous qu'il peut être arbitraire de les exclure des engrais chimiques et de contester leurs bons effets dans le fumier? Pour rester fidèle au plan que je me suis tracé, je ne puis invoquer le témoignage d'expériences directes. Il faut que j'emprunte tous les éléments de ma démonstration à des faits qui nous soient antérieurs. Mais ces faits, nous les obtenons en comparant la composition du fumier, des récoltes et de la terre, en prenant l'hectare pour unité de comparaison.

Fumure et récolte d'un hectare.

Couche de terre arable répandue à la surface d'un hectare.

Que ressort-il de ce parallèle?

Que la terre contient en quantité énorme les minéraux du second groupe, qui ne figurent que pour quelques centièmes dans la récolte et dans le fumier.

En supprimant ces minéraux, on ne commet donc pas d'acte arbitraire, on ne fait qu'étendre à la terre ce qu'on a fait pour l'air et la pluie, lorsqu'il s'est agi du carbone, de l'hydrogène et de l'oxygène.

Ou je me fais illusion, ou il me semble qu'une conviction lumineuse a dû pénétrer vos esprits.

Vous voyez quels sont nos points communs avec le passé, en quoi nous continuons son œuvre, mais en quoi nous différons.

La base qui nous est commune, c'est la nécessité de rendre à la terre certains agents. Le passé n'a pas pas connu la nature intrinsèque de ces agents, mais guidé par l'observation, il en a trouvé trois sources : le fumier, la jachère et l'irrigation.

Nous reconnaissons la justesse du principe, mais nous contestons la nécessité de s'en tenir aux méthodes du passé. Ces méthodes n'ont rien d'absolu, elles sont corrélatives à un état social déterminé. Tel système de culture qui est en rapport avec les idées d'une époque, les conditions économiques, le prix de la main-d'œuvre, l'intérêt de l'argent, les charges qui pèsent sur les populations ne suffit plus à une autre époque. Il n'y a qu'un point d'immuable, un seul, la nécessité de rendre au sol une partie de ce qu'il a perdu pour la formation des récoltes.

Quant à décider s'il vaut mieux employer du fumier ou des engrais tirés du dehors c'est chose tout à fait secondaire, pourvu que la loi de restitution soit observée.

Pourtant comme en ces matières, il faut être net et précis, j'affirme sans hésitation que dans la grande majorité des cas les engrais chimiques offrent plus d'avantages que le fumier, et que jamais il ne faut employer le fumier sans une addition d'engrais chimiques.

La raison de cette addition nécessaire viendra plus tard.

Lorsque j'ai dit qu'entre l'engrais chimique et le fumier il n'y avait de différence que dans l'aspect et la forme, que le fumier devait son efficacité non aux matières noirâtres provenant de la désagrégation des litières, mais à l'azote, à l'acide phosphorique, à la potasse et à la chaux, j'ai avancé un fait rigoureusement exact, mais j'ai laissé subsister une objection à laquelle je dois répondre.

On pourrait me dire : C'est vrai, ces quatre corps sont la condition principale, sinon unique des bons effets du fumier, mais leur efficacité est due aussi à la forme spéciale qu'ils y revêtent, et qui est différente de celle qu'on leur donne dans les engrais chimiques.

Cette objection ne manque pas d'une apparence de raison :

Pour la réfuter il nous suffira d'indiquer sous quelle forme l'azote, l'acide phosphorique, la potasse et la chaux se trouvent dans le fumier.

Le fumier vous le savez, Messieurs, provient à la fois des déjections animales et des litières. Il y a un fait que personne ne conteste, c'est que la partie la plus active des déjections animales, c'est l'urine. Or, qu'y a-t-il dans l'urine ?

En premier lieu, et en quantité considérable, un corps cristallisé dont l'azote fait partie en telle proportion, qu'il représente le 1/3 de celui que contenait la ration des animaux. C'est l'urée, si voisine par sa nature chimique et ses propriétés fertilisantes des sels ammoniacaux.

A côté de l'urée, on trouve encore de l'acide urique et de l'acide hippurique, l'un et l'autre riches en azote, et doués d'une grande puissance fertilisante, puis de l'acide phosphorique combiné avec la chaux et avec la magnésie, et des sels de potasse.

On y trouve enfin une matière albuminoïde qui se sépare spontanément de l'urine lorsqu'elle reçoit le contact de l'air, et qui détermine par son altération la conversion de l'urée en carbonate d'ammoniaque. L'acide urique lui-même participe à cette transformation, et finalement l'urine fermentée peut être représentée par de l'ammoniaque, des phosphates et des sels de potasse. Or, de quoi se composent les engrais chimiques? D'ammoniaque, de phosphate et de sels de potasse et de chaux. Il y a donc identité de constitution entre les parties reconnues les plus actives dans le fumier et l'engrais chimique.

Restent, il est vrai, les déjections solides; peu actives au moment de leur production, elles acquièrent une grande efficacité par la décomposition qu'elles éprouvent au contact de l'air, par une sorte de continuation du travail digestif, qui a pour résultat de convertir leur azote en ammoniaque et de rendre plus solubles les éléments minéraux qu'elles contiennent.

Par conséquent, le dernier argument qu'on aurait pu nous opposer se trouve réduit à néant par l'analyse la plus sévère de l'urine et des déjections solides.

Donc entre l'engrais chimique et le fumier, il n'y a de différence que sous le rapport de l'aspect et du volume. Mais s'il en est ainsi, pourquoi se condamner à produire à grand'peine du fumier si l'on peut se procurer plus facilement les engrais chimiques?

C'est en vain qu'on invoquerait l'action physique du fumier : la prairie est là pour attester qu'elle n'est pas indispensable.

Devant le caractère irrésistible de cette démonstration, vous serez peut-être tenté de me dire : si la pratique des engrais chimiques trouve à ce point sa justification dans le passé, où est donc sa nouveauté?

Prenez garde, Messieurs, de ne pas faire ici une confusion. Pour expliquer l'histoire comme je viens de le faire, il m'a fallu demander à la doctrine des engrais chimiques de donner aux faits que l'histoire nous a légués leur véritable signification. Avant elle, la pratique résumait ses prescriptions en disant : faites du fumier, soumettant au même régime et les régions du Midi qui sont privées de fourrages, et les plaines basses de la Normandie et du Cottentin où la prairie est la culture dominante.

La doctrine des engrais chimiques vous dit au contraire, rendez à la terre plus de phosphate de chaux, plus de potasse, plus de chaux, et la moitié de l'azote que vous lui avez pris. Si votre région est favorable à l'élève des animaux, faites du bétail, et rendez à la terre, par le fumier, ce que vous en avez tiré. S'agit-il des régions où les cultures fourragères sont impossibles ou trop aléatoires? Elle dit alors : restreignez la production du fumier au strict nécessaire, pour assurer la préparation du sol et la consommation des déchets de récoltes qui ne pourraient être vendus; pour assurer vos fumures ayez recours à une importation d'engrais étrangers au domaine. La loi, c'est de fumer à haute dose, avec économie d'abord, et en se conformant aux règles que je vous indiquerai bientôt.

Dans le passé toute exploitation reposait sur deux conditions inflexibles : un certain équilibre entre la prairie et les céréales, et un ordre à peu près invariable dans la succession des récoltes.

Or la doctrine des engrais chimiques vous dit au contraire : avec une importation permanente d'engrais, la culture échappe à ces entraves. Le but, l'unique but, c'est le bénéfice. Libre de toute contrainte, la culture peut spéculer indifféremment sur l'élève du bétail ou la vente des fourrages.

Procédant par assolement libre, elle ne reconnaît d'autre loi que celle de rendre à la terre de l'acide phosphorique, de la potasse, de la chaux et de l'azote.

L'origine de cette restitution lui importe peu, c'est une question d'argent, et non une question agricole.

Si vos esprits hésitaient à me suivre, pour les entraîner il me suffirait de vous montrer comment la science a réussi à pénétrer le jeu des forces dont les végétaux sont le siége, à définir le rôle, à spécifier la fonction de tous les agents qui concourent à leur formation.

Mais il nous faut réserver cette nouvelle étude pour nos prochaines conférences. Dans celle-ci j'ai voulu simplement éclairer l'histoire du passé aux lumières de la science contemporaine.

Je dois à cette étude d'avoir soustrait mon esprit à toute pensée de controverse. Mais ma tâche n'est qu'à moitié remplie, il me reste encore à vous mettre en face des exigences de la pratique, et à vous montrer que si l'agriculture touche, par sa mission, aux plus grands intérêts des sociétés, par ses méthodes elle se résout dans un problème que la science de notre temps aura eu l'insigne honneur de résoudre.

Si, contre mon attente, je n'avais pas réussi à

porter la conviction dans vos esprits, je ne vous demanderais qu'une chose : ne vous hâtez pas de conclure.

Je viens de faire parler l'histoire sans forcer ses témoignages, en mettant la conscience la plus scrupuleuse à les produire tels qu'ils sont, ou du moins tels qu'ils m'apparaissent, mais il me reste une autre tâche à remplir, celle qui m'est la plus familière. Il me reste à me placer en face de la vie végétale et à lui dire : D'où viens-tu? Quels sont les actes dans lesquels tu te résumes? — et ensuite à vous rendre juges des témoignages que l'expérience a déjà consacrés, des résultats que la culture a obtenus. Alors, Messieurs, vous pourrez prononcer dans toute la plénitude de votre indépendance, qu'il s'agisse de condamner, de repousser la nouvelle doctrine, ou de la raffermir de vos suffrages et de partager désormais ma confiance dans l'avenir avec une conviction égale à la mienne.

DEUXIÈME ENTRETIEN.

LA PRODUCTION VÉGÉTALE.

Messieurs,

Appliquons-nous à dégager nos esprits des impressions de la séance précédente, laissons les traditions du passé au domaine de l'histoire, ne voyons plus aujourd'hui qu'un objet, un seul : la végétation, qu'il s'agit d'expliquer dans ses causes éloignées ou prochaines, dans son activité, dans ses agents et dans ses produits. Il vous souvient de ce que nous avons dit. Les végétaux sont formés de quatorze éléments matériels, toujours les mêmes, malgré les variations ou les contrastes de leur organisation et de leurs propriétés.

Vous connaissez ces quatorze éléments, je vous les rappellerai cependant encore pour mieux fixer vos idées et éviter toute équivoque et toute confusion.

Éléments de la production végétale.

ORGANIQUES.	MINÉRAUX.
Carbone.	Phosphore.
Hydrogène.	Soufre.
Oxygène.	Chlore.
Azote.	Silicium.
	Fer.
	Manganèse.
	Calcium.
	Magnésium.
	Sodium.
	Potassium.

Eh bien ! quelle que soit l'origine de ces quatorze éléments et la forme sous laquelle les végétaux les absorbent, pour expliquer la végétation il nous faut produire des plantes à leur aide, en dehors de toute condition mystérieuse ou indéterminée.

Faire une plante comme on fait du savon, de la litharge ou de l'acide sulfurique, en nous servant de l'activité propre qui réside dans les graines, comme on se sert ailleurs de la vapeur, de l'électricité ou de la pesanteur, tel est le problème à résoudre.

Pour rendre la solution péremptoire et sans appel, on a pris pour sol du sable calciné, qui est, vous le savez, de la silice pure ; on l'a arrosé d'eau distillée, qui est aussi de l'eau pure, et de ce sable ainsi imbibé d'eau on a rempli des pots de biscuit de porcelaine, lesquels, par surcroît de précaution, avaient été trempés dans de la cire fondue, afin de prévenir les exsudations salines dont la surface de toutes les poteries se recouvre lorsqu'elles sont maintenues à l'état humide.

Par ces dispositions on a réalisé un simple système mécanique offrant aux racines des plantes un point d'appui, un milieu perméable à l'air et à l'eau, sans leur fournir néanmoins aucun élément nutritif.

C'est le sol élémentaire réduit à sa dernière expression de pauvreté, avec des précautions sans nombre pour se mettre à l'abri de toutes les causes accidentelles qui auraient pu troubler cette simplicité de conditions.

Dans un pareil sol, que devient le froment? Il germe comme dans la bonne terre, mais la plante qui en naît atteste par son état misérable la pauvreté des conditions dans lesquelles elle a vécu. Cependant cette plante manifeste son activité, elle parcourt le cycle régulier de son évolution, elle fleurit, donne même du grain, grain chétif, rabougri, il est vrai, mais enfin c'est toujours une plante qui conduit à ce résultat final que pour 1 gramme de semence on a 6 grammes de récolte.

Ainsi, dans le sable calciné, à l'exclusion de toute intervention étrangère, la plante n'ayant reçu comme sources d'alimentation que les éléments de l'eau et de l'atmosphère, donne des grains et produit 6 grammes de récolte : excédant 5 grammes : représentés par du carbone, dont l'acide carbonique de l'air a fait seul les frais ; par de l'hydrogène et de l'oxygène dont l'eau d'arrosage est la source.

Ainsi l'air, par son acide carbonique, l'eau par ses deux éléments constitutifs l'hydrogène et l'oxygène, concourrent dans une proportion importante à la formation de la substance végétale, plus importante en effet que cette expérience, si décisive cependant, ne pourrait le faire supposer, attendu que même dans les sols fertiles, c'est de l'air et de l'eau que les plantes tirent essentiellement le carbone l'hydrogène et l'oxygène qui forment, je l'ai dit déjà, les neuf dixièmes et demi de la substance végétale. Ce résultat est-il bien certain?

Pour le savoir on a essayé l'action de toutes les matières carbonées possibles; l'effet a toujours été négatif. Comme première tentative, on a ajouté du carbone au sable calciné, et pour obtenir ce carbone à l'état de pureté on a eu recours à du sucre cristallisé qu'on a calciné dans des vases de platine hermétiquement clos.

Le résultat de cette addition a été absolument nul.

Dans le sable on avait obtenu 6 grammes de récolte; dans le sable additionné de carbone, le poids de la récolte a été pareillement de 6 grammes.

A priori, cela était aisé à prévoir, le carbone étant insoluble dans l'eau; mais enfin abstenons-nous de toute interprétation, tenons-nous au témoignage du fait : l'intervention du carbone n'ajoute rien à la neutralité du sable calciné.

On s'est alors demandé ce qu'il adviendrait si l'on ajoutait au sable du carbone en combinaison avec de l'hydrogène et de l'oxygène. On a donc essayé les matières hydrocarbonées les plus variées, la paille, la cellulose, les gommes, les fécules, les huiles, l'alcool (1). Jamais ces matières n'ont manifesté la moindre action.

On a eu alors l'idée d'essayer ces mêmes matières lorsque leur altération au contact de l'air les a fait passer à cet état de produit noirâtre qui forme essentiellement l'humus, auquel les anciennes théories agricoles ont attribué un si grand rôle.

Pour me procurer cet humus à l'état de pureté résultant de la seule altération d'une matière d'origine végétale, je me suis rendu dans le département des Landes, et partant des dunes, où le sable a la blancheur de la neige, je me suis avancé dans l'intérieur des terres, jusqu'aux anciennes forêts de pins où chaque année les feuilles qui tombent produisent, par l'altération qu'elles subissent, cette matière noirâtre soluble dans la potasse qui est le caractère essentiel de l'humus. On a donc pris le sable des Landes comme l'expression d'un milieu par lui-même inerte, correspondant au sable calciné, contenant cependant de l'humus, à la formation duquel n'avait concouru aucune espèce d'engrais. Dans ces conditions nouvelles, quel a été le résultat? Exactement le même que dans le sable calciné : 6 grammes de récolte. L'intervention de l'humus n'a produit aucun effet appréciable.

(1) A dose modérée l'alcool ralentit le développement des végétaux.

Vous remarquerez qu'en tout ceci il n'est pas question de théorie, de doctrine, mais simplement de constatations expérimentales destinées à convertir des conceptions abstraites en témoignages de fait.

Ainsi, le sol réduit à un simple point d'appui ne reçoit aucune amélioration de l'addition du carbone, ni des matières hydrocarbonées, intactes ou altérées, rien de l'humus lui-même, et remarquez combien ce résultat est inattendu et singulier.

Les trois éléments, carbone, hydrogène et oxygène, représentent à eux seuls les quatre-vingt-quinze centièmes du poids des plantes. Eh bien! l'intervention de ces trois éléments, sous les formes les plus variées, a été toujours sans action.

Le moment était venu d'essayer le dernier des quatre éléments organiques : l'azote.

Ici commence une nouvelle série de tentatives.

On a donc ajouté au sable calciné une matière, la gélatine, qui contenait de l'azote en plus du carbone, de l'hydrogène et de l'oxygène. Cette fois, un changement important s'est produit dans le cours des phénomènes.

Les plantes, qui jusqu'alors avaient présenté une couleur d'un vert pâle, ont accusé, par la nuance plus foncée de leur feuillage un surcroît d'activité. Il a semblé un moment que la végétation allait prendre son essor. Mais, vaine espérance, elle ne l'a pas pris, et finalement le résultat a été 9 grammes de récolte au lieu de 6 grammes. Par conséquent l'intervention des quatre premiers éléments qui, à eux seuls, représentent plus des neuf dixièmes de la substance des végétaux, n'a manifesté qu'un effet presque insignifiant. Jusque-là nous sommes restés dans le domaine des végétations languissantes et précaires, mais les plantes ont toujours parcouru le cycle entier de leurs évolutions et ont cependant produit un rudiment de graine.

Quoique surpris du peu de résultat de ces premières tentatives, on ne pouvait s'arrêter là. Il fallait de toute nécessité soumettre au même système d'essai les éléments minéraux.

Dans une nouvelle expérience, on les a donc tous ajoutés à la fois au sable calciné.

Le phosphore à l'état de phosphate de chaux et de phosphate de magnésie.

Le soufre à l'état de sulfate de chaux.

Le chlore à l'état de chlorure de sodium.

La chaux à l'état de carbonate.

La silice à celui de silicate de potasse et de silicate de soude.

Le fer et le manganèse à l'état de sulfates.

Nouveau semis de froment, nouvelle déception ; pas plus de développement que dans les expériences antérieures. Culture précaire, plantes étiolées dont le chaume acquérait à peine la grosseur d'une aiguille à tricoter et ne s'élevait guère qu'à 15 ou 20 centimètres de hauteur, et dont l'épis rudimentaire ne contenait qu'un ou deux grains maigres et mal formés.

Enfin il ne restait plus pour épuiser toutes les combinaisons qu'une dernière tentative : c'était d'associer la matière azotée aux minéraux. Cette association eut lieu. Cette fois le contraste fut saisissant et le succès complet. Loin d'accuser la moindre souffrance, les plantes atteignirent le même développement que dans la bonne terre ; les feuilles étaient larges, d'un beau vert, le chaume s'élevait à plus d'un mètre de hauteur; l'épis bien formé était pourvu d'un grain abondant : on avait donc réussi à réaliser au sein du sable calciné les conditions de la nutrition végétale la plus complète.

Cette expérience a une portée considérable, d'abord par son résultat pratique, et ensuite parce qu'elle met en lumière un principe nouveau dont l'application généralisée est appelée à devenir une des règles les plus sûres de l'art agricole. Et cette règle on peut l'exprimer ainsi : Une substance (matière azotée) qui par elle-même n'a presque pas d'action sur les végétaux, imprimant soudain une activité extraordinaire à dix autres substances (éléments minéraux), qui, sans son concours n'eussent produit qu'un effet insignifiant.

Ici l'effet utile naît, je le répète, de l'association. C'est ce que j'ai appelé le *principe des forces collectives,* voulant fixer par cette définition son véritable caractère, et préparer vos esprits à en généraliser l'application.

Quelque important que fût ce résultat, on ne

pouvait s'arrêter en chemin. On venait de découvrir les conditions qui assurent l'activité des minéraux, mais on ne savait rien du degré d'efficacité de chacun d'eux en particulier, ni de la fonction qui leur est propre.

Or, il s'agissait de dégager cet ensemble de notions nouvelles, et pour le faire la voie était toute tracée. L'intervention d'une matière azotée ayant été reconnue nécessaire pour assurer l'activité des minéraux, on a procédé à une nouvelle série d'expériences dans le sable calciné, auquel on a ajouté cette fois comme terme constant une dose fixe et invariable de matière azotée, puis tour à tour tous les minéraux réunis à l'exclusion d'un seul, et l'on a multiplié les expériences autant de fois qu'il y avait de minéraux différents, afin que l'exclusion portât successivement sur chacun d'eux en particulier; l'écart entre la récolte obtenue avec les dix minéraux, et celles où le nombre des minéraux était réduit à neuf, devant traduire par son amplitude le degré d'importance du terme supprimé.

Eh bien! procédons à ces nouveaux essais. Ajoutons à du sable calciné une matière azotée et tous les minéraux sans suppression aucune : les végétaux prospèrent et 22 grains de blé donnent 22 grammes de récolte; elle peut même s'élever à 26.

Vient une seconde expérience, de tous points semblable à la première, mais dans laquelle on supprime les phosphates : qu'arrive-t-il? Les plantes germent, forment leurs premières feuilles, qui bientôt jaunissent, se flétrissent et meurent, et le rendement tombe à zéro.

Insistons sur cette expérience :

Nous avons constaté que si l'on s'en tient à la matière azotée, les plantes restent chétives et rabougries, mais qu'elles ne meurent pas.

La mort suit au contraire invariablement l'addition des minéraux d'où les phosphates sont exclus, ce qui prouve jusqu'à la dernière évidence que les phosphates remplissent deux fonctions distinctes, qu'ils servent par eux-mêmes à la nutrition des plantes, et déterminent l'action utile des autres minéraux.

Nous voilà en possession d'un résultat nouveau dont la portée est considérable, c'est que de tous les minéraux les phosphates remplissent la fonction la plus importante, puisqu'à leur action propre s'ajoute un effet secondaire, dérivé, qui est de déterminer l'assimilation de tous les autres minéraux.

La fonction des phosphates se trouvant définie, on a procédé à l'exclusion de la potasse. Dès que cet alcali fait défaut à la terre, la plante accuse un grand état de souffrance : la tige, au lieu de s'élever verticalement, s'incline et rampe comme si elle manquait de solidité. Elle ne meurt cependant pas, mais le rendement atteint à grand'peine 6 grammes.

Entre la potasse et la soude il existe au point de vue chimique la plus étroite ressemblance. Dans presque tous les composés naturels qui contiennent de la potasse on trouve aussi de la soude, et pour distinguer les deux alcalis il faut déjà être familiarisé d'une façon un peu approfondie avec le jeu des réactions chimiques.

Mais pour les végétaux, entre ces deux alcalis il y a un véritable abîme, car dans l'expérience où l'on avait supprimé la potasse et où la végétation avait accusé une atteinte si profonde, le sol était largement pourvu de soude. Il est donc avéré que la soude ne peut remplacer la potasse.

On a soumis la magnésie au même procédé d'exclusion.

Les effets n'ont pas été moins désastreux que pour la potasse.

Il y a des plantes, le blé noir en particulier, sur lesquelles les effets de cette suppression sont immédiats. Sur le froment, ils se manifestent un peu plus lentement, cependant ils restent encore très-significatifs. Lorsque la magnésie est exclue du sol, le rendement descend à 8 grammes au lieu de 22.

Enfin, au sol de sable formé exclusivement de silice, mais à l'état insoluble, supprime-t-on la silice à l'état soluble, on porte encore une atteinte profonde à l'activité végétale. De 22 grammes la récolte descend à 7 ou 8 grammes.

La suppression de la chaux produit un effet moins sensible ; c'est à peine si la récolte diminue de 2 grammes, et de 22 grammes descend à 20 grammes.

Par des raisons qui vous seront présentées dans

un moment, tout en reconnaissant en principe l'utilité de l'acide sulfurique, du chlore, de l'oxyde de fer ou de manganèse, nous passerons leurs effets sous silence. Cette étude n'aurait pas d'utilité pratique pour l'objet que nous poursuivons. Arrêtons nous à ce point, et revenons un moment sur nos pas, afin de mesurer le chemin que nous avons parcouru.

Nous avons reconnu que dans le sol le plus stérile que l'esprit puisse concevoir, avec les seules ressources que l'embryon trouve dans la substance de la graine, on obtient des plantes qui parcourent toutes les phases de leur évolution naturelle, bien qu'elles restent toujours à l'état chétif et rabougri.

A ce premier résultat est venu s'en ajouter un autre : c'est que par l'introduction du carbone, de l'hydrogène et de l'oxygène dans le sol, même à l'état d'humus, on ne produisait aucun effet appréciable, et que la récolte n'en était à aucun degré affectée.

Nouvelle tentative : on a essayé l'action de tous les minéraux réunis, à l'exclusion de la matière azotée ; leur effet a été à peu près nul. Mais il s'est produit un changement subit dès que les minéraux ont reçu pour auxiliaire la matière azotée.

Dans ce sol artificiel on a obtenu alors des rendements de tous points comparables à ceux de la bonne terre.

Ainsi donc, pas de contestation possible : dans un sol où il n'y a rien d'inconnu et d'indéterminé, il a suffi de quelques produits chimiques pour l'élever au niveau d'un terrain fertile.

Parvenu à ce point, nous avons poussé plus loin l'analyse des phénomènes. Par un système d'expérimentation qui n'était, à vrai dire, que le développement du premier, nous avons réussi à mettre en lumière l'action de tous les minéraux pris isolément, phosphates, silice, magnésie, potasse, et défini enfin la fonction propre à chacun.

Les conditions fondamentales de la production végétale se trouvant éclairées et définies par les expériences qui précèdent, nous avons fait un nouveau pas en avant.

Abandonnant la culture dans le sable calciné, nous avons étendu nos investigations aux terres naturelles des provenances les plus variées.

Les soumettant au même système d'expérimentation, nous avons reconnu que quelle que fût leur dissemblance, il y avait entre les phénomènes qui s'y produisent et ceux observés dans le sable calciné une ligne de démarcation tout à fait tranchée. Pour que la végétation soit prospère, quand on opère dans le sable calciné, il faut le concours d'une matière azotée et de dix minéraux. Dans une terre naturelle, au contraire, si pauvre soit-elle, une matière azotée et trois minéraux seulement, acide phosphorique, potasse et chaux, suffisent aux besoins des plantes. Le rendement se maintient au même niveau que lorsqu'on ajoute en plus le soufre, la silice, la soude, la magnésie, le fer, le chlore, et ceci vous explique même pourquoi je n'ai pas insisté sur le rôle et la fonction de ces corps.

Il résulte encore des effets obtenus dans les terres naturelles, qu'en prescrivant désormais de n'admettre dans les engrais que ces quatre termes : matière azotée, phosphate, potasse et chaux, il n'y a aucun arbitraire de notre part : c'est l'expérience qui parle.

Pour moi, je n'ai jamais trouvé de terres naturelles où, avec le secours de ces quatre substances, je n'aie pu obtenir un rendement comparable à celui des terres les plus favorisées.

Ce résultat est possible, parce que les plus mauvaises sont pourvues des sept minéraux exclus de l'engrais. Il se passe là ce qui s'est produit déjà à l'égard du carbone, de l'hydrogène, et de l'oxygène, qu'il n'est pas nécessaire de fournir aux plantes parce qu'elles les tiennent de l'atmosphère.

Il suit de là qu'il ne faut pas confondre ce que la végétation réclame dans un sol de sable calciné, qui ne sert que de point d'appui aux plantes, avec ce qu'il faut lui fournir dans la terre naturelle. S'agit-il du sable calciné ou d'un milieu équivalent : il faut à la végétation dix minéraux et une matière azotée. — S'agit-il au contraire d'une terre naturelle : une matière azotée et trois minéraux suffisent alors.

Pour la pratique agricole, une matière azotée et trois minéraux.

Lorsqu'en 1861 j'ai avancé cette proposition dans

mon enseignement de Vincennes, je l'ai accompagnée d'une déclaration que je crois utile de reproduire pour éviter toute équivoque et prévenir les interprétations mal fondées :

« Je donne le nom d'engrais complet à la réunion du phosphate de chaux, de la potasse, de la chaux et d'une matière azotée.

« En agissant ainsi, je n'entends pas nier l'utilité des autres minéraux, je les supprime de l'engrais parce que le sol en est naturellement pourvu.

« Pourquoi ajouter à l'engrais ce qui n'ajoute rien à ses effets, et complique ce qui peut être rendu plus simple. »

Vous le voyez, Messieurs, il n'y a dans tout ceci ni système, ni théorie, ce sont les témoignages directs de l'expérience à laquelle nous en appelons invariablement et que je résumerai dans ce simple tableau.

	POIDS des récoltes.
Sable calciné	6gr.00
Sable calciné avec addition des dix minéraux	8gr.00
Sable calciné avec addition de matière azotée	9gr.00
Sable calciné avec addition de minéraux et de matières azotées	18 à 22gr.

Si de ces données fondamentales, nous passons à la fonction de chaque élément minéral en particulier, les résultats ne sont ni moins précis ni moins explicites. Le sol étant pourvu de matière azotée, à titre de terme constant :

Avec tous les minéraux,	moins le phosphate........	$0^{gr}.00$
—	—	moins la potasse..........	$9^{gr}.00$
—	—	moins la magnésie.........	$7^{gr}.00$
—	—	moins la silice soluble......	8^{gr} 00
—	—	sans aucune suppression....	18 à 22^{gr}.

Mais, Messieurs, dans la nature, on ne trouve pas de terre formée de sable calciné seulement, la terre arable contient à la fois du sable, de l'argile, du calcaire et souvent de l'humus. Or il y avait un grand intérêt à savoir si les phénomènes qui viennent de se produire en quelque sorte sous vos yeux, et dont le champ de Vincennes est la démonstration vivante, se produiraient aussi avec l'intervention de ces corps nouveaux, argile, sable, calcaire, humus, comme ils venaient de se produire dans le sable calciné tout seul.

Pour décider cette question que fallait-il faire? Il n'y avait qu'un moyen : recourir encore à l'expérience, recommencer toutes les séries que vous connaissez, en conservant comme terme invariable les combinaisons fertilisantes déjà éprouvées, mais en remplaçant le sable calciné par des mélanges de sable et d'argile, de sable et de calcaire, de sable et d'humus, puis par les mélanges plus complexes : sable-argile-calcaire, sable-argile-humus, et en dernier lieu par une association de sable, d'argile, de calcaire et d'humus, reproduisant alors dans ses traits les plus essentiels la composition de la terre naturelle.

Qu'est-il résulté de ces nouvelles tentatives? C'est

que, dans un mélange de sable et d'argile, de sable et de calcaire, le rendement est le même que dans le sable tout seul. Il n'y a qu'un cas, un seul, où, l'engrais ne changeant pas, le rendement augmente, c'est lorsque l'humus est associé à l'élément calcaire.

Avec le secours de tous les minéraux et d'une matière azotée le rendement s'est élevé :

Dans le sable calciné à	22	grammes.
Dans le sable et l'argile, il est resté	22	—
Dans le sable, l'argile et le calcaire, à	22	—
Dans le sable et l'humus	22	—
Dans le sable, l'humus et l'argile, à	22	—
Dans le sable, l'humus, l'argile et le calcaire, il atteint	31	—

Vous le voyez, dès que l'humus et le carbonate de chaux se rencontrent, le rendement pas se de 22 grammes à 31.

De là cette conclusion : que l'humus peut remplir une fonction importante, se traduisant par un accroissement considérable de récolte. L'expérience l'atteste.

Mais quel est donc le mode d'action véritable de l'humus? Est-il absorbé en nature. Non ! il agit simplement par voie indirecte, en favorisant la dissolution du carbonate de chaux. Et cela est si vrai, que si l'on exclut l'humus et qu'on remplace le carbonate de chaux par des sels calcaires plus solubles, le sulfate et le nitrate de chaux surtout (donc l'azote entre en ligne de compte à titre de matière azotée), on obtient un rendement qui se rapproche de 31 grammes, à mesure que la solubilité du sel calcaire augmente, et qui finit même par les atteindre.

Mais le nitrate de chaux, n'étant pas un sel auquel on puisse avoir recours, à cause de son prix trop élevé et de son extrême déliquescence, l'idée de donner pour auxiliaire à l'engrais chimique un mélange de tourbe et de carbonate de chaux, a fait de ma part l'objet de beaucoup de tentatives ici même.

Quel a été le résultat ? Sous le rapport pratique, absolument nul. — Pour avoir un effet appréciable, il m'a fallu employer la tourbe à la dose de 5 à 10,000 kilog. par hectare, ce qui rendait le procédé impraticable à cause de la dépense et s'accordait du reste très-bien, avec mes expériences en petit, attendu que la terre des Landes dont je m'étais servi contient de 4 à 5 °/₀ de matière noire soluble dans la potasse.

Dans une telle occurrence, ma décision a été bien vite prise. Abandonnant l'idée de me servir de la tourbe et des produits analogues, j'ai redoublé d'efforts pour perfectionner la formule des engrais. J'ai fait plus, j'ai usé de tout mon crédit sur le monde agricole pour qu'on multipliât les expériences d'engrais chimiques dans les terres notoirement privées d'humus, telles que le sol crayeux de la Champagne, dans le sable presque mouvant des dunes de Hollande, ou les sables non moins déshérités de la Campine.

Et partout, j'ai eu la satisfaction de voir les récoltes obtenues sur les plus mauvaises terres, s'élever au même niveau que dans les terres d'alluvion réputées par leur fertilité, et cultivées avec le fumier, c'est-à-dire avec le secours de l'humus.

Qu'il me soit permis de rappeler un exemple déjà cité dans un entretien de 1867, tant il est complet et décisif.

En pleine Champagne pouilleuse, et sur une lande valant à peine 2 ou 300 fr. par hectare que l'on a défrichée tout exprès, on a fait deux expériences parallèles.

En donnant à la terre 80 mètres cubes de fumier, et tout à côté 1,200 kil. d'engrais chimique. Ici de l'humus et là pas d'humus.

Quel a été le résultat? Avec le fumier on a obtenu 13 hectolitres de grain par hectare et avec l'engrais chimique 33.

Tirez vous-même la conclusion. Vous voyez, Messieurs, avec quel soin je me renferme dans le témoignage de l'expérience quel qu'il soit.

De tout ce qui précède, il résulte donc un fait considérable et sans appel, c'est qu'à l'aide de produits chimiques purs, et à l'exclusion de matière organique, on peut obtenir des récoltes très-supérieures à celles que donne le fumier.

Mais ici se dresse une objection à laquelle il nous faut répondre.

Comment, direz-vous, est-il possible que le sable calciné se montre égal en qualité à un mélange de sable, d'argile et de calcaire, qu'il n'y ait pas une différence entre eux sous le rapport des récoltes, alors que l'universalité des faits agricoles atteste le contraire. Tout le monde ne sait-il pas que la classification des terres en terres fortes, légères, terres à seigle et terres à blé sont des classifications parfaitement judicieuses. Je ne conteste pas la légitimité de l'objection, mais l'explication est facile. Dans les expériences de précision, la plante est soumise à des soins incessants; on l'abrite contre l'action trop vive du soleil, on l'arrose plusieurs fois par jour, elle ne souffre ni d'un excès d'humidité ni de la sécheresse. Dans les conditions naturelles, il n'en est pas de même. La plante est exposée à toutes les intempéries des saisons et à tous les accidents qui en naissent. Alors suivant que la terre est légère ou forte, la quantité d'eau retenue dans le sol change beaucoup, et les conditions dans lesquelles la plante se trouve placée en sont modifiées dans une mesure correspondante. D'où il résulte que les variations dans la récolte, suivant que la terre contient plus ou moins d'argile, n'ont pas pour cause la part que l'argile a prise par elle-même à la nutrition des plantes, mais les conditions plus ou moins favorables au point de vue de l'humidité du sol dans lesquelles elle les a placées.

Vous remarquerez, Messieurs, que dans tous les faits dont je viens de vous entretenir je me suis abstenu absolument de théorie. Mon ambition suprême a été de faire des végétaux avec des produits chimiques au sein d'un milieu où rien d'inconnu ne serait admis, et en me plaçant dans de telles conditions que l'expérience fût toujours soumise à un contrôle incessant, à une vérification certaine.

Tels sont donc, sous la forme la plus concise, les résultats auxquels m'ont conduit seize années d'expériences assidues. Je ne dis rien des difficultés pratiques qui m'ont longtemps arrêté.

On ne saurait croire, lorsqu'on n'a pas opéré par soi-même, combien il est difficile, dans une culture théorique, de se mettre à l'abri des influences étrangères.

Toutes les argiles et toutes les poteries cèdent à l'eau des traces de sels de chaux et de potasse, de chlorures, de sulfates, et, si minimes qu'elles soient, ces exsudations suffisent pour troubler la signification vraie des phénomènes.

Je me suis astreint à n'employer que des substances pures, je les ai mises en jeu dans un sol exclusivement formé de silice. Je n'ai rien conclu que du témoignage de la végétation, et je n'ai accepté définitivement ce témoignage, qu'après avoir constaté par l'analyse des récoltes qu'il ne s'y était glissé rien d'étranger.

Mes affirmations sont donc pures de toute assertion hasardée, de toute influence perturbatrice, de tout ce qui aurait pu échapper à une définition rigoureuse et vraiment scientifique.

Mais ce n'est pas tout. L'engrais complet composé de quatre termes : acide phosphorique, chaux, potasse et azote, suffit, avons-nous dit, pour rendre fertile le sol le plus déshérité; or, ce qu'il faut ajouter maintenant, c'est que ces quatre corps nécessaires n'ont pas le même degré d'utilité pour tous les végétaux indistinctement; que suivant la nature des plantes, l'un d'eux exerce une action prépondérante qui fait de lui le régulateur de la récolte.

Je m'explique : pour le froment, la betterave, le chanvre, celui des quatre corps qui influe de préférence sur la récolte, c'est la matière azotée. Doublez, triplez la quantité du phosphate, de la potasse, ou de la chaux, le rendement ne change pas; faites varier au contraire, la dose de la matière azotée, immédiatement la récolte s'élève d'une quantité correspondante : preuve manifeste qu'à l'égard du froment, de la betterave et du chanvre, la matière azotée remplit bien réellement une fonction prédominante.

Mais résultat non moins essentiel, et qu'il ne faut pas perdre de vue, supprime-t-on de l'engrais les trois minéraux, en réduit-on la composition à la matière azotée seule : sa haute efficacité cesse presque complétement; pour se manifester elle exige absolument le concours des minéraux, et s'il arrive que son emploi isolé réussisse malgré cette suppression, c'est que le sol est pourvu lui-même des trois minéraux.

Passez du froment et du chanvre aux pommes de

terre et aux légumineuses : la matière azotée n'a qu'une importance secondaire, c'est la potasse qui devient l'élément prépondérant, qui acquiert cette faculté majeure et dominante. La potasse est aussi la dominante du trèfle et de la luzerne.

A l'égard de la canne à sucre, du maïs, du sorgho, du turneps, c'est le phosphate de chaux.

Nous sommes donc conduits à ces conclusions capitales : A l'aide de simples produits chimiques et à l'exclusion de toutes substances inconnues, on peut obtenir en tout lieu et dans toutes les conditions de sol le maximum de récolte pour toutes les plantes; et en variant la dose de ces produits on parvient à régler le travail de la végétation comme celui d'une véritable machine, dont l'effet utile est proportionné au combustible qu'elle consomme.

Sur les quatorze éléments que la végétation réclame impérieusement, il n'est nécessaire d'en rendre à la terre que quatre, le surplus venant en partie de l'air, en partie de la pluie et en partie du sol; quatre grandes sources concourent au maintien de la vie végétale : l'atmosphère, le sol, la pluie et l'engrais. Chacune de ces sources a sa fonction particulière. Le travail de la végétation réclame le concours des quatre à la fois; mais l'homme n'a besoin d'agir que sur deux, la terre qu'il laboure et ameublit, et les engrais au moyen desquels il la féconde.

Vous voyez de plus que la production agricole présente seule ce caractère de rendre infiniment plus qu'elle n'a coûté, parce que toutes les forces de la nature, la chaleur et la lumière du soleil, l'air, la rosée et la pluie ajoutent leur concours inapparent à l'action de l'homme, qui, dans cette majestueuse harmonie, n'est qu'un roseau, il est vrai, mais un roseau qui pense et qui doit à cette faculté souveraine le privilége de commander aux éléments que l'on pourrait croire quelquefois conjurés contre lui!

Il n'y a pas d'arbitraire dans ces conclusions; il n'y a de notre part ni supposition, ni théorie, c'est l'expérience qui parle, l'expérience la plus rigoureuse, qui en appelle toujours au contrôle de la pratique et des faits.

Nous allons maintenant, si vous le permettez, Messieurs, passer de cette exposition dogmatique à une démonstration expérimentale.

Pour cela, qu'allons-nous faire?

Nous allons nous mettre en face de cultures qui n'ont reçu que des engrais chimiques depuis treize années. Vous jugerez de leur état. Puis nous irons successivement en face de chacune de celles où l'un des quatre termes de l'engrais complet a été supprimé, et suivant la nature de la plante vous verrez la vérité de cette proposition, qu'il y en a toujours un qui remplit une fonction prépondérante. Et par là précisément il me sera donné de vous fournir, dans la mesure où l'expérimentation la plus rigoureuse peut se produire, la preuve de ces deux données fondamentales : que dans la formation des végétaux il n'y a plus de mystère, que les agents qui président à cette formation nous sont aussi bien connus que ceux qui servent à la fabrication des produits chimiques. Les méthodes sont différentes, les forces mises en jeu ne sont pas les mêmes, mais le résultat est identique, puisqu'en partant de corps rigoureusement définis nous arrivons par une voie certaine à produire, au moyen des végétaux, des substances non moins bien connues : ici de l'huile, là du sucre, ailleurs de la fécule ou du gluten, ici des graines alimentaires, des fourrages, et là des matières tinctoriales ou des textiles; et avec quoi? toujours avec les quatre termes que nous connaissons et dont il suffit de varier les doses.

Et maintenant que les bases de la nouvelle doctrine vous sont familières, allons, Messieurs, allons recueillir les témoignages de l'expérience.

TROISIÈME ENTRETIEN.

L'ANALYSE DE LA TERRE PAR LES PLANTES.

Messieurs,

Notre conférence d'aujourd'hui aura un caractère essentiellement pratique.

Nous ne nous occuperons ni de théorie, ni de systèmes; nous nous appliquerons uniquement à résoudre cette question : Analyser la terre, définir ce qu'elle contient et ce qui lui manque au point de vue des besoins de la culture, afin d'acquérir des données certaines sur la nature des engrais auxquels il convient d'avoir recours dans toutes les situations.

Vous vous rappelez sans doute, Messieurs, que le résultat le plus saillant de notre dernière séance a été d'établir par voie expérimentale, la nécessité de classer les éléments du sol suivant la fonction qu'ils remplissent, de séparer ceux qui servent simplement de point d'appui aux végétaux de ceux qui contribuent à leur nutrition et dont la substance, à un moment donné, devient partie constitutive du végétal lui-même.

Ce tableau résume avec fidélité cette partie de nos études et la présente même sous une forme essentiellement pratique et expérimentale.

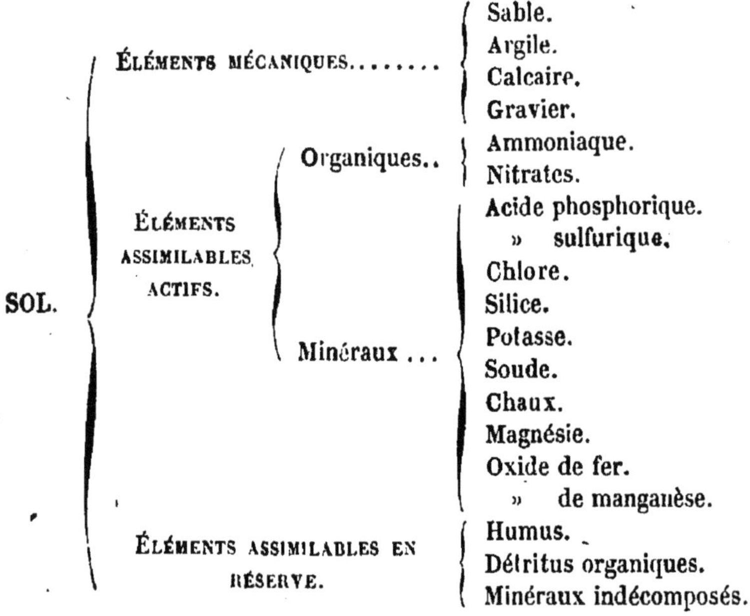

Que dit, en effet, ce tableau? C'est qu'il y a dans la terre trois ordres d'éléments : les éléments mécaniques; les éléments assimilables actifs; les éléments assimilables en réserve.

Les éléments mécaniques n'ont à vrai dire qu'une fonction passive à remplir. Ils servent d'assise et comme de point d'attache aux végétaux, mais ils ne concourent pas par leur substance à leur nutrition. Ils sont représentés par le sable, le calcaire, l'argile et le gravier.

En second lieu, viennent les éléments dits assimilables actifs, toujours en très-petite quantité par rapport aux premiers. En effet, tandis que les éléments mécaniques représentent les quatre-vingt-quinze centièmes de la masse de la terre, les éléments assimilables actifs ne figurent dans sa composition que pour quelques millièmes ou quelques centièmes. C'est en eux cependant que réside essentiellement la puissance productive du sol.

Enfin viennent en dernier lieu les éléments assimilables en réserve, qui participent aux fonctions passives des éléments mécaniques, mais qui sont susceptibles de concourir, à un moment donné, à la nutrition végétale, et doivent cette faculté aux produits qui naissent de leur décomposition. Je vous citerai comme exemple les détritus d'origine animale ou végétale, qui ne peuvent servir à la nutrition des plantes qu'à la condition de changer de nature; je vous citerai encore les roches de la famille des silicates, les feldspaths, les sables feldspathiques, qui appartiennent à la catégorie des éléments mécaniques tant qu'ils conservent leur intégrité, mais qui, par l'action combinée du froid, de la chaleur, de l'acide carbonique et de l'oxygène de l'air, se désagrégent d'abord, puis se décomposent, élevant dans le sol le contingent disponible de la potasse, de la chaux, de la silice à l'état soluble, et ajoutent un degré de plus à la richesse native de la terre.

Composez une terre artificielle par l'association des trois catégories d'éléments que je viens de rappeler, faites varier de 4 à 10 et même à 20 pour 100 du poids total les proportions des éléments mécaniques, le sable, l'argile, le calcaire, le gravier, le degré de fertilité de la terre ne sera pas atteint.

Augmentez ou diminuez d'un cent millième au contraire le poids de l'azote, de l'ammoniaque et des nitrates, d'un dix millième le poids de la potasse ou de l'acide phosphorique, un changement soudain se produit, la récolte augmente ou diminue comme la production de la vapeur dans la chaudière suivant la quantité de combustible qu'on consomme dans le foyer.

Et remarquez-le bien, Messieurs, il n'y a pas de système ici, pas d'intérêt de doctrine à ménager, non, des faits simples, à la portée de tout le monde, qui s'imposent par leur évidence.

Mais, Messieurs, il ne suffit pas d'avoir rappelé ces distinctions, il nous faut insister sur les moyens qui nous ont permis de les établir.

La voie que nous avons suivie a été tout expérimentale ; ce n'est pas en analysant la terre, non, c'est en composant de toutes pièces, avec des substances pures, des sols artificiels, que nous avons établi ces distinctions et montré le contraste qui existe entre les éléments mécaniques et les éléments assimilables du sol.

Les premiers, ne craignons pas de le répéter, ont pour destination de fixer les végétaux à la terre et de réaliser ce milieu remarquable, tout à la fois compacte mobile et perméable, dans lequel les racines les plus ténues peuvent s'épancher en tout sens, l'eau pénétrer librement, et l'air circuler sans obstacle, portant jusqu'aux dernières profondeurs ses puissantes et vivifiantes affinités.

Les seconds, les éléments assimilables qui n'ont pas d'influence sur les propriétés physiques de la terre, mais qui servent à la nutrition des végétaux, et règlent l'activité de leur formation.

Je n'ajoute rien sur les éléments assimilables en réserve : ce que j'en ai dit suffit; ils se confondent d'abord avec les éléments mécaniques, mais ils deviennent, plus tard, une source d'éléments assimilables par le produit de leur décomposition.

A la lumière de ces distinctions et grâce au tableau qui les résume, il est facile de comprendre pourquoi la chimie, lorsqu'elle opère par les méthodes en usage pour les essais industriels, a été impuissante à définir les terres dans leur essence agricole et pourquoi les chimistes, même les plus éminents qui l'ont tenté, ont tous échoué.

Je vous citerai, comme premier exemple, un des plus grands noms de la science contemporaine, sir Humphry Davy, à qui on doit la découverte des métaux alcalins, le potassium, le sodium, que, le premier, il a réussi à isoler au moyen de la pile.

Partant de cette idée en soi très-juste, que des

terres qui appartiennent à des formations géologiques différentes possèdent souvent le même degré de fertilité, Davy pensa qu'en comparant, terme à terme, la composition d'un certain nombre de terres présentant ce double caractère de s'équivaloir sous le rapport agricole, et d'appartenir à des terrains différents, il devait, à côté de dissemblances inévitables, constater dans toutes la présence de certains agents, source et condition de leur égale fertilité.

Six terres d'origine différente, et réputées toutes par leur bonne qualité furent donc analysées par Davy. Quel fut le résultat de cette tentative?

La réfutation de la pensée qui avait inspiré leur savant auteur. Consentez à jeter les yeux sur le tableau où j'ai résumé les résultats de ces six analyses. Vous n'y trouverez que contraste et opposition. Impossible d'apercevoir la moindre analogie dans la composition de ces six terres, qui, je le répète, possédaient le même degré de fertilité.

ANALYSES DE TERRES PAR SIR HUMPHRY DAVY.

ORIGINE DES TERRES.	SABLE ET GRAVIER.	SILICE.	ALUMINE.	CARBONATE DE CHAUX	CARBONATE DE MAGNÉSIE.	OXYDE DE FER.	SELS ET MATIÈRE ORGANIQUE.	SULFATE DE CHAUX.	HUMIDITÉ.	PERTE.
Comté de Kent.	66.2	5.2	3.2	4.7	0.7	1.2	8.0	0.5	4.7	5.2
Norfolk	88.9	1.6	1.2	6.9	»	0.3	0.5	»	0.3	»
Middlesex . . .	60.0	12.8	11.6	11.2	»	4.4	»	»	»	»
Worcestershire.	60.0	16.4	14.0	5.6	»	1.2	2.8	»	»	»
Vallée de Tiviot.	83.3	7.0	6.8	0.6	»	0.8	1.3	»	»	»
Salisbury . . .	9.1	12.7	6.3	57.2	»	1.8	12.7	»	»	»

Comparez terme à terme ces six analyses : la proportion du sable varie de 9 à 90 pour cent, celle de la silice soluble de 1 à 10 pour cent, le carbonate de chaux de 0.6 à 57 pour cent, etc.

Aucune de ces terres ne ressemble à celle qui la précède ou à celle qui la suit. Tout est différent, toujours des oppositions, et cependant, ces terres possèdent, je l'ai dit plusieurs fois, la même valeur agricole.

L'analyse chimique est donc en complet désaccord avec les plantes, qui tiennent vous le voyez un langage tout différent. Comment expliquer cette contradiction? Rien de plus facile. Il suffit pour cela de se reporter à la classification des éléments de la terre végétale, que je vous ai présentée en me fondant sur mes expériences où la terre était composée de toutes pièces.

Que dit ce tableau? Que les éléments mécaniques n'affectent que très-indirectement le degré de fertilité de la terre, — que leur fonction est éminemment passive — que, malgré leur nécessité, ils ne sont en réalité qu'une gangue grossière par rapport aux besoins de la vie végétale.

Tout s'explique aussitôt : Comment les analyses de Davy auraient-elles éclairé la question? Il n'avait tenu compte que des éléments mécaniques, le gravier, le sable, l'argile, le calcaire, sans s'enquérir ni des éléments assimilables actifs qui sont la source même de la production dans le présent, ni des éléments assimilables en réserve, qui sont la sauvegarde de l'avenir.

Le silence de Davy à cet égard explique l'insuccès de sa tentative, mais il n'a rien qui doive nous surprendre. De son temps, on ne possédait que des notions fort incomplètes sur la composition des végétaux et sur les agents de leur production.

Si Davy n'a pas fait mieux, c'est que la science de son temps ne le permettait pas.

Nouvelle difficulté : Aujourd'hui, les chimistes connaissent parfaitement les éléments qui servent à la vie des plantes et dont la présence ou l'absence dans le sol affecte en bien ou en mal son degré de fertilité.

Il semble donc que ce que Davy n'a pu faire, les chimistes de nos jours peuvent l'accomplir. Et pourtant, parcourez le répertoire des analyses de terre que l'on a publiées depuis dix ans, que nous ont-elles appris d'un peu essentiel sous le rapport agricole? Rien de pratique, absolument rien!

Cette déclaration, de ma part, ne peut manquer de vous surprendre. Appliquons-nous donc à la justifier.

Voici une analyse de terre, due à un ingénieur des mines très-éminent. M. Rivot. Tout y est indiqué, les éléments mécaniques et les éléments assimilables.

ANALYSE D'UNE TERRE DES ENVIRONS DE CHALONS-SUR-MARNE PAR M. RIVOT.

Sable et gravier	42.25
Matières fines	52.50

ANALYSE :

Matière organique	1.80
Eau hygrométrique	2.70
Eau combinée	5.92
Acide carbonique	33.20
Sable quartzeux	3.10
Argile	6.00
Silice attaquable	3.10
Oxyde de fer	2.00
Alumine	0 15
Chaux	40.50
Magnésie	traces
Alcalis	0.38
Acide sulfurique	0.28
Acide phosphorique	0.12
Azote et chlore	traces
Total	99.25

Voilà certes, je le répète, une analyse bien complète. Rien n'y a été omis, et pourtant elle ne nous sera guère plus utile que celles de Davy. Le témoignage des agriculteurs est là pour attester qu'elle ne répond à aucune des exigences de la pratique. Il est impossible, à son aide, de dire d'avance avec certitude quel sera sur cette terre le rendement du froment ou de telle autre culture, pendant combien d'années on pourra la cultiver sans la fumer, et lorsque la nécessité s'en fera sentir, à quels engrais on devra, de préférence, avoir recours.

Or une analyse qui reste muette sur ces questions, est-elle pratiquement utile?

A quelle étrange conclusion nous sommes conduits. Je viens de dire que la nature des agents qui rendent la terre fertile nous sont connus, j'ai montré dans mes conférences antérieures qu'à l'aide de ces agents on obtient dans le sable calciné des récoltes aussi belles que dans les terres d'alluvion les plus fertiles, et je déclare pourtant les analyses où l'on a égard à ces mêmes agents insuffisantes pour nous éclairer sur le fond de la question agricole.

Quelle étrange contradiction! Non, Messieurs, la contradiction n'est qu'apparente.

Représentez-vous par la pensée une terre qui contienne du sable sous deux états différents : à l'état du sable feldspathique et à l'état de sable siliceux, comme le grès de Fontainebleau.

Le sable siliceux, c'est de la silice pure, le sable feldspathique, au contraire, est un silicate multiple de potasse, de soude, de chaux, de magnésie et de fer. Tant que ce sable persiste dans son état primitif, la potasse et la chaux sont comme non avenues pour les plantes, en raison de la combinaison où ces bases sont engagées.

Mais survienne un chimiste armé de ses réactifs, il attaque, décompose, sépare tous les éléments du sable feldspathique et, en les isolant, leur attribue un degré d'utilité qu'en réalité ils ne possèdent pas au point de vue agricole tant qu'ils sont engagés dans la combinaison dont ils faisaient primitivement partie. L'acide phosphorique conduit à la même remarque. Cet acide existe dans la terre à trois états différents : à l'état de phosphate de chaux, de phosphaste d'alumine, et de phosphate de péroxyde de fer. Très-efficace à l'état de phosphate de chaux, il l'est beaucoup moins si tant est qu'il ait une action appréciable, lorsqu'il est combiné au fer et à l'alumine.

A quoi peut-il servir de savoir qu'une terre contient de l'acide phosphorique, de la potasse, de l'azote, etc., si l'on confond dans un tout hétérogène et banal, la partie active et la partie neutre?

Exacte dans ses affirmations, l'analyse des terres reste une lettre morte par rapport aux besoins des plantes, attendu que les racines ne disposent ni d'acides, ni d'alcalis, ni d'aucun des moyens d'attaque que le chimiste met en œuvre.

Ma conclusion est donc formelle : la chimie est impuissante à nous éclairer sur les qualités agricoles des terres, sur leurs ressources et leurs besoins, parce qu'elle confond dans ses indications, les ÉLÉMENTS ASSIMILABLES ACTIFS ET LES ÉLÉMENTS ASSIMILABLES EN RÉSERVE : les parties actives et les parties inertes ou neutres.

Mais je pousserai plus loin ma démonstration, et pour s'exercer avec plus de liberté, ma critique choisira comme dernier exemple une analyse dont je suis l'auteur : celle de la terre du champ d'expériences de Vincennes.

Que dit cette analyse?

Que la quantité d'acide phosphorique disponible par hectare s'élève à . . . . 1,797 kil.

La quantité de potasse à . . . . . 2,301 »

Et la quantité de chaux à. . . . 39,365 »

Ces résultats sont-ils certains? parfaitement certains, on ne peut le nier.

Voilà donc une terre très-libéralement pourvue des trois minéraux essentiels à la végétation, et pourtant essayez de cultiver du froment pendant quatre années consécutives, en ne donnant à cette terre que de la matière azotée, du sulfate d'ammoniaque, sans aucune addition de potasse et de phosphate. A la quatrième année, les récoltes qui, à l'origine, s'étaient montrées fort belles, périclitent et se réduisent presque à rien. Et cependant les quatre récoltes de froment n'ont fait perdre à la terre que :

71 kil. d'acide phosphorique,
116 kil. de potasse,
68 kil. de chaux.

Là où l'analyse avait accusé :

1,797 kil. d'acide phosphorique,
2,301 kil. de potasse,
39,365 kil. de chaux.

La plante déclare pauvre une terre que l'analyse déclare au contraire riche. Pourquoi cette opposition?

Parce que la plante ne déclare que les éléments dont elle peut profiter alors que l'analyse accuse cette partie des mêmes agents, qui sont engagés dans des combinaisons d'où la végétation ne peut les extraire.

Mais alors on s'est dit : Pourquoi n'imiterait-on pas les procédés de la nature? pourquoi ne pas se borner à traiter la terre par de l'eau seule, pour la placer dans les mêmes conditions que les plantes. *A priori* l'idée paraît excellente, et la méthode fondée sur le lavage des terres une méthode parfaite. Il n'en est rien cependant; quelques chiffres suffiront pour vous en montrer l'insuffisance. Elle est condamnée comme la première par la végétation. En traitant la terre par de l'acide chlorhydrique, nous avions constaté la présence de 1,797 kilogr. d'acide phosphorique par hectare. Si vous la traitez par l'eau, la quantité d'acide phosphorique trouvée n'est plus que de 29 kil. 16, et la réserve disponible de potasse que de 186 kilogr. au lieu de 2,301 kilogr. Or, si vous cultivez cette même terre pendant trois années consécutives en betteraves, vous trouvez dans les trois récoltes 150 kilogr. d'acide phosphorique et 327 kilogr. de potasse.

Pourquoi cette nouvelle opposition? Parce que l'eau en grande masse employée au lavage rapide de la terre, agit tout autrement que l'eau en petite quantité opérant par simple imbibition avec les racines des plantes pour auxiliaires.

Dans le premier cas, l'effet obtenu est dû tout entier à l'action dissolvante de l'eau, tandis que dans le second cas, il intervient trois influences nouvelles. L'air qui pénètre dans les interstices de la terre où il opère de lentes combustions, l'acide carbonique né de la décomposition des matières organiques, dont les affinités réalisent des conditions d'attaque et de dissolution que l'eau seule ne saurait produire, et enfin l'aspiration des racines qui équivaut à un lavage sous pression.

L'exiguïté des quantités d'acide phosphorique et de potasse trouvées dans le produit du lavage de la terre par l'eau en est une preuve bien convaincante.

Mais il y a plus : faites deux expériences parallèles ; semez du froment dans de la terre lavée et dans la même terre non lavée. Le résultat de la récolte est meilleur dans la première. Voilà donc un nouvel insuccès, toujours des insuccès!

En montrant l'insuffisance des analyses actuelles, est-ce à dire que je les proscrive d'une manière absolue et que je nie par anticipation la possibilité d'arriver peut-être un jour à des résultats plus complets? Rien ne serait plus loin de ma pensée.

J'ai voulu simplement montrer les choses comme elles sont, vous prémunir contre des espérances qui amèneraient des déceptions et bien établir que, dans l'état présent, une analyse qui est en somme une œuvre laborieuse, ne peut vous éclairer sur les questions les plus vitales et les plus essentielles de la pratique agricole.

Mais si l'analyse chimique est impuissante à nous éclairer, que devons-nous faire?

Recourir au témoignage des plantes elles-mêmes, appelées à devenir dans nos mains notre guide et notre réactif de prédilection.

Reste à vous exposer la manière d'employer ce réactif nouveau.

Qu'avons-nous dit dans notre dernière conférence? Qu'au moyen de quatre substances, l'acide phosphorique, la potasse, la chaux et une matière azotée communiquait aux plus mauvaises tenus le plus haut degré de fertilité. Nous avons reconnu de plus que ces quatre substances partout efficaces ne manifestaient cependant leur activité que d'autant qu'elles étaient associées et réunies toutes les quatre; que dès qu'on en supprimait une, les trois autres étaient frappées d'inertie au point de perdre souvent la plus grande partie de leur activité.

Nous avons dit de plus que suivant la nature des plantes ces quatre corps n'avaient pas le même degré d'utilité; que chacun d'eux avait une action tour à tour prépondérante ou subordonnée; que pour les céréales, le colza, la betterave, la matière azotée était le terme prépondérant; que l'acide phosphorique remplissait la même fonction à l'égard du maïs, de la canne à sucre, des rutabagas; la potasse à l'égard des légumineuses et de la pomme de terre.

Eh bien! si vous avez présentes à l'esprit ces trois propositions fondamentales, vous allez voir par quelles déductions naturelles nous allons pouvoir fonder sur elles une méthode pratique d'analyse accessible à tous.

Supposez en effet qu'on expérimente sur la même terre : cinq engrais différents, l'engrais composé des quatre termes que vous connaissez, et auquel nous avons donné le nom d'engrais complet, et tout à côté quatre engrais composés de trois termes seulement, d'où on exclut à tour de rôle et toujours un à un, la matière azotée, l'acide phosphorique, la potasse et la chaux ; ce qui produit cette série de cultures parallèles :

Engrais complet;
Engrais sans matière azotée;
Engrais sans phosphate;
Engrais sans potasse;
Engrais sans chaux;
Terre sans aucun engrais.

Que dit la végétation? Que l'engrais complet produit 39 hectolitres de froment par hectare, alors que l'engrais sans matière azotée n'en produit que 13; l'engrais sans phosphate 24; l'engrais sans potasse 28; l'engrais sans chaux 37; et la terre sans aucun engrais 11 hectolitres?

La conclusion est évidente et forcée : la terre manque surtout de matière azotée; pourvue de chaux, elle est moins favorisée sous le rapport de la potasse et du phosphate de chaux.

Or, je vous le demande, quelle analyse, si subtile que vous la supposiez, pourra jamais vous fournir un concours de renseignements de cet ordre?

Ainsi, suivant que les récoltes obtenues avec les engrais incomple s'éloignent ou se rapprochent de celles obtenues avec l'engrais complet, la conclusion c'est que la terre manque de l'élément exclu de ces mêmes engrais, ou le contient.

Résumons pour plus de précision, sous la forme d'un tableau, les résultats obtenus ici même au champ d'expériences.

	RENDEMENT à l'hectare.
Engrais complet	39 hect.
— sans chaux	37 —
— sans potasse	28 —
— sans phosphate	24 —
— sans azote	13 —
Terre sans aucun engrais	11 —

Je le répète, l'élément qui manque surtout à Vincennes c'est la matière azotée.

Mais ce n'est pas tout :

Dans une terre il y a deux choses à distinguer, le sol et le sous-sol, les couches superficielles et les couches profondes.

Ces deux étages possèdent-ils le même degré de richesse?

C'est là une question sur laquelle il est très-important d'être fixé.

Comment faire pour y parvenir? C'est bien facile! Substituez au froment une plante à racines pivotantes, la betterave, qui pénètre et soulève la terre à une plus grande profondeur; soumettez la betterave au même système d'expérimentation, et vous obtiendrez des indications non moins précises qu'avec le froment, mais qui se rapporteront cette fois plutôt aux couches profondes du sol qu'aux couches superficielles.

En effet, qu'a-t-on obtenu?

	RENDEMENT à l'hectare.	
Engrais complet..........	50,000 kilogr.	de betteraves.
— sans chaux........	47,000 —	—
— sans potasse.......	42,000 —	—
— sans phosphate....	37,000 —	—
— sans azote.........	36,000 —	—
Terre sans aucun engrais ..	23,000 —	—

Avec la pomme de terre, les indications ne sont ni moins instructives, ni moins précises :

	RENDEMENT à l'hectare.
Engrais complet	27,950 kilogr.
— sans chaux............	23,350 —
— sans phosphate.........	17,900 —
— sans azote	16,750 —
— sans potasse	10,520 —
Avec la terre sans engrais	7,700 —

Que dit la pomme de terre? Que la terre de Vincennes ne contient que des proportions restreintes de potasse et d'azote, et si elle accuse de préférence le peu de richesse de la terre en potasse c'est parce que cette substance est sa dominante, c'est-à-dire le terme de l'engrais qui affecte de préférence la récolte.

Les témoignages des deux plantes ne sont pas en opposition; ils se complètent au contraire, et vous voyez comment l'action prépondérante des dominantes permet de donner aux mêmes faits une expression plus accentuée.

Pour se faire une idée exacte de la richesse foncière de la terre de Vincennes, il faut rapprocher les résultats obtenus à la fois sur le froment la pomme de terre.

Que dit la série du froment? Que l'azote et la potasse y sont en proportion relativement restreinte, et la série de la pomme de terre confirme et raffermit ce double témoignage; seulement, avec l'engrais sans potasse, la récolte de pomme de terre est proportionnellement plus faible que celle du froment, parce que la potasse est la dominante de la pomme de terre et seulement un élément subordonné pour le froment.

Voilà donc un système d'expérimentation d'une sûreté parfaite, dont les indications se traduisent en faits pratiques d'une application immédiate. Quel autre système d'investigation pourrait vous fournir des indications de cette nature? Reconnaissons-le donc, avec un champ d'expériences on peut toujours définir la nature des éléments utiles aux plantes que la terre contient et ceux dont elle est dépourvue, et tirer de cette donnée dés indications positives sur la nature des engrais auxquels il convient d'avoir recours de préférence.

Ici vous me direz : mais cette méthode est-elle susceptible d'une grande délicatesse, d'une grande sensibilité? Est-il croyable qu'une plante puisse traduire toutes les variations de composition que la terre peut présenter? Aucune question n'est plus facile à résoudre que celle-là. La quantité de terre répartie à la surface d'un hectare est représentée en moyenne par 4 millions de kilogrammes. Eh bien, avec 200 kilogrammes de sulfate d'ammoniaque, soit 40 kilogrammes d'azote, c'est-à-dire 1 cent-millième du poids total de la terre, la récolte de froment augmente de 12 à 15 hectolitres de grains, et de 3 à 4,000 kilogr. de paille.

Avec la pomme de terre, 200 kilogrammes de nitre, dans lesquels la potasse entre pour 94 kilogrammes, suffisent pour élever le rendement de 10,000 kilogrammes à 28,000 kilogr., soit une différence en plus de 18,000 kilogr. Avec le phosphate de chaux les effets ne sont pas moins tranchés sur la canne à sucre. L'engrais contient-il 600 kilogr. de phosphate de chaux? on obtient 80,000 kilogr. de cannes effeuillées par hectare; avec 400 kilogr. de phosphate la récolte descend à 40,000 kilogr.

Je vous le demande, quelle indication de science abstraite pourrait soutenir le parallèle avec celle-là, sous le rapport de la sensibilité de la méthode, et sous celui de l'utilité des indications.

La haute utilité des champs d'expériences se trouvant établie jusqu'à la dernière évidence par ce concours de témoignages, indiquons rapidement comment on doit procéder à leur établissement. Il se présente dans la pratique plusieurs cas.

S'agit-il d'une exploitation un peu importante?

il faut choisir une pièce de terre qui représente la fertilité moyenne du domaine et composer le champ d'expériences de dix parcelles d'un are chacune.

Comprenant les combinaisons suivantes :

N° 1. — Fumier 60,000 kilos à l'hectare.
N° 2. — Fumier 30,000 id. id.
N° 3. — Engrais complet intensif.
N° 4. — Engrais complet.
N° 5. — Engrais sans matière azotée.
N° 6. — Engrais sans phosphate de chaux.
N° 7. — Engrais sans potasse.
N° 8. — Engrais sans chaux.
N° 9. — Engrais sans minéraux.
N° 10. — Terre sans aucun engrais.

Voilà un système qui répond à toutes les exigences d'une exploitation régulière. Grâce à cette réunion de cultures on peut suivre méthodiquement l'épuisement de la terre; sentinelle avancée, le champ d'expériences indique avec sûreté le moment précis où la terre doit recevoir tel ou tel agent de préférence : de la matière azotée, de la potasse, du phosphate de chaux, etc. Mais, me direz-vous, dans un domaine il peut arriver et il arrive presque toujours qu'il y a des terres de natures différentes?

L'objection est fondée et nous devons y répondre. Le champ d'expériences dont il vient d'être question ne saurait suffire à une exploitation un peu étendue; pour arriver à d'utiles résultats il faut lui donner pour annexe des champs d'une moindre importance : un are divisé en quatre parcelles, sur lesquelles on expérimente seulement trois engrais :

l'engrais complet, l'engrais minéral, la matière azotée, la quatrième parcelle étant réservée pour la terre qui ne reçoit aucun engrais.

Avec ces quatre combinaisons d'engrais, mais à la condition de multiplier les essais, on acquiert avec certitude toutes les notions dont la pratique peut avoir besoin. Le premier champ, en raison de sa plus grande étendue et des combinaisons plus nombreuses et plus variées d'engrais qu'il reçoit, est en quelque sorte le pivot autour duquel les autres gravitent.

Les indications des petits champs trouvent en général dans celles du premier une sorte de pierre de touche qui en complète et en rectifie même dans une certaine mesure la signification.

Lorsqu'on s'est une fois familiarisé avec ce mode d'investigation, tout dans la culture devient une source d'information concernant l'état du sol, sa richesse ou son épuisement.

En voici quelques exemples :

Faites sur deux parcelles contiguës de quelques mètres de surface un semis de pois et un semis de froment sans aucune espèce d'engrais.

Cette petite expérience bien interprétée suffit pour savoir si le sol contient de la matière azotée et des minéraux.

Qu'avons-nous dit dans la première séance? que la matière azotée était la dominante du froment, et que cette matière n'avait pour le pois qu'une utilité très-secondaire si tant est que son action, ne fût tout à fait nulle; que la dominante des pois, était la potasse. Voyez combien, à la lumière de ces simples notions, l'expérience qui nous occupe peut acquérir d'importance.

Les deux carrés de froment et de pois sont également beaux. Cela veut dire que la terre est à la fois pourvue de matière azotée et de minéraux.

Au contraire, le blé vient médiocrement, il est jaune, peu fourni, alors que les pois continuent à se montrer florissants? Cela veut dire que la terre manque de la dominante du froment, qui est la matière azotée, et qu'elle contient au contraire des minéraux et surtout de la potasse.

Étendons le domaine de nos observations. La luzerne a des racines qui pénètrent dans les couches sous-jacentes du sol à une grande profondeur. C'est de ces couches qu'elle tire principalement les minéraux qu'elle exige à haute dose. Or, tandis que la luzerne prospère, les pois sont médiocres. Que veut dire cela? Que les couche superficielles du sol manquent de potasse et de phosphate, alors que les couches sous-jacentes en sont pourvues. Les deux plantes réussissent également. C'est au mieux, sol et sous-sol sont pourvus de minéraux.

Vous voyez donc, Messieurs, comment grâce à la certitude et à la rigueur des prémisses dont nous sommes parti, déduites elles-mêmes de nos expériences dans le sable calciné, à l'aide de substances pures et à l'exclusion de toute espèce d'agent inconnu, nous finissons par acquérir des notions certaines et d'un caractère essentiellement pratique pour répondre à ces deux questions : Quels sont les agents utiles que le sol contient? Quels sont les agents qui lui font défaut?

Plus mes études s'étendent et se complètent, plus mes rapports avec le monde agricole se multiplient, et plus j'arrive à la conviction que, si les notions qui nous occupent sont arrivés au degré de simplicité et d'évidence qui permet à tout homme possédant quelques notions élémentaires de science de s'en pénétrer et de s'en servir, c'est aux champs d'expériences que nous en sommes redevables. A ceux qui savent, ils offrent un guide qui ne s'égare jamais, et à ceux qui doutent, des témoignages qui finissent toujours par triompher des oppositions les plus systématiques.

Si vous trouvez, Messieurs, qu'en ces matières j'ai acquis quelque autorité, veuillez m'en croire, multipliez les champs d'expériences, que les Italiens appellent avec plus de justesse les champs de preuves; tous nos colléges, toutes nos écoles primaires, tous nos établissements agricoles, et toutes nos sociétés d'agriculture devraient en être pourvus.

Pour les écoles primaires, trois ou quatre ares de terre suffisent amplement : pour ce cas particulier, je conseille la culture parallèle de la pomme de terre et du froment qu'on fait alterner. L'instituteur trouve dans la récolte de pommes de terre une précieuse ressource pour l'alimentation de sa famille, et dans la récolte de froment, la source d'un petit pécule qui le récompense de ses efforts.

Les champs des sociétés d'agriculture doivent répondre à des exigences plus hautes et servir à l'enseignement de la région.

Quatre cultures parallèles de froment, de betteraves, de pommes de terre et de pois mettent en relief, d'une manière saisissante, la nécessité de varier la composition de l'engrais complet, pour chacune de ces quatre cultures, non quant au nombre des substances qu'il convient d'y admettre, mais sous le rapport des doses de chacune : ce qui met en relief la notion si féconde, et pourtant si mal comprise encore, même parmi les savants, des dominantes : nécessité de varier la composition des engrais suivant la nature des plantes : indication des règles d'après lesquelles on doit les composer.

A côté de cet enseignement qui parle aux yeux et à la raison, et qui satisfait d'autant plus sûrement l'esprit que chacun peut en vérifier les résultats, il y en a un autre non moins utile : l'indication des ressources naturelles du sol sous le rapport des agents de fertilité, relativement aux principales cultures de la région.

Un champ d'expérience de cette importance n'éveille pas seulement la curiosité des populations environnantes, il les excite, il les détermine à se livrer elles-mêmes à des essais analogues qui amènent tout naturellement d'utiles comparaisons entre le champ d'expériences de la société d'agriculture ou des comices et ceux des particuliers. Le cultivateur voudra s'assurer s'il y a accord entre lui et la société d'agriculture, et les rapports qui naîtront de cet échange de renseignements, auront pour résultat de répandre dans les campagnes, à tous les degrés de la population, les données de la science les plus hardies et les plus pratiques, et de provoquer d'utiles discussions.

Si j'avais besoin d'un exemple pour justifier mon insistance sur ce point : une expérience qui remonte aux dernières années de l'empire me permettrait de vous le fournir.

En 1869, M. Duruy, alors ministre de l'instruction publique, qui avait la double passion du progrès et du bien public, eut l'heureuse pensée de chercher à répandre parmi les enfants des campagnes les notions que je m'applique à vous exposer. Pour cela, il me laissa libre de l'exécution. Persuadé que pour faire un bon agriculteur il est beaucoup plus essentiel de donner à l'enfant des indications positives sur les causes et les agents qui règlent le travail de la végétation que de ne l'exercer qu'au maniement des outils, mon plan fut bien simple. Je résolus de mettre les enfants en face de trois faits qui s'imposeraient à eux. En premier lieu, leur prouver qu'avec une très-petite quantité d'une certaine poudre on pouvait obtenir de plus belles récoltes qu'avec une grande masse de fumier — fait pratique. — En second lieu, que dans cette poudre composée de quatre substances, la suppression d'une seule (la dominante) suffit pour réduire considérablement les bons effets des trois autres. Il me paraissait manifeste que si l'on faisait pénétrer ces idées dans l'esprit des enfants, on arriverait certainement à des résultats considérables, parce que les enfants qui auraient vu, touché de la main les engrais et les récoltes, alors même qu'ils n'auraient qu'une idée vague de ce que peut être le phosphate de chaux, la potasse et la matière azotée, devraient conserver un souvenir de cette expérience : qu'avec quelque chose qui n'est pas du fumier on fait de plus belles récoltes qu'avec le fumier lui-même, et que dans la composition de cette poudre fertilisante il y a des substances dont l'action possède un degré variable d'importance suivant la nature des plantes.

Représentez-vous, Messieurs, un champ d'expériences dépendant de l'école du village où l'on obtiendra le chanvre que voici (il a plus de 2 mètres de hauteur); et tout à côté, sur la même terre, le chanvre que voilà (il n'a que 80 centimètres). Quel enseignement pourrait produire sur l'esprit des enfants un effet plus durable et plus saisissant? Mais, me direz-vous peut-être, c'est là de votre part une pure hypothèse. Est-il bien sûr que les champs d'expériences produiraient ces résultats? La réponse est facile; jetez les yeux sur ces deux tableaux : vous y trouverez le produit de neuf cents champs d'expériences *classés par départements* qui vous diront les résultats de la tentative provoquée par M. Duruy.

Ces tableaux se rapportent à deux cultures différentes : la betterave et la pomme de terre.

Avec 60,000 kilogr. de fumier, la betterave a produit sur le pied 38,219 kilogr. par hectare; avec 1,200 kilogr. d'engrais chimique, le rendement s'est élevé à 43,961 kilogr., alors que la terre sans aucun engrais, n'a produit que 24,336 kilogr. D'où cette série qui n'a certes pas besoin de commentaires :

	A l'hectare.
Engrais chimique..........	43,961 kilogr.
Fumier....................	37,219 —
Terre sans aucun engrais...	24,336 —

A ce premier résultat nous avons eu l'ambition d'en ajouter un autre, c'est que sur les quatre termes dont l'engrais chimique se compose, il y en a un dont la suppression réduit considérablement les bons effets des trois autres.

On a donc expérimenté avec l'engrais minéral sans azote, composé de phosphate de chaux, de potasse et de chaux : le produit ne s'est élevé qu'à 33,639 kilogr.

Avec la matière azotée toute seule, la récolte s'est maintenue à 39,263 kilogr.; en associant la matière azotée aux minéraux, elle a atteint 43,961 kilogr.

Nous avons donc pu, sur trois cent cinquante points différents de la France, mettre quelques milliers d'enfants en présence de ces trois résultats : possibilité d'obtenir avec des agents chimiques des récoltes plus abondantes qu'avec le fumier; — nécessité de suivre dans l'emploi de ces nouvelles substances les indications de la science, — car il suffit d'en modifier légèrement la composition pour porter une grave atteinte à leur efficacité.

Sur les pommes de terre les résultats n'ont pas été moins significatifs, bien qu'exécutés à une époque très-avancée de l'année, et par une sécheresse exceptionnelle :

Cette fois le nombre des champs établis s'est élevé à 564.

Et qu'ont-ils donné?

Avec le fumier	15,496	kilogr.
Avec l'engrais chimique	16,463	—
Sur la terre sans engrais, de 10 à	11,000	—

Eh bien! pensez-vous qu'il soit possible de répandre dans les campagnes des notions plus utiles que celles-là. Croyez-vous que l'enfant qui aura vu et suivi de telles expériences, lorsqu'il sera devenu un homme, qu'il cultivera pour son propre compte, qu'il se trouvera aux prises avec les nécessités de la vie, croyez-vous, dis-je, que cet enfant ne se souviendra pas, et que la semence que vous aurez déposée dans son jeune esprit y restera à l'état de lettre morte?

Vous voyez par cet exemple quel parti on peut tirer des champs d'expériences, soit qu'il s'agisse de scruter le véritable état du sol en vue des exigences d'une grande exploitation, soit qu'il s'agisse d'éclairer les classes laborieuses des campagnes sur les lois de la végétation et les conditions pratiques qui font le succès des cultures.

Ce mode d'enseignement qui a été pratiqué dans les écoles primaires, et qui, sans les événements de 1870, serait devenu la base de l'enseignement agricole primaire de tout le pays, a été aussi appliqué dans les fermes-écoles et dans les établissements qui ressortissent du département de l'agriculture.

Le résultat a été le même que pour les instituteurs.

On a obtenu en effet dans 34 fermes-écoles, en betteraves avec 47,500 kilogr. de fumier, 38,610 kilogr. de racines; avec 1200 kilogr. d'engrais chimique, 39,071 kilogr., alors que la terre sans engrais n'en a donné que 24,000 kilogr.

A Grignon, mêmes résultats : la betterave avec le fumier de ferme à très-haute dose a produit 63,000 kilogr, ; l'engrais chimique, 66,000 kilogr.

Mais, Messieurs, cette méthode que je viens de vous exposer et dont l'application est si facile, est susceptible de fournir des solutions d'un ordre plus inattendu. Elle permet de juger l'état du sol à distance; en voici un exemple :

En Angleterre, on s'est livré sur une grande échelle à des expériences analogues à celles qui se poursuivent à Vincennes, et dans cette voie nouvelle MM. Lawes et Gilberts ont acquis une notoriété justement méritée.

Eh bien! entre les récoltes obtenues par ces

messieurs et celles que nous produisons ici il y a similitude sur certains points, dissemblance sur quelques autres.

Avec l'engrais complet, les rendements sont les mêmes à Rothampstedt et à Vincennes. — Avec l'engrais minéral, la terre de Vincennes l'emporte, alors que celle de Rothampstedt reprend l'avantage avec la matière azotée.

La conclusion à tirer de cette comparaison, c'est que la terre de Rothampstedt contient plus de minéraux que celle de Vincennes, et que cette dernière était à l'origine mieux partagée sous le rapport de la matière azotée. — Je dis à l'origine, car aujourd'hui elle est descendue au-dessous de celle de Rothampstedt.

Vous voyez, Messieurs, comment en comparant les résultats obtenus avec des engrais identiques on arrive à définir à la fois les analogies et les contrastes qui peuvent exister entre des terres d'origine différente.

Je vous disais, il y a un moment, que dans le domaine de la science pure ce mode d'investigation permettait d'arriver à des solutions auxquelles il était impossible de parvenir par une autre voie.

Si je vous disais — et si je faisais mieux, — si je vous prouvais que l'air qui compose notre atmosphère n'avait pas aux premiers âges de la terre la même composition que de nos jours, qu'il contenait à ces époques reculées plus d'acide carbonique et un composé azoté, l'ammoniaque qu'il a perdu, vous trouveriez peut-être cette prétention bien téméraire, et vous auriez hâte de connaître les éléments sur lesquels on peut fonder une pareille démonstration.

Vous savez, Messieurs, que la houille a pour origine les végétaux des premiers âges, qui appartenaient tous à la grande famille des cryptogames vasculaires.

Or, ces végétaux, nous le savons par leurs restes fossiles, offraient deux caractères dans leur organisation : des feuilles aux dimensions colossales ; une racine pivotante, extrêmement réduite. Ce contraste entre deux systèmes d'organes également essentiels indique que ces plantes puisaient beaucoup dans l'air et fort peu dans le sol. Elles acquéraient des dimensions colossales. Eh bien, les plantes de l'époque actuelle qui reproduisent l'organisation des lépidodendrons et des calamites appartiennent à la classe des plus humbles : ce sont les prêles et les lycopodes, qui atteignent à peine un mètre de hauteur.

Pour qu'un pareil changement ait pu se produire dans les dimensions de ces végétaux, il faut qu'un changement correspondant ait eu lieu dans la nature des milieux au sein desquels ils vivent, que les conditions qui ont dû présider au développement des calamites et des lépidodendrons, ne soient pas celles qui agissent aujourd'hui sur les prêles et les lycopodes.

Or, quelles pouvaient être ces conditions?

Au premier chef, une atmosphère chargée d'acide carbonique et d'ammoniaque.

En effet, placez une plante à grand feuillage, un caladium par exemple, que, pour rendre votre démonstration plus complète, vous aurez cultivé dans le sable calciné; placez, dis-je, une telle plante dans une atmosphère semblable, et vous lui verrez acquérir soudain un développement énorme; les feuilles auront plus de 2 mètres d'envergure; l'activité du développement dépassera tout ce qui vous environne; vous croirez assister à la résurrection d'un monde nouveau.

Or, de la similitude des effets vous êtes bien autorisés à conclure à l'identité des causes.

Aux premières époques du monde, la terre était formée d'éléments minéraux; il n'y avait de détritus d'aucune nature, comme dans notre expérience. Or, puisque dans un tel sol il est possible d'imprimer à la végétation une activité dévorante à l'aide de quelques traces d'ammoniaque répandues dans l'air, il fallait donc que l'atmosphère des premiers âges contînt un composé azoté qui a maintenant disparu; mais ce n'est pas tout.

Depuis un demi-siècle, un sentiment timide, plus intuitif que raisonné, devenu maintenant une doctrine qui s'affirme au grand jour, porte les esprits à rattacher les aptitudes des peuples, les vicissitudes de leur histoire, à l'influence des conditions matérielles au sein desquelles ils ont vécu.

Entre divers résultats obtenus je puis vous signaler les suivants.

1° Les terrains primitifs sont décidément défavorables à l'essor de la vie et à l'épanouissement des facultés morales et intellectuelles. Les races qui se fixent sur ces terrains y dégénèrent, et pour peu que le climat ajoute par un excès de chaleur et d'humidité son influence défavorable à celle du sol, les races s'y dégradent.

2° Les terrains déposés au sein des eaux pendant la période diluvienne offrent sur les précédents une grande supériorité.

3° Mais les plus favorisés sous le rapport des conditions d'existence, ce sont les terrains d'alluvion de formation récente; les alluvions de la période actuelle (1).

A ces faits, l'observation des historiens en a ajouté certains autres, — par exemple que les régions où l'intelligence humaine a atteint son plus complet développement sont comprises dans les zones où les céréales sont cultivées, — et parmi les céréales on peut encore faire une distinction entre le froment, l'orge et le seigle, dont les effets se répercutent sur l'organisation des populations.

Ces aperçus qui donnent un cadre nouveau à l'histoire ne seront susceptibles d'applications pratiques et positives que le jour où l'on pourra les formuler en termes plus précis; — les champs

(1) Trémeaux, *Origine et transformation de l'homme*, 1865.

d'expériences, grâce aux indications certaines qu'ils nous fournissent sur la richesse ou la pauvreté du sol, permettent de combler cette lacune.

Je puis vous en citer un exemple qui nous touche, car il s'est produit sous nos yeux :

Dans le département de l'Aveyron, la moitié des terres se compose de schiste, de gneiss, de micaschiste. L'autre moitié, qui lui est contiguë en beaucoup de points, se compose de terrains jurassiques : de là deux contrées aux physionomies les plus opposées, appelées la première *segala*, terre à seigle, et la seconde *causse*, de *calx*, chaux.

Les habitants du ségala, les ségalains, sont ché tifs, maigres, anguleux, petits, plutôt laids que beaux; les animaux y sont eux-mêmes de taille réduite.

Les habitants du causse ou *caussenards* sont amplement charpentés, grands, plutôt beaux que laids.

Les animaux domestiques participent de ces mêmes contrastes : on élève dans le ségala et l'on engraisse dans le causse.

Livrez la terre de ces deux régions à l'analyse du chimiste, et demandez lui comment il est possible de l'améliorer?

Réduit à ses seules lumières il ne saurait vous répondre.

Ayez recours à quelques modestes champs d'expériences, ils vous diront que la terre, dans le ségala, manque d'azote et de phosphate; que dans le *causse* c'est la potasse et la matière azotée qui font défaut. Hâtez-vous de suivre ces prescriptions : répandez l'azote, le phosphate, la potasse et la chaux, et soudain vous verrez la culture du seigle se restreindre, celle de l'orge s'étendre, et bientôt le froment succéder à l'orge. Lorsqu'on ne cultive qu'avec du fumier, des effets de cet ordre ne sont pas possibles, le fumier conserve fatalement la tache indélébile de son origine; si la terre qui l'a produit manque de phosphate, lui-même en sera naturellement dépourvu. La terre à seigle restera toujours une terre à seigle, l'homme qui l'habite toujours un ségalain à la taille petite; son existence et ses facultés subiront le joug d'une puissance qui l'étreint, l'enlace et l'asservit, et à l'action de laquelle il ne saurait se soustraire.

Aux lumières de la science ce servage ne peut subsister.

Maître des conditions qui commandent à la vie des plantes, l'homme peut, non sans lutte, non sans effort, mais il peut changer le cadre qui l'opprime et détourner le cours de sa destinée en modifiant l'organisation des plantes et des animaux destinés à le nourrir. Au sol qui manque de phosphate et d'azote, il apporte le phosphate et l'azote, et au lieu de vivre de pain de seigle il vit de pain de froment. Par cette substitution, après deux, trois ou quatre générations, il s'élève d'un degré dans l'échelle biologique, son organisation se perfectionne, ses facultés s'étendent, et cette conquête sur les infériorités natives de la race, cette conquête il la doit tout entière aux inductions de la science et à l'énergie persévérante de sa volonté.

Voyez vous, Messieurs, lorsqu'on soulève un coin du voile qui nous cache encore les lois qui règlent l'essor de la vie, on se sent comme ébloui ; entre l'homme et la création il y avait autrefois une barrière infranchissable ; nous sentons intuitivement, nous faisons plus, nous affirmons que cette barrière ne peut subsister. En pénétrant le jeu des effets de la vie, l'homme s'en rend maître, comme il a fait de la vapeur, de l'électricité, des vents, de la foudre, et par elle il réagit sur ses propres conditions d'existence, et en les équilibrant mieux, il rend plus profondes et plus intimes, plus saillantes, les analogies de nature d'où naît, au sein des nations, cette fusion des âmes qu'un mot magique exprime ; LA PATRIE!

Les sociétés sont de vastes arènes où deux puissances ennemies sont éternellement aux prises : la vie et la mort.

Les forces productives du sol sont-elles accrues? les conditions de la vie s'améliorent, et la population s'accroît en proportion. La loi de restitution est-elle enfreinte, le sol mis à un régime épuisant? un effet inverse se produit : la population rétrograde, la mort devenue la plus forte l'emporte sur la vie.

Malheur aux peuples chez qui ces vérités sont méconnues !

Je vous avais promis, Messieurs, une conférence pratique, il me semble que nous nous éloignons un peu de cette promesse. Revenons-y donc, et pour cela, qu'il me soit permis de vous dire quel va être l'objet de nos observations en parcourant le champ d'expériences.

La veille ou l'avant-veille de ma première conférence, un orage avait couché les blés, le froid du mois précédent avait arrêté l'essor du maïs et de la betterave.

Quinze jours nous séparent à peine de ces accidents : la belle saison s'est raffermie, la chaleur est revenue, le soleil a fait son œuvre et l'engrais chimique aussi.

Eh bien, allons examiner en détail et discuter pas à pas les témoignages que nous apporte en ce moment le champ d'expériences.

La première question dont je vais vous saisir est celle-ci : montrer qu'avec les quatre éléments fondamentaux que vous connaissez on obtient le maximum de récoltes, puis qu'en faisant varier la proportion de la matière azotée pour le froment, la betterave et le chanvre, on gradue le rendement, tandis que la matière azotée, ici si efficace, n'agit plus sur les pois; qu'à l'égard des pois, l'action prépondérante échoit à la potasse.

Pour retirer d'un champ d'expériences tout le bien qu'il peut produire, il faudrait que vous pussiez venir le visiter à diverses époques de l'année et suivre le progrès des cultures depuis la germination des grains jusqu'à la maturité des récoltes.

Malheureusement la durée trop courte de nos conférences ne permettant pas cette étude continue et approfondie, je m'efforce d'y suppléer par la multiplicité des cultures, dont les unes commencent lorsque les autres finissent. C'est ainsi qu'à côté du froment, dont l'épi est en pleine formation, vous trouvez une culture de chanvre qui sort à peine de terre, une culture de maïs un peu plus avancée.

Passant de l'une à l'autre, nous allons nous appliquer à mettre en lumière d'abord l'efficacité des fumures chimiques sur toutes ces plantes, puis les inégalités qui naissent de la suppression de tel ou tel élément, pour faire ressortir à vos yeux tout ce qu'il est permis de tirer de l'application judicieuse et raisonnée de la *dominante*.

Venez, Messieurs, prendre la nature sur le fait, voyez, jugez et tirez vous-mêmes la conclusion.

QUATRIÈME ENTRETIEN.

CE QUE L'ON GAGNE A NE CULTIVER QU'AVEC DU FUMIER.

Messieurs,

Trois résultats sont le fruit de nos conférences antérieures.

Dans la première, je me suis appliqué à montrer que la pratique du passé justifie, en les consacrant, les données fondamentales sur lesquelles repose la doctrine des engrais chimiques.

La seconde a eu pour résultat de nous faire connaître les agents qui participent à la vie végétale, et les conditions qui déterminent leur activité.

Dans la troisième enfin, je vous ai exposé la méthode qui permet d'analyser la terre, en se fondant uniquement sur le témoignage des plantes.

Aujourd'hui, j'envisagerai mon sujet sous un nouvel aspect, qui doit nous conduire au vif de la question agricole :

Je me demanderai ce que l'on produit et ce que l'on gagne, lorsqu'on ne cultive qu'avec le fumier, suivant les anciennes traditions. Je touche ici à un point capital.

Dans la culture, il y a deux ordres de questions qu'il ne faut pas confondre :

1° Le rendement des récoltes, la somme des produits obtenus ;

2° Le bénéfice, résultat de l'opération.

La première de ces deux questions est avant tout une question d'intérêt social, et la seconde une question d'intérêt privé.

Appliquons-nous à les bien caractériser l'une et l'autre.

Au point de vue des intérêts sociaux, quelle est la destination de l'agriculture?

Nourrir les peuples au plus bas prix possible.

Il n'est donc pas indifférent pour eux que l'agriculteur produise peu ou beaucoup.

Pour être satisfait, l'intérêt collectif exige que l'agriculteur produise beaucoup. Pour les sociétés, le système agricole le meilleur est celui qui amène le plus de denrées sur le marché, celui qui, par unité de surface, 1 hectare par exemple, produit en blé, viande, légumes et vins, de quoi nourrir le plus grand nombre d'individus.

Mais tout autre est le point de vue du cultivateur; pour lui qui donne sa peine, ses veilles, engage ses épargnes, le meilleur système agricole est celui qui lui rapporte le plus de profit; pour lui, l'intérêt collectif n'est respectable que d'autant qu'il est conforme à son propre intérêt.

Qui pourrait l'en blâmer ?

Voilà deux assolements. L'un fait à la jachère une large part, l'autre la bannit au contraire de ses combinaisons. Tout bien compté, et malgré la pénurie des récoltes, le premier donne plus de bénéfice net que le second. Croyez-vous que l'agriculteur donnera la préférence au second, il s'en gardera bien, et qui aurait le droit de l'en blâmer ?

Lorsque ce cas se présente, et il est plus fréquent qu'on ne pense, il y a antagonisme entre l'intérêt social et l'intérêt privé du producteur. Le producteur poursuit un bénéfice, la société réclame au contraire la plus grande somme possible de matières alimentaires pour jouir de la vie à bon marché.

Il y a donc dans le problème agricole deux faces qui ne sont pas forcément antagonistes de leur nature, mais qui peuvent le devenir dans certaines conditions. Or, il faut avoir égard aux deux pour apprécier dans toute sa vérité l'état agricole d'un pays, et le système de culture sur lequel il est fondé.

Je vais envisager mon sujet sous ces deux aspects différents. Me plaçant en premier lieu, au point de vue de l'intérêt collectif, je demande ce que produit l'agriculture qui n'opère qu'avec le fumier, dans quelle mesure elle donne satisfaction au besoin primordial des populations, la vie à bon marché?

Je prends la France pour exemple.

La réponse à cette question, elle est lamentable et navrante. Tenez, jetez les yeux sur ces deux cartes, elles se chargeront, dans leur impassible crudité, de répondre pour moi.

La première indique par département la moyenne de la production du blé en France, rapportée à l'hectare.

Moyenne générale : 13 hectolitres.

Vous l'entendez, 13 hectolitres!

Il est vrai que sur l'ensemble de nos départements il y en a 29 ou 30, ceux du Nord notamment, où le rendement moyen du froment atteint 19 hectolitres à l'hectare; 13 où il est de 14, mais 46 où il descend à 12.

En d'autres termes, la France, livrée au régime du fumier, produit quoi?

En moyenne, 13 hectolitres par hectare.

Il n'est pas besoin d'être versé dans les profondeurs de la science économique pour apercevoir la gravité et les menaces de cette situation.

En voulez-vous la preuve?

Arrêtez vos regards sur cette deuxième carte non moins alarmante que la première dans sa sinistre signification?

Les départements où la population est en voie d'accroissement y sont teintés en rouge. Combien en comptez-vous? 48. Dans les départements teintés en bleu, la population n'augmente ni ne diminue. Arrêtée dans son essor, elle ne monte ni ne descend! elle est stationnaire.

Mais vous en comptez 39 marqués d'une lugubre croix noire, où la vie est atteinte dans sa source la plus profonde, et qui voient le nombre de leurs habitants se réduire chaque année. — C'est le supplice des réprouvés du Dante dans la langue sans entrailles de la statistique.

Ah ! s'il est vrai, comme le veut Malthus, et cette vérité n'est que trop réelle, qu'il y ait un rapport entre l'essor de la population et les conditions d'existence qui lui sont faites ; s'il est vrai que la prospérité d'un pays se mesure sur la rapidité de l'accroissement de la population, laquelle a pour cause et régulateur la somme des aliments qu'on y produit : la main sur le cœur, dites-moi, quel sentiment éprouvez-vous à la vue de cette carte maudite? nos récents désastres le disent assez. Si, au lieu de 38 millions d'habitants, notre pays en avait compté 45 millions ou 50, oui, dites-le, croyez-vous que la destinée nous eût à ce point accablés ?

Il y a longtemps que, dans mes cours, j'appelle sur ce point l'attention non-seulement du public, mais des représentants les plus autorisés du monde politique.

En 1846, l'excédant des naissances sur les décès était de 200,000 pour une population de 35 millions d'habitants : aujourd'hui, pour une population de 38 millions d'âmes, il n'est que de 120,000.

A ce compte il faut à notre pays 140 ou 150 ans pour doubler sa population, alors que l'Allemagne double la sienne en 60 ans, l'Angleterre en 50 !

On prétend atténuer la gravité de cet état de choses en disant : Voyez quelle richesse ! Le pays supporte sans fléchir une dette formidable. Et l'emprunt ! 43 milliards offerts de tous les points du globe : la souscription du mandarin prudent et rusé coudoie celle du brahmane indifférent et contemplatif, la confiance du Turc indolent s'associe à la rapacité des banquiers teutons, car les Prussiens eux-mêmes ont souscrit au dernier emprunt! Quelle richesse, quelle vitalité atteste ce concours d'universelle confiance ! Bien à plaindre est le pays où de pareils engouements peuvent se produire, et bien coupables sont ceux qui, à la tribune ou dans la presse, s'en font les éditeurs.

Nos ressources financières sont grandes, parce que la Providence nous a dotés d'un climat privilégié. Nos ressources financières sont grandes, parce qu'aucune nation ne pratique l'épargne au même degré que nous; mais bien différente est la situation d'un peuple où l'esprit de prévision arrête l'accroissement de la population, des peuples où la foi dans l'avenir en fécondant l'initiative privée, élève le niveau de la production pour parer à tous les besoins d'une population ascendante. Croyez-vous que celui qui amasse au prix de privations soit l'égal de celui qui amasse au prix d'un surcroît d'activité? Que celui dont les facultés physiques, morales, intellectuelles, atteignent leur plein épanouissement, ne soit pas supérieur à celui dont les facultés, oblitérées par la cupidité, se restreignent ou s'atrophient sous les étreintes d'une prévoyance exagérée au point de devenir criminelle?

Je conclus :

Au point de vue des intérêts généraux, — malgré notre débordement de luxe et nos impôts monstrueux, — en face de la population qui rétrograde, je déclare notre situation agricole lamentable et menaçante au premier chef.

L'intérêt privé est-il du moins mieux partagé?

Lorsqu'on cultive avec le fumier, d'après les règles du passé, a-t-on la satisfaction de gagner beaucoup. Que gagne-t-on? fait-on fortune? Oh! ici je suis à mon aise. Les témoignages abondent. J'ai l'embarras du choix. Forcé de me restreindre, ceux que j'invoquerai seront du moins sans appel.

J'emprunterai le premier à un des plus grands hommes le plus complet peut-être que la France ait produit : LAVOISIER, le créateur de la chimie moderne.

Vous savez, Messieurs, que Lavoisier n'était pas seulement le premier chimiste de son temps, mais qu'il possédait de plus toutes les facultés maîtresses de l'homme d'État. Fermier général, à une époque où la France avait des financiers, Lavoisier fit preuve dans ses fonctions des plus rares aptitudes administratives. Son traité sur la richesse territoriale de la France, dont la Constituante décréta l'impression aux frais de l'État, en est une preuve bien manifeste.

Entraîné par la nature de ses travaux à s'enquérir des questions agricoles, Lavoisier voulut en avoir le cœur net, et pour pénétrer jusqu'aux derniers intérêts que l'exploitation du sol met en jeu il se fit à la fois agriculteur exploitant pour son propre compte et fermier pour le compte d'autrui. Pour cela, il acquit une propriété entre Blois et Vendôme d'à peu près 80 hectares et s'intéressa à mi-part dans diverses exploitations qui ne s'étendaient pas à moins de 190 hectares. Il fit plus, il afferma une dîme qui l'intéressait dans presque toutes les exploitations de la contrée.

Eh bien! après huit ans d'études, de comptes, d'expériences et de calculs quelle fut la conclusion de Lavoisier? Écoutez! cette fois, ce n'est pas moi qui parle, c'est Lavoisier. Devant cette grande figure et l'étendue des intérêts en jeu, ma voix sent le besoin de passer au second rang. — Qui pourrait avoir la prétention de traduire la pensée de Lavoisier, lorsque lui-même nous en a laissé l'expression empreinte de sa souveraine origine?

Je vous en conjure, Messieurs, écoutez! Je cite textuellement :

« Après huit années d'exploitation j'ai obtenu « une augmentation considérable en subsistance « pour les bestiaux, une grande abondance de « paille et de fumier, mais PEU D'AUGMENTATION SUR « LE PRODUIT EN ARGENT.

« Les progressions en agriculture sont excessive- « ment lentes, mais ce que j'ai reconnu avec peine « et appris à mes dépens, c'est que, QUELQUE AT- « TENTION, QUELQUE ÉCONOMIE QU'ON PUISSE APPORTER « ON NE PEUT PAS ESPÉRER 5 POUR 100 DE L'INTÉRÊT DE « SES AVANCES. »

« Quand on n'a pas été porté à réfléchir sur ces « objet, quand on n'a pas suivi de près les travaux « de la campagne, rien ne semble plus aisé que de « ranimer une agriculture en souffrance, et l'on se « persuade qu'il ne faut pour cela que des bestiaux « et de l'argent. Mais lorsque de la théorie on passe « à la pratique, le résultat auquel on arrive est que « le propriétaire, du moins dans les conditions où « je suis placé, emporte entre un quart et un tiers « de la récolte, que les droits en emportent une « part presque égale, et que ces sommes prélevées, « il reste environ un tiers au cultivateur pour son « entretien, sa nourriture, les frais d'exploitation, « le remboursement de l'intérêt de ses avances, et « ses dépenses de toute espèce.

« Enfin ce que ce tableau présente de plus affli- « geant, c'est qu'avec une agriculture languissante « telle qu'est celle de la plus grande partie des « provinces de France, il ne reste, à la fin de l'an- « née presque rien au malheureux cultivateur ; qu'il « s'estime heureux lorsqu'il a pu mener une vie « chétive et misérable, et que si pendant les années « abondantes il a pu faire quelques économies, elles « sont bientôt absorbées dans les années médiocres « et stériles (1). »

Bref, Lavoisier, opérant avec toutes les ressources que donne une grande fortune, avec les habitudes d'ordre d'un savant qui a été un des plus grands

(1) Lavoisier, grande édition nationnale, tome II, p. 812

maitres dans l'art d'appliquer les méthodes scientifiques, nous mène à cette conclusion qu'il faut beaucoup d'argent pour arriver à un mince résultat, que l'exploitant est malheureux et que le capitaliste ne peut prétendre à un intérêt de 5 pour 100 pour ses avances.

Mais, me direz-vous, ce sombre tableau se rapporte à un état de choses maintenant loin de nous. Aujourd'hui il n'en est plus de même. Aujourd'hui on gagne beaucoup, les bénéfices agricoles ne le cèdent pas à ceux de l'industrie.

Pour vous édifier, je citerai donc des exemples plus récents. Et certes, ceux que je vais invoquer, pour émaner d'une source moins haute, n'en sont pas moins décisifs dans leurs affirmations :

Je prendrai comme second exemple Mathieu de Dombasle.

Vous connaissez certainement l'histoire de cet homme de bien, qu'inspira dans la pleine maturité de l'âge une pensée de dévouement et de sacrifices. Ancien élève de l'école polytechnique, Mathieu de Dombasle entreprit un des premiers la fabrication du sucre de betterave. Il y éprouva des revers de fortune. C'était en 1823, lorsqu'on commençait à introduire dans la grande culture le trèfle et les plantes sarclées. S'exagérant l'importance des avantages qu'on pouvait en retirer à cette époque, où l'on n'avait que des idées incertaines et vagues sur les agents de la nutrition des plantes, Mathieu de Dombasle résolut de montrer par un exemple, que les plus humbles pourraient imiter, qu'à l'aide d'un faible capital on peut améliorer à bref délai les plus mauvaises terres, et en porter les rendements au niveau des meilleures. Persuadé que l'alternance des cultures était un moyen tout-puissant d'améliorations, il voulut en fournir une démonstration pratique sans appel. Préoccupé uniquement du bien qu'un tel exemple devait produire, n'ayant en vue que la prospérité du pays, il n'hésita pas, lui l'homme du monde, il se fit simple fermier, opérant avec un petit capital emprunté à des tiers, se plaçant ainsi volontairement, pour donner à son exemple plus de généralité, dans les conditions du plus grand nombre des cultivateurs.

Il prit donc à bail la ferme de Roville, que le respect public a appelée depuis l'institut de Roville. Et là, pendant dix ans, tout ce que le dévouement, l'application la plus savante de tous les instants peut réaliser de soins, de bonne entente dans l'économie d'une ferme, Mathieu de Dombasle l'a fait.

Eh bien! quel a été, Messieurs, le résultat de cette tentative?

Parlons d'abord du résultat cultural, du rendement des récoltes, il a obtenu :

	Rendement à l'hectare.
Froment................	14 hectolitres.
Colza..................	11,50
Betteraves.............	17,493 kilogrammes.
Foin...................	3,105 —

Et le résultat financier? Avec de tels rendements,

il est facile à prévoir : je cite textuellement la balance des comptes pour les mêmes cultures :

	Dépense.	Produit.
Froment	294 fr.	307 fr.
Colza	253	255
Betteraves	305	383
Foin	175	141

A part la betterave, tous les comptes se soldent en perte, et si la betterave fait exception, c'est qu'à Roville on possédait une distillerie, à laquelle on faisait payer 25 francs les 1,000 kilogrammes de racines, prix supérieur au taux commercial.

Avec une bonne foi qui l'honore, Mathieu de Dombasle nous a laissé le bilan complet des huit premières années de sa gestion, de 1824 à 1832. Ces deux lignes en résument les résultats :

Perte	42,860 fr.	20
Profit	14,030	59
Perte nette	28,829	61 (1)

Rendement précaire ; pertes inévitables.

Roville possédait une fabrique d'instruments aratoires qui produisit pendant la même période 40,000 francs environ de bénéfice, ce qui solda la balance décennale de l'établissement par un profit de 12,000 francs. Résultat heureux, mais auquel la culture est étrangère, car la culture, je le répète,

(1) *Compte résumé des résultats obtenus à Roville pendant la période des dix premières années.* (Voir le tableau à la page suivante.)

produisit pendant la même période une perte de 28,829 francs.

Mais si Mathieu de Dombasle n'a pas réussi, quel est donc le présomptueux qui aurait la prétention de réussir en suivant les mêmes errements, en n'opérant qu'avec le fumier et le bétail?

Vous me ferez peut-être remarquer que le fonds de roulement était trop faible à Roville. Je le concède. Mais à ceux qui prétendent qu'en portant le fonds de roulement de 250 francs par

---

(*Annales de Roville*, t. VIII, p. 37.)

DATES DES BILANS.	PROFITS ET PERTES			
	DES ÉTABLISSEMENTS réunis.		DE L'EXPLOITATION rurale.	
	PROFITS.	PERTES.	PROFITS.	PERTES.
1824	»	12,395.61	»	11,732.67
1825	8,502.77	»	5,771.74	»
1826	2,881.04	»	»	1,944.23
1827	1,215.98	»	»	920.35
1828	»	7,083.05	»	7,097.26
1829	12,910.84	»	7,384.14	»
1830	9,522.49	»	874.71	»
1831	»	1,921.85	»	11,866.90
1832	»	1,742.93	»	9,298.79
TOTAUX..	35,033.12	23,143.44	14,030.59	42,860.20
	Bénéfice, 11,889.68		Perte, 28,829.61	

hectare, qu'il était à Roville, à 500 ou même à 1,000 francs par hectare, la culture par le fumier devient rémunératrice, à ces enthousiastes, je citerai, en les invitant à le méditer, l'exemple de Grignon.

Grignon a été fondé en 1828, dans le but de démontrer que la culture par le fumier, lorsqu'elle est appuyée sur un capital de 1,000 francs par hectare, réalise à la fois le maximum de récoltes et le maximum de bénéfices.

Faute de documents suffisants, je ne discuterai pas les résultats financiers obtenus à Grignon par Bella père, son respectable fondateur. Ma discussion devra procéder par voie indirecte, mais les résultats n'en seront ni moins nets, ni moins précis, ni moins concluants.

Je vous ferai remarquer d'abord que Grignon était dans des conditions exceptionnelles. La ferme ne payait pas de loyer; le domaine, qui se composait de 300 hectares, avait été affermé pour quarante ans, pendant lesquels le fermier était tenu d'exécuter pour 300,000 francs d'améliorations dont il était le premier à bénéficier, et qu'il avait le temps d'amortir. Or, c'est là une condition à part, dont vous apercevrez les avantages.

Lorsque j'ai dit pour la première fois que Grignon n'avait pas fourni la démonstration promise par son fondateur, à savoir, que le fumier produit sur le domaine permet de généraliser avec bénéfices les rendements intensifs de toute nature, j'ai soulevé une véritable tempête, et pourtant rien n'est plus vrai, comme vous l'allez voir.

Simplifier les questions, c'est en hâter la solution; faisons donc abstraction, pour plus de simplicité, du côté financier, et demandons-nous simplement quelle a été la progression des rendements à Grignon, sous l'action de son fondateur.

L'assolement adopté à Grignon avait une durée de sept ans, ce qui est une durée fort longue.

A la première rotation, on obtint :

	Par hectare.	
Froment	21	hectolitres.
Blé de mars	22	—
Colza	22	—
Avoine	39	—

A la seconde :

Froment	24	—
Blé de mars	26	—
Colza	16	—
Avoine	51	—

A part l'avoine, où l'amélioration se traduit par un excédant de rendement de 20 hectolitres par hectare, on trouve un déficit pour le colza et un excédant de 3 HECTOLITRES POUR LE FROMENT.

1,000 francs par hectare de capital engagé pour obtenir un excédant de 3 hectolitres de grains après sept ans d'efforts!

Mais si je voulais intervertir l'ordre de nos études, je pourrais tout de suite vous prouver qu'avec 150 ou 180 francs d'engrais chimiques par hectare, on peut arriver à un résultat bien meilleur, puisqu'on produit facilement et sûrement une récolte de 25 à 30 hectolitres par hectare, sans affronter les chances aléatoires auxquelles un grand capital est toujours exposé.

Si Grignon, opérant dans les conditions communes, avait dû acquitter chaque année son fermage, Grignon eût fini comme Roville. Et la meilleure preuve que Grignon a déserté son drapeau, c'est que pendant les dernières années de l'exploitation de Bella, on y achetait chaque année pour 15 ou 20,000 francs d'engrais tirés du dehors.

Remarquez, je vous prie, les termes de mon argumentation.

Faut-il proscrire le fumier? Non, certes.

Faut-il en produire quand même, faire de sa production le pivot de la culture? Non.

Quelle est la règle alors! Fumer à haute dose, toujours, et régler la part faite au fumier sur son prix de revient. Est-il cher, on en fait peu, est-il bon marché, on en fait beaucoup; mais peu ou beaucoup, on tire du dehors des agents de fertilité : ammoniaque, nitrate, phosphate, pour obtenir le maximum de rendement, toujours le maximum.

Peut-on m'accuser d'éviter les déclarations précises et catégoriques?

Ici vous me direz peut-être encore : Mais ce qui n'a réussi ni à Roville ni à Grignon, peut réussir ailleurs; en d'autres termes, vous me demandez un surcroît de preuves.

Il m'est facile de vous le fournir.

Vous connaissez tous M. Boussingault, c'est un savant émérite, un esprit singulièrement sagace et prudent.

Il a publié les résultats obtenus dans une ferme de l'Alsace, soumise au régime exclusif du fumier.

Le domaine se compose de 110 hectares, dont 60 sont en prairies, c'est le rapport prescrit par la tradition.

Il est impossible de faire mieux en n'opérant qu'avec le fumier. Or, quels en sont les rendements !

Froment...........	18	hectolitres en moyenne.
Avoine............	32	— —
Betteraves.........	26,000	kilogrammes.
Foin..............	4,345	—

Ce n'est pas assurément la science qui a manqué à la direction de Bechelbronn, et cependant, qu'y a-t-on obtenu?

Comme à Roville, des rendements précaires, toujours précaires.

Le résultat financier est-il du moins plus satisfaisant? Hélas! non, tous frais payés on y gagne 3,333 francs, la rente du fond étant servie à 3 pour 100.

Voilà, au surplus, les éléments de cette triste balance :

RECETTES.

	fr.	
Produits végétaux.........	20,460	33,421 fr.
Produits animaux.........	12,961	

DÉPENSES.

	fr.	
Rente de la terre..........	9,910	
Frais de culture...........	16,664	30,088 fr.
Frais des étables..........	5,514	
BÉNÉFICE.................		3,333 fr.

Et notez que dans les frais on ne fait pas figurer le traitement du directeur. Est-ce là un résultat financier dont on puisse se prévaloir au profit d'un système? Vous le voyez, Messieurs, à mesure que je multiplie les exemples mes conclusions se raffermissent en se généralisant.

En pareille matière, on ne saurait trop insister.

Je vous citerai donc encore un exemple, qui a, ce me semble, plus de portée que les précédents. Au moment de la grande enquête agricole de 1866, la Chambre d'agriculture de Cambrai eut une inspiration vraiment excellente : elle résolut d'établir le budget moyen d'une ferme de 100 hectares. Sa pensée était de fournir le type moyen de la culture dans un de nos départements du Nord.

Or, que dit ce budget? C'est que sur une ferme de 100 hectares, avec 80,000 francs de capital, dont 40,000 en mobilier et 40,000 francs en fonds de roulement, l'intérêt du capital servi à 5 pour 100, on obtient un profit annuel de 3,152 francs.

Mais remarquons que cette fois encore le fermier ne s'attribue rien pour sa gestion.

Lavoisier, Dombasle, Bella, Boussingault, nous mènent à la même conclusion qu'une élite d'hommes pratiques, cédant dans leur témoignage à une impulsion spontanée toute de désintéressement.

Direz-vous que ces résultats peuvent être améliorés par l'annexion d'une distillerie ou d'une féculerie et que ce dernier moyen est infaillible?

Avant d'examiner s'il est aussi certain que beaucoup le prétendent, vous conviendrez qu'il n'est et ne peut être accessible qu'à une élite très-restreinte.

Car savez-vous ce que coûte l'établissement d'une distillerie?

Il ne faut pas compter moins de 500 francs par hectare.

L'un de nos ingénieurs civils les plus estimés, qui a créé un important domaine en Normandie, et qui concourt cette année pour la prime d'honneur, fixe à 531 francs par hectare les frais de matériel, sans compter ni les bâtiments, ni le fonds de roulement.

Je le répète, une solution qui exige un pareil déboursé n'est pas et ne peut être une solution générale.

Mais en la supposant possible, cette solution est-elle aussi efficace qu'on le prétend?

Est-il certain que par l'annexion d'une distillerie on élève les rendements des récoltes à bref délai, et qu'on réalise de beaux et fructueux bénéfices?

Dans le mémoire de M. Houel, l'éminent ingénieur, car c'est de lui qu'il s'agit, je trouve qu'après dix ans d'efforts il obtient à grand'peine de

28 à 30,000 kilogrammes de betteraves par hectare, et à grand'peine aussi 3 à 4 pour 100 de ses avances.

Et cependant voyez quelle a été la puissance et l'ensemble des moyens mis en œuvre :

Capital foncier :

	A l'hectare.	
Acquisition	1,787 fr.	39
Constructions et chemins	1,781	82
Chaulages	175	15
Drainages	91	01
Améliorations foncières, etc.	650	82
	4,486	19

Capital agricole et industriel.

Bétail	54 fr.	59
Matériel agricole	269	95
Mobilier de maison et de bureau	41	56
Matériel de distillerie	531	39
Fonds de roulement	808	75
	1,706	24

4,486 fr. 19 c. d'un côté, 1,706 fr. 24 c. de l'autre, portent la totalité des débours à 6,192 fr. 43 c. par hectare, soit trois fois le prix de première acquisition pour obtenir quoi? 30,000 kilogrammes de betteraves par hectare et un intérêt de 3 pour 100....., et encore?

Mais, dites-moi, est-ce là un procédé accessible à l'universalité des agriculteurs?

Un simple fermier de 40, 50 ou 100 hectares peut-il y recourir?

D'abord, pour qu'une distillerie soit fructueuse, il faut lui donner une certaine importance. Les terres du domaine ne pouvant l'alimenter ; on est donc forcément jeté dans une affaire industrielle. La ferme qu'il s'agissait d'améliorer devient l'accessoire, le principal c'est la distillerie. Peut-on appeler cette solution une solution agricole?

Évitons les exagérations, les formules trop absolues, mais ayons le courage de conclure. Que dît l'exemple de M. Houel? Que la culture par le fumier, lente dans ses effets, est singulièrement onéreuse dans ses moyens. Ce n'est pas l'homme, pas même son exemple que je critique, c'est le système.

Dans la culture par le fumier il y a un vice radical : la lenteur et l'insuffisance des agents réels de fertilité que le sol peut fournir.

Alors que faire? Vous voulez d'abondantes récoltes à bref délai? Donnez beaucoup d'engrais à la terre. Vous n'en avez pas? Achetez-en et renoncez à le produire.

Dans l'avenir, et un avenir très-prochain, la fosse à fumier, qui était le principal, deviendra l'accessoire. Le grand producteur d'engrais sera l'industrie. Au lieu d'affecter, coûte que coûte, la moitié du domaine à la prairie, chacun règlera ses cultures en vue des produits qu'il peut écouler. Ici on fera de la viande, ce sera le lot de la Normandie, du Cotentin, etc.; là du blé, comme dans nos départements du centre; dans le midi, le vin, l'huile, les fruits, les primeurs. Partout le fumier deviendra l'accessoire, dans les pays d'herbage même, car là encore, là surtout le principe de la culture intensive par les engrais tirés du dehors doit recevoir son application.

Tout le veut, les charges qui nous accablent et qu'il faut surmonter, notre population qui périclite et qu'il faut révivifier, notre exportation trop restreinte à laquelle il faut fournir un lest de sortie pour relever notre marine, et nous donner pour le retour des moyens économiques de transport en faveur de l'industrie, qui a besoin de matières premières, que nous ne produisons pas.

Voulez-vous que nous fassions de la nécessité d'importer des engrais, au lieu d'en produire coûte que coûte, l'équivalent d'une démonstration de géométrie?

Méditez ce tableau, où j'ai réuni, d'après Mathieu de Dombasle, les frais de toute nature qu'entraîne la production de 1 hectare de blé :

FRAIS FIXES	Loyer	45 fr.	186 fr. 00
	Frais généraux	52	
	Frais de culture	43	
	Semences	46	
FRAIS VARIABLES.	Fumure	74	108 00
	Récolte, battage	34	
	TOTAL		294 fr. 00
	A déduire, valeur de la paille		50 00
	DÉPENSE NETTE		244 fr. 00

Analysons les éléments de cette démonstration capitale. Dans un compte de culture il y a, vous le voyez, des frais de deux natures, les frais fixes, que rien ne modifie, et les frais variables.

Les frais fixes sont le loyer de la terre, les frais de culture, labour, hersage, semence, les frais généraux. A l'institut de Roville, l'ensemble de ces frais atteignait 186 francs par hectare. Au second plan viennent les frais variables, représentés par l'engrais et les frais de récolte, qui s'élèvent à 108 francs, ce qui donne, avons-nous dit, un total de 294 francs. Mais duquel il faut retrancher 50 francs pour la valeur de la paille, ce qui nous mène à cette conclusion :

Totalité de la dépense, 244 francs.

Pour produire quoi? 14 hectolitres de blé. 14 hectolitres!

Ce qui fait ressortir le prix de l'hectolitre à 17 fr. 43 c.

Eh bien, supposez que, sans rien changer à l'organisation du domaine, sans accroître les bâtiments, sans accroître le matériel, sans accroître le nombre des animaux, sans rien ajouter aux chances aléatoires, on ait fait simplement un achat d'engrais de 120 francs par hectare et par an.

Alors le bilan devient :

Frais fixes. Comme précédemment			186 fr. 00
Frais variables, dont :	Fumure	194 fr.	254 00
	Récolte	60 »	
		Total des frais	440 fr. 00
	D'où il faut déduire : valeur de la paille		95 00
		Frais nets	345 fr. 00

La dépense atteint 345 francs, c'est vrai, au lieu de 244, mais la récolte suit une progression bien autrement accusée. De 14 hectolitres elle s'élève à 28 hectolitres. Ce qui fait descendre le prix de l'hectolitre de blé de 17 francs à 12 francs.

Avec un excédant d'engrais de 120 francs, on aurait obtenu un excédant de récolte de 14 hectolitres de blé. Tout restait d'ailleurs en son état primitif : bâtiments, bétail, personnel. Je me trompe, le bétail eût été mieux pourvu de paille, et la production du foin s'étant accrue, on aurait pu restreindre la surface affectée à la prairie, et introduire dans le plan cultural quelques cultures industrielles de grand rapport.

L'avenir agricole de notre pays est là tout entier, dans ce tableau de six lignes.

Ne cultivez jamais avec peu d'engrais, l'engrais c'est la matière première de l'agriculture. Lorsque vous cultivez avec peu d'engrais, vous vous placez dans les conditions d'un industriel qui aurait monté à grands frais une usine qu'il n'alimenterait qu'à demi de matière première; pourvue des appareils les plus perfectionnés, chaque organe ne donnerait en travail réalisé que la moitié de ce qu'il pourrait donner, et la conséquence d'un pareil état de choses serait de doubler les frais généraux. Or, pour l'agriculture, la plante est l'organe majeur de la production, le sol est l'assise sur laquelle il repose, l'engrais, la matière première. Peu d'engrais, peu de récoltes, et alors les frais généraux absorbent les produits. Beaucoup d'engrais, grandes récoltes; alors les frais généraux diminuent en raison de l'accroissement du produit.

Importation d'engrais : rendement intensif, bénéfice certain, récolte abondante, vie à bon marché; pour la société, la sécurité; pour le producteur, le succès, la fortune; conclusion, l'harmonie et la concorde entre toutes les classes par le progrès.

Que devient alors la formule sacramentelle : prairie, bétail, céréales. L'expression de ce qui fut à son heure un grand progrès, un souvenir respectable, mais de ce qui n'est plus aujourd'hui que la dépouille d'un fossile monumental d'où la vie s'est retirée.

Mais ici se dresse une objection, qui suffirait pour renverser le nouvel édifice s'il n'y était répondu.

Si tout le monde pratiquait la méthode intensive, n'y aurait-il pas encombrement de produits, avilissement des prix, disparition des bénéfices, la misère universelle dans l'abondance, l'équivalent de l'Égypte qui donne deux récoltes par an et dont la population est de dix siècles en retard sur les provinces les plus arriérées de l'Espagne et du Portugal?

Non, un pareil danger n'est point à craindre. Et c'est là même le merveilleux de la nouvelle solution, un simple déplacement dans le pivot de la production suffit pour ramener l'équilibre entre l'offre et la demande, les ressources et les besoins, la production et la consommation. Pour cela, que faut-il, en effet? Faire un peu plus de viande, et un peu moins de blé, remplacer les céréales inférieures, le seigle et l'orge par le froment.

Le moindre changement dans le rapport de ces trois produits suffit pour ramener l'équilibre en cas d'excédant.

Voici l'explication :

A surface égale, la pomme de terre produit quatre fois plus de rations alimentaires que le froment, et seize fois plus que la prairie dont l'herbe est convertie en viande. Y a-t-il excédant de pommes de terre et de froment? Une très-légère impulsion donnée à la production de la viande suffit pour ramener l'équilibre.

L'alimentation s'améliore dans toute la généralité des consommateurs, et grâce à cette amélioration, la main-d'œuvre plus active, accomplit plus de travail utile, ce qui se traduit par un surcroît de salaire. Tout se tient dans un pays, et tout découle de l'abondance et de la qualité de ses produits agricoles. Au premier chef l'accroissement et la virilité de sa population : comparez le travail d'un Calabrais à celui d'un terrassier belge, le contraste semble inexplicable; mettez en regard le régime des deux, l'explication s'impose à vous. Généralisez. Voyez ce que produit la terre en Belgique et ce qu'elle donne en Calabre, faites la statistique des produits récoltés. Ici l'alimentation se compose de fruits et de légumes, dont les analogues en Belgique sont convertis en viande, qu'on associe au pain de froment, à la bière et au café. Il n'y a pas à le nier, les procédés de la culture intensive peuvent s'étendre et se généraliser sans péril. Il n'y aura jamais encombrement, jamais un avilissement durable dans les prix. Il y aura des crises passagères; mais en dernier ressort, ce qui survivra, c'est une amélioration dans l'alimentation générale. Par elle, amélioration et progrès dans l'organisation physique des peuples, dans leur puissance de travail, dans leurs aptitudes, dans leurs facultés intellectuelles et morales. Platon, Dante et Lavoisier n'ont pas eu pour premier berceau les vallées hautes du Jura et du Valais où règne le crétinisme.

L'homme est un microcosme, a dit l'antiquité, la synthèse vivante de toutes les conditions naturelles : climat, sol, altitude au sein desquels il a vécu.

Voilà, ramenée à ses termes vrais, comment la question agricole doit être envisagée. Comment le problème doit être posé, et comment il doit être résolu? Un mot, un seul, le résume :

Cultiver avec le secours de beaucoup d'engrais.

La culture par le fumier ne répond ni aux nécessités de notre temps, ni aux exigences de notre état social. Elle n'est pas rémunératrice pour l'exploitant. A la société, elle ne donne pas la sécurité. Qui pourrait avoir la prétention de faire mieux que Lavoisier, de réussir là où Mathieu de Dombasle, Bella et Boussingault ont échoué? Le prétendre, serait le comble de l'outrecuidance, et le tenter un aveu implicite de déraison.

Voulez-vous que la culture soit rémunératrice, ne dites jamais : je vais faire du fumier; dites : je vais fumer à haute dose. Manquez-vous de fumier, achetez des engrais, tirez-en du dehors.

Ayant à votre portée une méthode simple et pratique, accessible à tous, de connaître ce qui manque à votre sol, le choix des agents n'a plus rien d'arbitraire ou d'aventureux.

C'est sur la foi des plantes que votre choix se décide.

Dans aucun cas, dans aucun, la production du fumier ne doit être le point de départ. C'est un élément subordonné du problème agricole. Le point de départ judicieux, raisonnable, la condition du succès, c'est de donner à la terre l'engrais nécessaire pour en obtenir le maximum de récolte. Là est la source du profit, l'assurance contre les mécomptes.

Avec le fumier seul, pas de distinction possible dans les fumures suivant la nature des plantes, prodiguant à celle-ci ce qu'elle ne demande pas, et refusant à celle-là ce dont elle a besoin.

Analysez le fumier du mouton nourri dans les landes de Gascogne, il n'y a que des traces insignifiantes de phosphate; examinez son squelette, pas de charpente osseuse à vrai dire, des tendons graveleux et endurcis.

Et comment obtenir des céréales avec ce fumier?

Avec une importation d'engrais, tout devient

simple, juste, économique, harmonieux : à chaque plante ce qu'elle réclame.

La question de principe étant jugée, passons aux règles qu'il faut suivre dans l'application.

Cette règle est bien simple : donner un supplément d'engrais de 120 francs par hectare à toutes les cultures; et, comme la prairie se trouve comprise dans cette prescription : accroître son bétail, ou réduire la prairie et faire une place aux cultures industrielles, le houblon, le tabac, le chanvre, le colza, fumés à très-haute dose.

Avec le fumier tout seul, on produit peu à Bechelbronn, et on gagne 3,333 francs. — Par le régime nouveau, avec une importation de 6,000 francs d'engrais on produirait moitié plus et l'on gagnerait 10 à 12,000 francs au lieu de 3,000 francs.

Voilà, par sous et deniers, les avantages qui découlent de cette transformation : 6,000 francs d'excédant de dépense; 7 à 8,000 francs d'excédant de produit. Sans rien changer à l'organisation existante, ce qui n'est pas un mince avantage. Pour gagner 3,333 francs, il vous faut un fonds de roulement de 35,000 fr. En le portant à 41,000 francs, le bénéfice annuel atteint, je le répète, 10 à 12,000 francs.

Et remarquez, je vous prie, que les 6,000 francs d'excédant de dépenses ne sont pas immobilisés. Ils sont, au contraire, dégagés l'année même.

Quoi de plus simple, de plus rationnel, et, en somme, de plus fructueux?

Pour les produits animaux, pour le pays d'herbages, le résultat est-il aussi sûr? Aussi sûr! Voici ce que m'écrit à ce propos un agriculteur émérite du Calvados, M. Ad. Wilbien, qui a mis ses herbages au régime des engrais chimiques.

Je cite textuellement :

« J'attendais, pour vous remercier de vos conseils que l'expérience eût prononcé sur le mérite de vos dernières formules d'engrais.

« Le succès est des plus complets. J'ai obtenu en quantité de l'herbe, qui a atteint $1^{m}20$ de hauteur, dans les prés. Dans une pièce de cinq hectares (pas de très-bonne qualité et herbée seulement de la seconde année), j'ai mis 28 bœufs, qui y sont nourris plantureusement depuis trois semaines, sans qu'ils se soient rendus maîtres de l'herbe et du trèfle. J'ai mis de l'engrais chimique sur environ 20 hectares d'herbage, et partout une herbe luxuriante engraisse parfaitement le bétail.

« J'ai 61 bêtes à cornes sur la propriété, dont 40 bœufs, et je pourrais en nourrir le double avec ma surabondance d'herbe.

« J'espère qu'en employant votre nouvelle formule pendant deux années encore, j'arriverai à élever la puissance productive de ma terre au niveau des meilleurs pâturages du pays, en combinant tant les effets de l'engrais chimique que de la fumure des animaux nourris sur place, en plus grand nombre bien entendu.

« La ferme se compose de 35 hectares tout en herbages, dont 20 ont reçu de l'engrais chimique.

« Je remarque que les animaux donnent la préférence à l'herbe fumée avec votre formule et qu'ils engraissent mieux. Cela est dû très-probablement à la présence du chlorure de potassium dans l'herbe, sel qui doit être un succédané du chlorure de sodium, le sel marin, dont ils sont si friands.

« On fauche en ce moment un pré dont l'herbe est remarquable : elle s'étale en monceaux sous la faulx, et les faucheurs, qui ne reviennent pas de leur surprise, me disent qu'il y a deux ou trois fois autant d'herbe que dans une bonne récolte d'excellents prés. Au reste la balance indiquera bientôt le rendement exact, que je m'empresserai de vous communiquer. »

Qu'ajouterai-je à ce témoignage?

Il est donc vrai que vous pouvez, à votre choix, sans accroître l'étendue affectée à la prairie, doubler le nombre des animaux, ou maintenir intacte votre population animale, et réduire de moitié la prairie pour y substituer des cultures industrielles.

Quelle est de ces deux solutions la meilleure? Ceci n'est ni une question de doctrine, ni une question de principe, c'est une question de convenance, de situation et d'opportunité.

La règle, la seule, c'est la nécessité de fumer à haute dose pour avoir du profit.

Comme dernier argument, voici le bilan établi par la chambre agricole de Cambrai pour une ferme de 100 hectares, dont je vous parlais il y a un moment. Parcourez le relevé des récoltes.

DÉPENSES ANNUELLES D'UNE FERME DE CENT HECTARES.

	Fr.
Ferme, 600 fr. par hectare : 60,000 fr. à 5 pour 100....	3,000
Réparation et entretien de la ferme..................	1,000
Mobilier, 400 fr. par hectare : 40,000 fr. à 5 pour 100..	2,000
Fonds de roulement : 40,000 fr. à 5 pour 100.........	2,000
Loyer des terres, deuxième classe : 125 fr. par hectare.	12,500
Pot de vin : 1/9 du loyer..........................	1,389
Contributions de la ferme et des terres..............	1,500
Valets de ferme : 5 à 700 fr. par an................	3,500
Garçon de cour......................................	700
Berger..	1,000
Servante de ferme et un aide........................	800
Chevaux : vingt à 1 fr. 75 par jour..................	12,775
Vaches : trente à 1 fr. 25 par jour..................	13,687
Moutons : cent cinquante à 0 fr. 08 par jour..........	4,380
Semences : 25 fr. par hectare en moyenne.............	2,500
Sarclages : 20 fr. par hectare en moyenne............	2,000
Frais de récolte : 30 fr. par hectare en moyenne.......	3,000
Frais de battage : 15 fr. par hectare en moyenne......	1,500
Engrais artificiels : 10 fr. par hectare en moyenne......	1,000
Fumier de ferme, 9,000 fr. : valeur des pailles........	»
Assurance des bâtiments et de la récolte.............	250
Entretien du mobilier, 10 pour 100...................	400
Frais du bail, 1/9..................................	100
	74,581

RECETTES ANNUELLES D'UNE FERME DE CENT HECTARES.

Nombre d'hectares.		Fr.
34	Blé. 21 hect. 50 par hectare, à 20 fr. 35 l'hectolitre.	14,875
	4000 kilogrammes de paille par hectare, à 4 fr. les 100 kilogrammes....................	5,440
3	Seigle. 20 hectolitres par hectare, à 12 fr. l'hectolitre....................................	720
	3500 kilogrammes de paille par hectare, à 5 fr. les 100 kilogrammes....................	52
8	Orge. 45 hectolitres par hectare, à 12 fr. l'hectolitre..................................	4,320

RECETTES ANNUELLES D'UNE FERME DE CENT HECTARES.

Nombre d'hectares.		Fr.
	D'autre part	25,880
	3,200 kilogrammes de paille par hectare, à 2 fr. 50 les 100 kilogrammes	640
11	Avoine. 55 hectolitres par hectare, à 7 fr. 86 l'hectolitre	4,755
	3,200 kilogrammes de paille par hectare, à 3 fr. les 100 kilogrammes	1,056
	Betteraves. 40,000 kilogrammes par hectare, à 19 fr. les 100 kilogrammes	6,840
10	Colza. 18 hectolitres par hectare, à 28 fr. l'hectolitre	405
	Paille, 45 fr. à l'hectare	405
2	Lin vendu sur pied, 1,000 fr. l'hectare	2,000
18	Prairies artificielles, 5,200 kilogrammes à l'hectare. à 6 fr. les 100 kilogrammes	5,616
4	Hivernages fixes, 6,500 kilogr. à l'hectare, à 6 fr. les 100 kilogrammes	1,560
2	Pommes de terre, 120 hectolitres à l'hectare, à 6 fr. l'hectolitre	1,44
	Vaches, veaux, lait, beurre, fromage	16,425
	Moutons	5,380
	Porcs nourris avec grains perdus, volailles	1,200
	Fumier de ferme pour mémoire	»
100	Total des recettes	77,733
	Dépenses	74,581
	PROFIT	3,152

Qu'y trouvez-vous? Que les rendements de toutes les récoltes sont médiocres. Pour le froment 21 hectolitres de grain par hectare; pour le seigle, 20 hectolitres; pour le colza, 18; pour la prairie, 5,200 kilogr. de foin.

Eh bien! j'affirme qu'avec 100 francs d'engrais en supplément de la fumure actuelle, soit une dépense de 10,000 francs, toutes récoltes confondues, on doit obtenir un excédant de produit de 80 à 100 francs par hectare, le prix de l'engrais étant amorti, bien entendu; ce qui porte le profit de 10 à 12,000 francs au lieu de 3,000 francs.

Je le répète, la solution de la question agricole, la voilà : Ne prenez jamais pour point de départ la production exagérée du fumier. Ayez pour objectif les fortes récoltes au moyen d'engrais tirés du dehors.

Obtenir de grandes récoltes, réaliser des bénéfices certains et jouir d'une liberté d'action entière, voilà, Messieurs, toute ma doctrine.

Le jour approche où le véritable fumier, le principal, ne se fera plus dans la ferme, mais dans ces usines aux vastes flancs, aux cheminées monumentales, où les phosphates de l'Estramadure ou du Canada, désagrégés et rendus assimilables, seront mariés à la potasse des granits ou des mines de Stassfurth, au nitrate de soude du Pérou, au sulfate d'ammoniaque, de façon à mettre chacun à même d'obtenir, en petit comme en grand, le maximum de récoltes que la terre peut produire, et ainsi s'accomplira sans secousse, paisiblement et avec la calme majesté d'un grand fleuve qui roule ses eaux vers la mer, cette révolution pacifique et trois fois sainte, de laquelle les masses recevront cette fois leur véritable émancipation par la vie à bon marché!

En résumé, l'agriculture doit faire des récoltes; l'industrie, des engrais : c'est notre drapeau, nous le maintenons haut et ferme, parce que ses plis flottent au-dessus des préjugés de la routine, des préventions de l'esprit de parti, et qu'il est le symbole d'un ordre de choses nouveau, dont la conquête de la vie, sous toutes les formes, sera le souverain résultat.

Voulez-vous que de ces fiers sommets où la grandeur du but que nous poursuivons m'attire, je revienne aux réalités de la pratique dans la sphère des plus humbles intérêts?

Les conseils que je donnais récemment à un brave officier, qui se retirait du service pour se faire agriculteur, vont m'en fournir les moyens.

Il me demandait un plan de culture. Voici quelle fut ma réponse :

Il faut que vous soyez en apparence l'agriculteur le plus gueux de votre canton, et qu'en réalité vous obteniez les plus belles récoltes; gardez-vous de bâtir; pas d'achat de bestiaux, juste le nécessaire pour préparer la terre et pourvoir aux besoins du ménage. Le blé réussit chez vous, me dites-vous, faites du blé sur toute la ligne. Avec du grain, vous ferez de l'argent, et il vous restera un bon approvisionnement de paille; vous avez quelques hectares de prairies basses, fumez à haute dose, et lorsque à votre réserve de paille vous aurez ajouté une réserve de foin, alors le moment sera venu de vous préoccuper du bétail, et de fixer la mesure dans laquelle vous devrez en avoir. Pour le moment, n'immobilisez rien : l'argent disponible est la première des forces. Labourez bien et profondément, semez vos céréales en ligne à 30 centimètres; sarclez-les avec une petite houe à cheval; faites, à l'exemple d'un agriculteur des plus éclairés du midi, M. Petit, de Toulouse, une plante sarclée du froment. On rira peut-être; laissez rire. A la moisson, c'est vous qui rirez le dernier. . . . . . .

. . . .

Comme Lavoisier le dit justement, et comme le bon sens l'indique, lorsqu'on veut suivre le procédé opposé, débuter par le bétail, et qu'on manque de nourriture, une année de sécheresse suffit pour vous ruiner.

Vous n'avez alors devant vous que deux alternatives : vendre votre bétail à vil prix ou acheter des fourrages à des prix exorbitants.

Lorsque, tout bien pesé, on donne la préférence à la production de la viande sur les denrées végétales, il faut avant toute chose se créer des ressources de nourriture au moyen d'engrais achetés au dehors, se mettre par là à l'abri de toute éventualité, rester maître de son opération et ne rien craindre de l'avenir. Il faut défendre son capital, l'immobiliser le moins possible, assurer sa liberté d'action. En d'autres termes, faire de l'agriculture en industriel, au lieu d'être un serf enlacé, dominé et courbé sous la formule surannée et féodale : *prairie, bétail, céréales,* qui a fait son temps, et ne revivra pas!

C'est mon dernier mot.

CINQUIÈME ENTRETIEN.

LES FORMULES D'ENGRAIS.

LES LOIS DE LEUR APPLICATION.

Trois résultats pratiques se dégagent de nos conférences précédentes. Le premier : c'est qu'à l'aide des quatre substances qui vous sont maintenant familières, on prévient non-seulement l'épuisement du sol, quelle que soit l'importance des récoltes qu'on en retire, mais encore qu'on lui imprime soudain le maximum de fertilité que comportent le climat et le cadre des conditions locales.

Le second résultat auquel nous avons été conduits n'est pas moins important que le premier :

La culture fondée sur l'emploi exclusif du fumier n'est jamais rémunératrice. Analysez le bilan de telle exploitation que vous voudrez, grande ou petite, et vous trouverez 9 fois sur 10 que le profit n'est en réalité que le prix de la main d'œuvre de l'exploitant et de sa famille, ou le traitement que la gérance aurait le droit de revendiquer et qui ne figure pas au compte des frais généraux.

Impossible de nier. A un demi-siècle de distance, Lavoisier, Dombasle, Bella, Boussingault, sont unanimes sur ce point.

Avec le fumier produit sur le domaine on ne gagne pas, parce qu'ayant pour origine la prairie qui ne reçoit pas d'engrais et dont le rendement reste précaire, le fumier ressort à un prix trop élevé. La culture intensive par le fumier est donc une chimère : pour être rémunératrice, la culture intensive exige qu'on élève à la fois au maximum le rendement des fourrages et des céréales, ce qui n'est possible que par une importation permanente d'engrais. — Progression parallèle entre les céréales et les fourrages. Cette prescription est absolue, et cette prescription, c'est la doctrine des engrais chimiques qui l'a formulée la première.

Enfin le troisième résultat auquel nous sommes parvenus, et qui ne le cède pas en importance aux deux premiers, se rapporte tout entier à la loi qu'il faut observer pour bien fumer la terre.

Le passé a dit : Rendez à la terre poids pour poids, substance pour substance tout ce que vous lui avez pris. — Erreur! La doctrine des engrais chimiques répond : Rendez seulement à la terre le phosphate de chaux, la potasse, la chaux et la moitié de l'azote que vous lui avez pris; soumis à ce régime, le sol supporte sans faiblir la culture à son maximum d'intensité.

Quoi! Avec quatre substances, représentant à peine un dixième du poids des récoltes, on met la terre dans un état ascendant de fertilité. Oui, parce que l'air et la pluie, qui sont des sources inépuisables, amènent sans dépense ce que l'engrais chimique ne contient pas, et que si la terre entre elle-même dans ce concert de restitution, c'est pour ceux de ses éléments, la magnésie, le chlore, le soufre, le fer, la silice... etc., dont elle est pourvue en quantités inépuisables.

A la lumière de ces trois résultats, tout s'éclaire soudain à nos yeux. Impuissance des anciennes méthodes, supériorité des nouvelles. Mais pour retirer des nouvelles méthodes tous les avantages qu'elles comportent, il ne suffit pas de savoir quelles sont exactement les substances qui commandent à la fertilité du sol, il faut encore connaître les règles pratiques qui doivent présider à leur emploi.

Ici encore, tout est simple, et d'une évidence irrésistible.

Vous savez, Messieurs, que les quatre substances, phosphate de chaux, potasse, chaux et matière azotée, suffisent en tout lieu, et sous tous les climats à tous les besoins de la culture; vous savez de plus que sur ces quatre substances il y en a toujours une qui exerce une fonction prépondérante suivant la nature des plantes. — Je dis prépondérante, parce que c'est elle qui détermine essentiellement la quotité de la récolte. Ce qui lui a valu la qualification de *dominante*.

Vous savez enfin, que cette prédominance fonctionnelle n'a rien d'absolu, qu'elle est au contraire essentiellement relative et dépendante de la nature des plantes, à ce point que le même agent, phosphate, potasse et azote exercent avec une facilité égale, le rôle de *dominante* ou d'agents subordonnés, suivant la nature des cultures.

Quant à la chaux nécessaire à toutes les plantes, elle ne remplit jamais le rôle de dominante.

De là, la nécessité évidente lorsqu'on veut obtenir le maximum de récolte avec la moindre dépense de varier la composition des engrais pour les approprier aux besoins de chaque nature de plantes.

Cette appropriation exige qu'on prenne d'abord en considération la nature du sol, son degré de richesse. Le moyen pratique d'être renseigné sur ce point, vous le connaissez : le champ d'expériences dont nous avons étudié avec tant de soin le principe et l'application. C'est en quelque sorte la partie extérieure du sujet. N'ayant rien à ajouter à ce que je vous ai dit, je le passerai sous silence. Je ne verrai dans ce qui va suivre que les exigences des plantes, abstraction faite volontairement de la nature et de l'influence du milieu.

Le sujet ainsi simplifié, la composition des engrais se déduit de ces deux règles capitales :

Connaître la dominante de chaque plante ;

Fixer par expérience la dose nécessaire pour atteindre à volonté les récoltes moyennes ou les récoltes maxima.

Sur le premier point — la dominante — pas de difficulté ; les plantes se divisent en trois catégories : les plantes dont la matière azotée est la dominante tels que les céréales, le chanvre, le colza, la betterave et en général le jardinage.

Le second groupe, dont le phosphate de chaux est l'élément prépondérant, comprend le maïs, la canne à sucre, le sorgho, le topinambour, les navets.

Enfin, les légumineuses, le trèfle, le sainfoin, la luzerne, la pomme de terre, la vigne, qui ont pour *dominante* la potasse.

Ce premier point une fois établi, reste le second : fixer les doses les plus convenables tant de la dominante que des éléments subordonnés.

Depuis 1860, cette double détermination a été l'objet de mes soins les plus assidus : c'est en me fondant sur plusieurs milliers d'expériences accomplies dans les conditions les plus rigoureuses et les mieux définies, que je suis enfin parvenu à ramener tous les engrais à cinq groupes bien distincts :

Engrais complets.
Engrais homologues.
Engrais intensifs.
Engrais incomplets.
Engrais aux fonctions spécifiques.

Voyons d'abord quels sont le caractère et la portée de cette division.

Engrais complets. — Ils contiennent tous du phosphate de chaux, de la potasse, de la chaux et de la matière azotée, et ne diffèrent que par les doses respectives de ces quatre substances. En graduant ainsi tantôt le phosphate, la potasse ou l'azote, on applique le principe des *dominantes* et on répond à toutes les exigeances, à tous les intérêts de la culture.

Les engrais complets au nombre de six sont caractérisés par un numéro propre.

	Dominantes.	Cultures.
Engrais complet n° 1.	L'azote.	Céréales.
Engrais complet n° 2.	L'azote.	Betteraves.
Engrais complet n° 3.	La potasse.	Pommes de terre.
Engrais complet n° 4.	La potasse.	Vigne.
Engrais complet n° 5.	Le phosphate de chaux.	Canne a sucre.
Engrais complet n° 6.	Pas de dominante.	Lin.

Immédiatement après les engrais complets, viennent les engrais homologues qui forment deux séries parallèles, l'une désignée par le symbole ', et l'autre par le symbole ^{p}, placés à droite du numéro caractéristique.

Engrais complet n° 1'. — Engrais complet n° 1^{p}. Que sont au juste ces engrais et quelle est la signification de leurs symboles?

Le symbole', veut dire, qu'au lieu de nitrate de potasse, l'engrais contient un mélange de chlorure de potassium et de sulfate d'ammoniaque. La richesse est la même dans les deux cas. La forme de la potasse et d'une partie de l'azote seule diffère.

Exemple :

ENGRAIS COMPLET N° 1.

	A l'hectare.
Superphosphate de chaux................	400 kilogr.
Nitrate de potasse......................	200 —
Sulfate d'ammoniaque....................	250 —
Sulfate de chaux........................	350 —
	1,200

ENGRAIS COMPLET N° 1'.

Superphosphate de chaux...............	400 kilogr.
Chlorure de potassium à 80°............	200 —
Sulfate d'ammoniaque..................	390 —
Sulfate de chaux......................	210 —
	1,200

Passons aux engrais homologues du symbole P. Ceux-ci diffèrent des engrais complets correspondants par la forme de l'élément phosphoré, au lieu de superphosphate de chaux, PhO^5, CaO + Aq. Ils contiennent du phosphate de chaux à 2 équivalents de base. PhO^5, 2 Ca O + Aq, dit phosphate précipité.

Tout est encore identique comme richesse ; la différence ne porte que sur la forme du phosphate.

Exemple :

ENGRAIS COMPLET N° 1.

	A l'hectare.
Superphosphate de chaux................	400 kilogr.
Nitrate de potasse......................	200 —
Sulfate d'ammoniaque....................	250 —
Sulfate de chaux........................	350 —
	1,200

ENGRAIS COMPLET N° 1P.

Phosphate précipité	180 kilogr.
Nitrate de potasse	200 —
Sulfate d'ammoniaque	250 —
Sulfate de chaux	370 —
	1,000

Enfin si l'on voulait associer le chlorure de potassium au phosphate précipité, on serait conduit au type n° 1'P.

Phosphate précipité	180 kilogr.
Chlorure de potassium à 80°	200 —
Sulfate d'ammoniaque	390 —
Sulfate de chaux	230 —
	1,000

La chaux étant en excès partout, on ne s'est pas astreint à en maintenir rigoureusement la même dose. On s'est appliqué simplement à donner aux formules, expression de la fumure d'un hectare, un poids qui oscillât entre 1,000 et 1,200 kilogr.

Ainsi les engrais homologues ont exactement la même composition, la même richesse que les engrais complets. En les créant, j'ai cédé à deux préoccupations : réaliser souvent une économie notable ou donner aux engrais une efficacité plus grande.

Dans le nitrate de potasse, il y a en nombre rond :

Azote	14 pour 100
Potasse	47 —

Il y a deux ou trois ans ce sel valait de 80 à 85 fr. les 100 kilogr. — Or avec le sulfate d'ammoniaque à

50 fr. les 100 kilogr. et le chlorure de potassium à 25, on obtient pour 60 fr., l'équivalent de 100 kilogr. de nitrate de potasse.

70 kilogr.	Sulfate d'ammoniaque.......	35 fr.
100	Chlorure de potassium à 80°..	25
	TOTAL........	60 fr.

et chose remarquable le nouvel engrais s'est montré généralement plus efficace que le premier pour les céréales et la prairie.

A l'origine, je prescrivais le nitrate de potasse pour le sainfoin, le trèfle, la luzerne et les légumineuses. Or l'expérience ayant établi que ces plantes n'ont pas besoin d'azote, le chlorure de potassium seul, sans addition de sulfate d'ammoniaque, s'est montré aussi efficace, d'où il résulte une économie encore plus importante.

Le nitrate de potasse vaut en ce moment 65 fr. et le chlorure de potassium à peine 25.

Pour le phosphate de chaux, même observation. Sur les terres nouvellement défrichées, le superphosphate, qui est cependant, dans la grande généralité des cas, le plus efficace des composés phosphorés, est doué d'une solubilité trop grande. — Dans ce cas spécial, il est préférable de lui substituer le phosphate précipité, qui, au mérite d'une action plus sure, ajoute celui d'un prix notablement moins élevé. Dans le superphosphate de chaux, l'acide phosphorique vaut 1 fr. le kilogr. et dans le phosphate précipité 0 fr. 60 seulement.

Après les engrais complets, types primordiaux, et les engrais homologues leurs équivalents et leurs dérivés, viennent les engrais intensifs. Que devons-nous entendre par cette qualification? Les engrais complets, dans lesquels on a élevé la dose de la dominante, pour obtenir les rendements maximum lorsque la saison en comporte l'emploi. Je prends, comme exemple, l'engrais complet n° 2 et l'engrais complet intensif n° 2.

ENGRAIS COMPLET N° 2.

	A l'hectare.	
Superphosphate de chaux	400	kilogr.
Nitrate de potasse	200	—
Nitrate de soude	300	—
Sulfate de chaux	300	—
	1,200	

ENGRAIS COMPLET INTENSIF N° 2.

	A l'hectare.	
Superphosphate de chaux	400	kilogr.
Nitrate de potasse	200	—
Nitrate de soude	450	—
Sulfate de chaux	250	—
	1,300	

L'azote est la dominante de la betterave. En élever la dose, c'est assurer un surcroît de récolte, si l'année est suffisamment humide. Eh bien! dans l'engrais complet, la quantité d'azote étant de 72 kilogr., dans l'intensif elle atteint 86 kilogr.

Enfin, Messieurs, il y a des cas où la terre possède une richesse exceptionnelle, en phosphate, en potasse, ou en azote par son origine géologique, ou par les alluvions qu'elle reçoit. Sur ces terres, il n'est pas nécessaire, pour obtenir de belles récoltes, d'avoir recours à des engrais complets. On peut sans inconvénient supprimer, pour un temps, celui des quatre termes de l'engrais dont elle est foncièrement pourvue.

Mais ici encore il fallait éviter les tâtonnements de l'empirisme et l'arbitraire des partis pris; pour éviter ce double écueil, on a donc créé les engrais incomplets qui dérivent et diffèrent des engrais complets leurs générateurs par la suppression de l'un des deux termes : potasse ou azote.

A ce propos, j'appelle de nouveau votre attention sur le contraste qui existe entre les céréales et les légumineuses sous le rapport de l'azote.

Aux céréales, il faut donner beaucoup d'azote : les légumineuses peuvent s'en passer.

Autrefois, la haute efficacité du chlorure de potassium ne m'étant pas connue, j'avais prescrit pour les légumineuses l'emploi du nitrate de potasse qui contient 14 0/0 d'azote. Depuis qu'il m'a été démontré que le chlorure de potassium ne le cède pas au nitrate pour les pois, les féverolles, le trèfle, le sainfoin et la luzerne, je n'ai point hésité à lui donner la préférence sur le nitrate de potasse, ce qui m'a permis d'opérer une économie d'au moins 80 fr. par hectare.

Voilà donc quatre séries d'engrais, répondant chacune à une préoccupation spéciale. Ici c'est la richesse foncière du sol qui détermine notre choix, là une pensée d'économie; mais quel que soit le mobile de nos décisions, la récolte est toujours

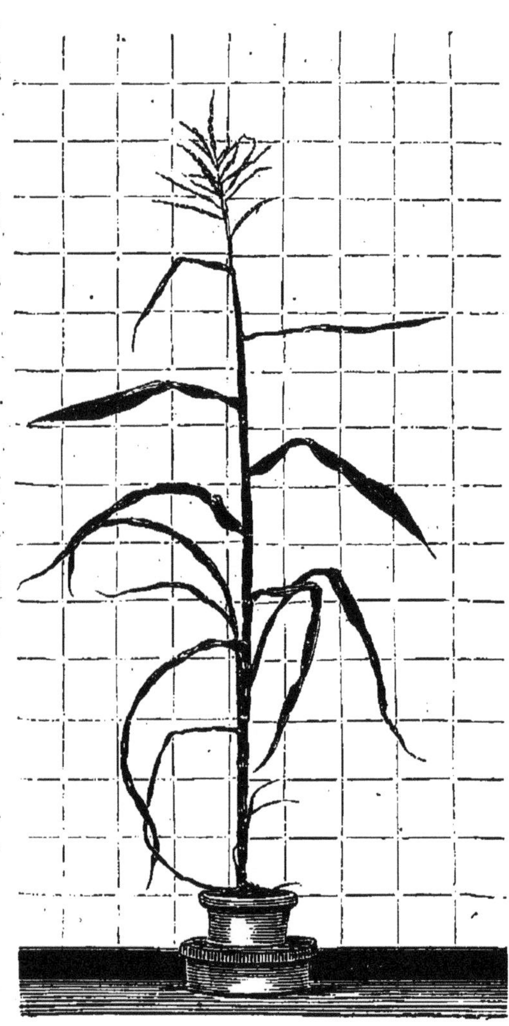

Maïs. Grande tige, pas de grains.

assurée; parce que nos prescriptions découlent toutes de la formule des engrais complets, type consacré des exigences des plantes.

Enfin vient en dernier lieu une classe encore inédite d'engrais, les engrais aux fonctions spécifiques qui agissent non-seulement sur la quotité de la récolte, mais encore sur sa qualité.

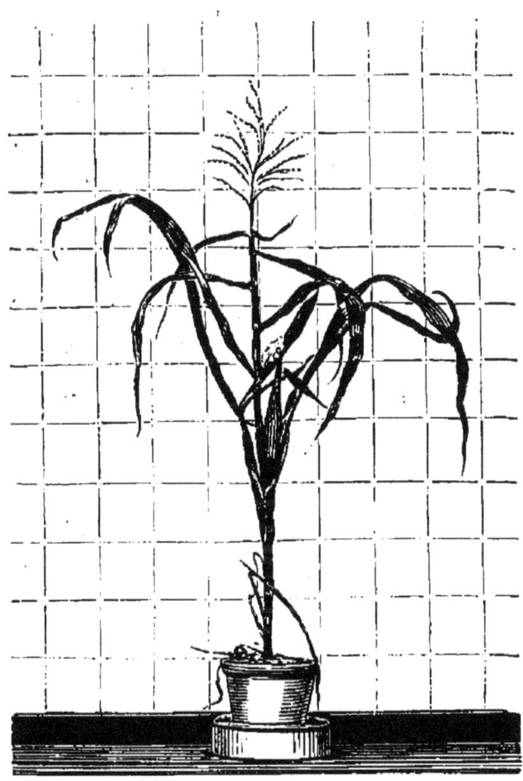

Maïs. Tige réduite, grain abondant.

Supposons qu'il soit possible de produire des effets de deux ordres, d'affecter à la fois la quotité de la récolte et dans la récolte la quotité du grain, et dans le grain, sa teneur en gluten. Supposez encore que sur la betterave, il soit possible d'agir à la fois sur l'importance de la récolte et sur la richesse saccharine des racines.

Ces effets étant obtenus à l'aide d'engrais spéciaux, conduiraient aux trois types d'engrais nouveaux :

Les engrais granifères,
Les engrais glutigènes,
Les engrais saccharigènes.

Qu'y a-t-il au fond de cette supposition ? L'espoir légitime que l'avenir, et un avenir prochain, réussira à produire des effets de cet ordre.

Qu'il me soit permis de justifier à vos yeux mes espérances sur ce point.

Jetez les yeux sur les deux photographies qui précédent. Il s'agit de deux cultures de maïs dans le sable calciné. Ici la plante a acquis 1m40 de hauteur et ne porte pas de fusées. — Là, la tige s'est arrêtée à 90 centimètres et porte une fusée.

Le contraste est saisissant. Quelle en est la cause ? Dans le premier cas, l'engrais contenait la potasse à l'état de chlorure de potassium et dans le second à l'état de sulfate de potasse.

En 1873 deux expériences faites ici, à Vincennes, dans les mêmes conditions, ont donné le même résultat :

ENGRAIS au chlorure de potassium.	A l'hectare. kilogr.		ENGRAIS au sulfate de potasse.	A l'hectare. kilogr.	
Tiges	6,600	15,450	Tiges	6,000	16,800
Fusées...	1,500		Fusées...	2,100	
Grains ...	4,200		Grains ...	5,700	
Feuilles ..	3,150		Feuilles ..	3,000	
ou 60 hectolitres.			ou 81 hectolitres.		

En face de ces résultats, ma première pensée a été que le sulfate de potasse exerçait une action spécifique sur la formation du grain. — Mais j'ai reconnu depuis qu'en augmentant un peu la dose de l'azote, on obtient avec le chlorure de potassium autant de grain qu'avec le sulfate de potasse.

Il y a là pourtant une première indication qui mérite de vous être signalée.

On sait depuis longtemps que les engrais riches en azote élèvent dans les céréales la proportion de gluten.

Hermbstaëdt, Tessier, Boussingault ont fixé cette variation de 12 à 33 0/0; j'ai vérifié moi-même l'exactitude du fait quoique avec de moindres contrastes.

S'il est une plante sur laquelle j'ai varié les expériences à l'infini, pour en élever la richesse saccharine, c'est la betterave. Eh bien! toutes choses égales d'ailleurs quant au choix de la graine et à la préparation du sol, j'ai obtenu, trois fois sur cinq, des racines plus riches avec le chlorure de potassium associé au sulfate d'ammoniaque qu'avec le nitrate de potasse.

Sans accorder à ces premières indications plus d'importance qu'il ne faut, elles justifient bien mon espérance de voir un jour les engrais aux fonctions spécifiques entrer dans le domaine des faits consacrés par la pratique.

Voilà, Messieurs, ce que vingt années d'efforts et d'expériences assidues m'ont permis d'établir au point de vue des engrais chimiques, je pourrais dire de mes engrais.

Mais si les généralités sont l'âme de la science, je n'ignore pas que la science ne prend un corps, ne se fonde et ne s'organise en quelque sorte, que dans la réalité des détails et le travail obstiné des applications positives.

Passons donc de la classification générale des engrais, de leur génération réciproque, à l'étude des règles sur lesquelles on doit se fonder pour fixer les formules qui conviennent à chaque nature de plante en particulier.

Ces règles, vous l'avez pressenti, Messieurs, ne sont et ne peuvent être que la répétition de celles que je vous ai déjà présentées : connaître la dominante de la plante, la dose qu'il faut employer, comme aussi la dose nécessaire des éléments subordonnés.

Parlons d'abord des plantes dont l'azote est la dominante, et, en première ligne, du colza.

Combien faut-il employer d'azote? — De 75 à 80 kilogr. par hectare. — Et d'éléments subordonnés?

Acide phosphorique	60	kilogr.
Potasse	90 à 100	—
Chaux	100 à 200	—

Avec un tel engrais, à la condition de mettre en pratique certaines règles que j'indiquerai tout à l'heure, on est sûr d'obtenir, si l'année n'est pas défavorable, 30 à 40 hectolitres de grains par hectare; le poids total de la récolte étant de 12,000 kilogr. environ.

Ces prescriptions conduisent aux deux formules suivantes :

ENGRAIS COMPLET N° 1.

	A l'hectare.	
Superphosphate de chaux.....	400	kilogr.
Nitrate de potasse............	200	—
Sulfate d'ammoniaque.........	250	—
Sulfate de chaux..............	350	—

ENGRAIS COMPLET N° 1'.

	A l'hectare.	
Superphosphate de chaux.....	400	kilogr.
Chlorure de potassium à 80°...	200	—
Sulfate d'ammoniaque	390	—
Sulfate de chaux.............	210	—

Voici au surplus les deux récoltes obtenues au champ d'expériences avec les engrais complets n° 1 et n° 1'.

ENGRAIS COMPLET N° 1.	A l'hectare.	ENGRAIS COMPLET N° 1' (1).	A l'hectare.
Tiges........	4,700 kilogr.	Tiges........	4,300 kilogr.
Siliques......	2,200 —	Siliques......	1,900 —
Grains.......	2,000 —	Grains.......	1,950 —
	8,900		8,150

Dans les deux cas, l'engrais contenait 76 kilogr. d'azote par hectare.

(1) A l'automne cette culture était de beaucoup la plus belle, mais l'hiver l'a plus éprouvée que sa voisine.

Poussons plus loin cette étude et pour cela faisons deux expériences parallèles :

L'une avec l'engrais minéral composé de phosphate de chaux, de potasse et de chaux à l'exclusion de l'azote; l'autre avec l'engrais complet contenant à la fois l'azote et les minéraux; tirez vous-même la conclusion qui naît du rapprochement de ces deux résultats.

	Grains à l'hectare.
Avec l'engrais complet..........	39 hectolitres.
Avec l'engrais minéral sans azote.	15 —

A parité de conditions, la matière azotée a suffi pour élever le rendement de 15 hectolitres à 39.

Faites une troisième expérience. Au lieu de 80 kilogr. d'azote, n'en donnez que 40, le rendement descend de 39 hectolitres à 25. Excédant 10, au lieu de 24.

Enfin traduisez ces effets en résultats financiers. Que vaut la matière azotée? que valent de leur côté les deux excédants de 10 et de 24 hectolitres de grains qu'on lui doit?

Premier cas : L'excédence de la récolte est de 10 hectolitres.

	A l'hectare.
10 hectol. de colza à 25 fr...........	250 fr.
40 kilogr. d'azote à 2 fr. 50.........	100
Bénéfice......	150 fr.

Deuxième cas : L'excédence de la récolte est de 24 hectolitres.

24 hectol. de colza à 25 fr..........	600 fr.
80 kilogr. d'azote à 2 fr. 50.........	200
Bénéfice......	400 fr.

Mais ce n'est pas tout : pour obtenir ces effets remarquables, une précaution est de rigueur : il faut diviser la matière azotée en deux doses, la première donnée à l'automne et la seconde au printemps.

Si on donne la matière azotée en une seule fois à l'automne, la plante acquiert d'abord plus de développement; les feuilles sont plus larges, plus épaisses, mais elles tombent toutes avec les premiers froids et la matière azotée qui avait déterminé leur formation est perdue pour la plante.

Au contraire, si on donne la moitié seulement de l'azote à l'automne, au printemps on se trouve en mesure d'imprimer à la végétation une impulsion irrésistible, et le surcroît des parties herbacées formé à la dernière heure réagit à son tour sur l'importance de la récolte en grains.

En voici un exemple remarquable que j'emprunte à la culture de 1874.

	Grains à l'hectare.
80 kilogr. d'azote, en deux doses..........	39 hectol.
80 kilogr. d'azote en une seule dose.......	31

Soit 8 hectolitres d'excédant, pour avoir mieux aménagé l'emploi de la dominante.

Que pourrai-je ajouter à ces témoignages? En présence de tels faits, qui oserait nier l'importance des notions qui nous occupent?

9

Parlons du froment, cette richesse par excellence des nations.

Ici l'azote est encore la dominante, mais cette fois il faut l'employer avec plus de mesure et de circonspection que pour le colza : 60 kilogr. par hectare suffisent généralement. Au delà de cette quantité, la plante pousse trop en vert, et la verse qui a de si funestes conséquences est presque inévitable.

Une précaution non moins essentielle, c'est de diviser aussi l'azote en deux doses, 30 kilogr. à l'automne et 30 kilogr. au printemps.

Ces prescriptions nous mènent aux deux formules suivantes :

A l'automne :

	A l'hectare.
ENGRAIS COMPLET Nº 1'...............	600 kilogr.

Soit :

Superphosphate de chaux............	200
Chlorure de potassium à 80°..........	100
Sulfate d'ammoniaque................	195
Sulfate de chaux..................	105
	600

Au printemps, en couverture :

Sulfate d'ammoniaque........ de 50 à 150

Je pourrais ici, comme pour le colza, vous montrer que le bénéfice naît de la dominante. Je n'insiste pas; la question renaîtra pour la betterave et la canne à sucre.

Occupons-nous de la betterave. Cette fois encore

l'azote est la dominante. S'agit-il des betteraves fourragères, il faut substituer au sulfate d'ammoniaque le nitrate de soude. Il est plus efficace. S'agit-il de la betterave à sucre, il faut employer concurremment le nitrate de soude et le sulfate d'ammoniaque : la qualité de la racine est alors supérieure. Avec la betterave on n'a pas à craindre la verse comme avec le froment : aussi peut-on forcer notablement la dose de l'azote, la porter à 80 et même à 100 kilogr. par hectare, par des additions successives de sulfate d'ammoniaque, si l'été est à la fois humide et chaud.

Montrons, par un nouvel exemple, que la progression de la récolte et du profit dépend ici encore essentiellement de la dose de la dominante.

				Récolte à l'hectare.
Engrais minéral				36,000 kilogr.
—	complet avec	80 kilogr.	d'azote.	47,000 —
—	—	100	—	51,000 —
—	—	120	—	59,000 —

Et toujours le profit suit la progression de la récolte.

Voilà, Messieurs, ce que nous savons de plus précis sur les engrais dont la matière azotée est la dominante. Je termine par ce tableau récapitulatif des doses d'azote qu'il faut employer :

	A l'hectare.
Colza, chanvre	80 kilogr.
Froment	60 —
Orge, seigle, avoine	40 —
Betteraves	80 —

Je passe aux engrais dont la dominante est la potasse, et je prends comme exemple la pomme de terre. Cette culture, dont l'importance ne le cède pas à celle du froment, présente un intérêt exceptionnel en raison des accidents que des fumures insuffisantes ou mal équilibrées peuvent faire naître.

Voyez, en effet, par cette série à quel point la récolte de pomme de terre est influencée par la potasse.

	Récolte à l'hectare.	
	1865.	1867 (1).
Engrais complet	27,950 kilogr.	24,600 kilogr.
— sans chaux	23,350 —	20,500 —
— sans phosphate	17,900 —	» —
— sans azote	16,750 —	20,850 —
— sans potasse	10,520 —	10,500 —
Terre sans aucun engrais	7,700 —	7,500 —

La suppression de la potasse suffit pour faire descendre la récolte de 24,000 kilogr. par hectare à 10,000 kilog., la terre sans engrais donnant 7,500 kilogr.

Mais ce n'est pas tout :

Vous pouvez voir, par le tableau qui précède, qu'en faisant passer dans l'engrais complet la dose de l'azote de 117 kilogr. par hectare à 76 kilogr. seulement, on obtenait :

	Tubercules à l'hectare.
Avec 117 kilogr. d'azote	27,950 kilogr.
Avec 76 — d'azote	24,600 —

(1) En 1865, les engrais contenaient 117 kilogr. d'azote par hectare; en 1867, 76 kilogr. seulement.

Eh bien! supprimez la potasse dans les deux engrais, aussitôt les rendements deviennent égaux. L'excès de matière azotée tout à l'heure efficace n'exerce plus aucune action; il devient neutre; il est frappé d'inertie.

ENGRAIS SANS POTASSE.	Tubercules à l'hectare.
Avec 117 kilogr. d'azote........	10,520 kilogr.
Avec 76 — d'azote........	10,500 —

Dans le même ordre d'idées, voici un autre exemple non moins remarquable que le précédent. Vous avez vu tout à l'heure que la suppression du phosphate de chaux faisait descendre la récolte de 28,000 à 18,000 kilogr. Eh bien, faites encore une expérience, supprimez le phosphate de chaux et doublez la dose de potasse, et le rendement atteint 28,000 kilogr.

	Tubercules à l'hectare.
Engrais complet, avec 117 kilogr. d'azote.......	27,950 kilogr.
— sans phosphate de chaux.....	17,900 —
— sans phosphate de chaux, mais avec double dose de potasse.	28,000 —

Exemple remarquable de l'action prépondérante de la dominante.

La conclusion pratique de tout ceci, c'est qu'il faut à la pomme de terre 150 kilogr. de potasse par hectare, au lieu de 50 qui suffisent au froment, ce qui mène à l'engrais complet n° 3.

ENGRAIS COMPLET N° 3.

	A l'hectare.
Superphosphate de chaux..........	400 kilogr.
Nitrate de potasse................	300 —
Sulfate de chaux..................	300 —

Mais ce n'est pas tout. Je vous ai annoncé des faits d'un ordre tout à fait nouveaux. Ces faits les voici :

Vous savez, Messieurs, que les végétaux sont exposés comme les animaux et les hommes eux-mêmes à de véritables épidémies.

Ici ce sont des parasites, et là de véritables gangrènes. Qui ne se souvient des effets terribles produits en Irlande par la maladie de la pomme de terre lors de sa première explosion. Je ne dirai rien des explications qu'on a données de ces redoutables fléaux. Que les parasites soient la cause ou l'effet du mal, que leur apparition ait pour origine des germes microscopiques répandus dans l'air, ou résulte de l'évolution des cellules de certains tissus, qui, devenues indépendantes du lien fédéral de l'être relativement supérieur dont elles faisaient partie, vivraient désormais d'une vie propre, quelle que soit l'explication qui prévale, un fait certain, positif, inflexible dans ses manifestations les domine tous : c'est que l'absence ou seulement la pénurie dans le sol de certains éléments indispensables à la vie des plantes multiplient, s'ils ne déterminent absolument les atteintes dont il s'agit. Depuis six ans, ici à Vincennes, le phénomène n'a pas varié. Là où la terre ne reçoit pas de potasse, et là où elle ne reçoit pas d'engrais, les plantes, pauvres et rabougries voient leur feuillage noircir, se flétrir et se dessécher, dans le courant du mois de juin alors que les autres parcelles sont encore dans un état de luxuriante activité. Quant aux tubercules, d'un volume extrêmement réduit, d'un aspect rugueux et rabougri, leur conservation est à peu près impossible (1).

La vigne accuse des effets du même ordre. Quoique moins étendue, mon expérience me permet d'être aussi affirmatif. Là où la potasse manque les feuilles ne prennent presque pas de développement. Dès le mois de juillet, elles se colorent en rouge, et sont tachées de noir, puis elles se dessèchent et se réduisent en poussière sous la pression des doigts. Le bois n'atteint pas le quart de la dimension qu'il acquiert avec l'engrais complet.

Je n'ai pu encore recueillir de témoignage sur la production du fruit.

Vous voyez de plus, Messieurs, par ces exemples, combien les questions de dosages et de formules ont d'importance pratique et avec quel soin il faut s'appliquer à connaître les dominantes des plantes et à régler leur quotité. Vous remarquerez de plus, qu'en tout ceci, d'hypothèses nous n'en faisons jamais;

(1) Voyez ma brochure sur la *Maladie de la pomme de terre* (Librairie agricole).

ue notre juge, notre guide c'est toujours l'expérience, ayant elle-même pour répondant l'élite du monde agricole. Aux contestations que je rencontre, je n'oppose qu'un argument, un seul, l'expérience. A mes contradicteurs, je dis, au lieu de vous épuiser en beaux discours, faites des expériences en petit, qui n'exposent pas celui qui s'y livre à des mécomptes financiers, et qui, lorsqu'on procède avec les soins voulus, suffisent pour porter la conviction dans les esprits, parce qu'elles mettent en évidence les contrastes de culture que je viens d'exprimer.

Un petit champ d'expériences est un auxiliaire qui défie toute contestation.

A tout ce qu'il entend d'hostile contre la nouvelle doctrine, l'homme pratique répond : Mon champ d'expériences dit le contraire, *E pur si muove;* la plante pousse, grandit dans les mesures prédites, avec l'intensité voulue. Oh ! souveraine majesté de la vérité, qui dissipe l'erreur comme l'aube du jour les brouillards de la nuit!

Parmi les engrais dont la potasse est la dominante, ceux qui conviennent aux légumineuses méritent une mention à part.

Sur les légumineuses les composés azotés n'ont pas d'influence appréciable. Donnez du nitrate de soude ou du sulfate d'ammoniaque à la luzerne, au trèfle, aux pois, l'effet est absolument nul.

Vous trouverez dans mes conférences de 1864 et dans mes entretiens de 1868 une discussion approfondie de cette faculté remarquable que possèdent les légumineuses d'être neutres aux substances azotées. Je ne vois en ce moment que le fait pratique. Pas d'azote aux légumineuses, mais de la potasse.

A l'origine, j'employais pour ces plantes l'engrais suivant :

	A l'hectare.
Superphosphate de chaux	400 kilogr.
Nitrate de potasse..................	200 —
Sulfate de chaux..................	400 —
	1,000 kilogr.

Dans lequel l'azote entre pour 28 kilogr. ; mais aujourd'hui je prescris de préférence cette formule :

	A l'hectare.
Superphosphate de chaux.........	400 kilogr.
Chlorure de potassium à 80°.......	200 —
Sulfate de chaux..................	400 —
	1,000 kilogr.

qui procure une économie de 80 fr. par hectare, et n'est pas moins efficace que la première.

Dans les sols maigres, ou lorsqu'il s'agit de la luzerne ou du trèfle, il y a avantage à porter la dose du chlorure de potassium à 300 kilogr.

Bien que le premier de ces deux engrais contînt de l'azote, afin de maintenir dans son expression théorique l'opposition qui existe entre les légumineuses et les céréales, par une concession volontaire, je lui avais donné le nom d'engrais incomplet n° 2 ; mais depuis qu'il m'a été démontré qu'on peut substituer le chlorure de potassium au nitrate de potasse, j'ai fait disparaître l'anomalie et je le désigne sous le nom d'engrais complet n° 6, qui forme la transition des engrais riches en azote, a l'engrais nouveau qui en est absolument dépourvu.

J'arrive à la dernière catégorie des engrais complets, ceux dont la dominante est le phosphate de chaux.

Ici la question économique acquiert un surcroît d'importance, parce que le superphosphate étant le moins cher des quatre substances qui composent les engrais complets, et son efficacité étant dans certains cas très-grande, un faible surcroît de dépense suffit pour obtenir un grand excédant de récolte.

Avec l'engrais complet n° 6 :

	A l'hectare.
Superphosphate de chaux..........	400 kilogr.
Nitrate de potasse................	200 —
Sulfate de chaux..................	400 —
	1.000

M. de Jabrun, de la Guadeloupe, a obtenu 45,000 kilogr. de cannes à sucre effeuillées par hectare. Avec un surcroît de 200 kilogr. de superphosphate de chaux, la récolte s'est élevée à 80,000 kilogr., excédant 35,000 kilogr. de cannes valant de 7 à 800 fr., le surcroît de dépense atteignant à peine 40 fr. C'est presque à n'y pas croire, mais l'expérience est là, affirmative et concluante.

Pour régler avec certitude la composition des engrais, deux notions suffisent donc :

Connaître d'abord les dominantes, puis les doses

auxquelles il faut les employer pour obtenir le maximum d'effet utile, et enfin la dose des éléments subordonnés que réclament ces mêmes dominantes pour manifester leur action.

Et par dessus tout, ne conclure que sur le témoignage de l'expérience. Voilà, Messieurs, comment il faut s'y prendre pour fixer la composition des engrais et en arrêter la formule.

Enfin parlons des engrais incomplets, qui comprennent les engrais sans azote et les engrais sans potasse.

Je n'ai rien de spécial à vous dire à leur sujet. A part le cas des légumineuses sur lequel vous êtes édifié, leur emploi n'est possible que lorsque la terre est pourvue naturellement de potasse et d'azote, ce qu'il est toujours facile de savoir au moyen des essais pratiques dont je vous ai entretenu dans la conférence précédente.

Ainsi à l'aide de trois séries d'engrais :

Les engrais complets,
Les engrais intensifs
Et les engrais incomplets.

on répond à toutes les exigences de la pratique agricole.

Jusqu'à présent, nous avons parlé des engrais par rapport à chaque nature de plantes comme d'une réalité abstraite. Mais dans la pratique, les choses ne se passent pas ainsi, on ne cultive que très-rarement une plante isolée, on procède généralement par assolements ou rotations de cultures.

Dans ce cas, doit-on employer pour chaque plante les engrais complets comme dans le cas précédent? Non. Il suffit de recourir aux engrais complets une année sur deux. Après l'engrais complet on s'en tient à la seule dominante. Il reste dans le sol assez d'éléments subordonnés pour assurer le succès de la seconde récolte.

Pour plus de précision, je citerai un exemple, ce sera un assolement de quatre années.

1re année...	Betteraves.......	Engrais complet n° 2 ou n° 2'.
2e — ...	Froment.........	Sulfate d'ammoniaque.
3e — ...	Pommes de terre.	Engrais complet n° 3.
4e — ...	Froment.........	Sulfate d'ammoniaque.

Si la troisième année on avait cultivé du trèfle au lieu de pommes de terre, le trèfle n'ayant pas besoin d'azote, on aurait remplacé l'engrais complet n° 3 par le nouvel engrais incomplet n° 6, qui ne contient pas d'azote, et la rotation fût devenue :

1re année...	Betteraves.	Engrais complet n° 2 ou n° 2'.
2e — ...	Froment...	Sulfate d'ammoniaque.
3e — ...	Trèfle.....	Engrais sans azote (incomplet n° 6).
4e — ...	Froment...	Sulfate d'ammoniaque.

C'est-à-dire :

PREMIÈRE ANNÉE.

Betteraves.

	A l'hectare.		
	Quantité.	Prix.	Valeur.
ENGRAIS COMPLET N° 2.......	1.200 kil.		
Soit :			
Superphosphate de chaux....	400 —	48 fr.	254 fr. 20
Chlorure de potassium à 80°.	200 —	44 —	
Sulfate d'ammoniaque........	140 —	63 —	
Nitrate de soude............	300 —	96 —	
Sulfate de chaux............	160 —	3 — 20	

2e ANNÉE.

Froment.

Sulfate d'ammoniaque........	300 —	135 —	135 fr.

3e ANNÉE.

Trèfle.

ENGRAIS INCOMPLET N° 6......	1,000 —		
Soit :			
Superphosphate de chaux....	400 —	48 —	100 fr.
Chlorure de potassium à 80°..	200 —	44 —	
Sulfate de chaux............	400 —	8 —	

4e ANNÉE.

Froment.

Sulfate d'ammoniaque	de 2 à 300 —	135 —	135 fr.
DÉPENSE POUR LES 4 ANNÉES.......			624 fr. 20
DÉPENSE MOYENNE PAR AN..........			156 05

Vous le voyez, l'alternance des plantes, nous la traitons par l'alternance des engrais. Insistons encore :

1re année. La betterave, engrais complet n° 2, ou son homologue n° 22', tout l'azote est absorbé, mais eu égard aux feuilles qu'on laisse pourrir sur place, il reste assez de minéraux pour une récolte de froment. Aussi se contente-t-on la seconde année d'employer du sulfate d'ammoniaque. — Même raisonnement pour les deux cultures suivantes : trèfle, froment. Le trèfle tire de l'air son azote; l'engrais incomplet n° 6 qui n'en contient pas lui suffit donc.

Le froment qui lui succède n'a en réalité besoin que de matière azotée, et à raison des détritus que le trèfle a laissés on peut même en restreindre la dose.

Vous trouverez dans le premier volume de mes entretiens toutes les combinaisons d'engrais les mieux appropriées aux principaux assolements. Les énumérer serait sans utilité, puisque toutes ces séries reposent sur les mêmes règles dont elles raffermissent l'application en les généralisant.

Parlons du mode le plus convenable d'employer les engrais chimiques. Ceci va m'amener à quelques répétitions, mais je les crois essentielles.

Autrefois je prescrivais de les employer en une seule fois comme on a coutume de le faire pour le fumier. Mais je n'ai pas tardé à m'apercevoir des inconvénients de ce système.

Il exige d'abord une avance de fonds considérable, car les engrais chimiques, il faut les payer comptant. L'engrais d'une rotation de quatre ans dépasserait souvent les moyens de bon nombre d'agriculteurs.

Ce n'est pas tout. Pendant les années sèches, les doses trop fortes d'engrais ont plus d'inconvénient que d'avantage. A quoi bon donner à la terre un surcroît d'engrais que les premières cultures ne peuvent utiliser ?

Autre inconvénient. Pour certaines plantes, le froment par exemple, un surcroît d'engrais, par les années humides, détermine inévitablement la verse.

Pour échapper à ce double écueil, j'ai eu recours d'abord aux fumures alternantes, puis aux fumures graduées et progressives. Montrons, par un exemple, la différence qui existe entre ces trois modes d'opérer.

Première manière : fumure en une fois pour deux ans :

1re année. — A l'automne.

	A l'hectare.
Superphosphate de chaux	400 kilogr.
Chlorure de potassium à 80°	200 —
Sulfate d'ammoniaque	690 —
Sulfate de chaux	210 —
	1,500 kilogr.

2e année. — Rien.

Deuxième manière : fumure alternante.

Engrais complet n° 1'	1,200 kilogr.

Soit :

1re ANNÉE. — A l'automne.

Superphosphate de chaux.............	400 kilogr.
Chlorure de potassium à 80°..........	200 —
Sulfate d'ammoniaque...............	390 —
Sulfate de chaux....................	210 —
	1,200 kilogr.

2e ANNÉE. — A l'automne.

Sulfate d'ammoniaque...............	300 kilogr.

TROISIÈME MANIÈRE : fumure graduée et progressive.

1re ANNÉE. — A l'automne.

ENGRAIS COMPLET N° 1...............	600 kilogr.

Soit :

Superphosphate de chaux.............	200 kilogr.
Chlorure de potassium à 80°..........	100 —
Sulfate d'ammoniaque................	195 —
Sulfate de chaux....................	105 —
	600

MÊME ANNÉE. — Au printemps.

Sulfate d'ammoniaque........	100 ou 200 kilogr.

Vous apercevez, sans que j'y insiste, la supériorité de la troisième méthode.

Dans la première, celle des fumures excessives en une seule fois, le débours est considérable, et les accidents fréquents.

Le second système a encore le défaut d'entraîner une dépense assez élevée en raison du surcroît des minéraux qu'on donne sans nécessité à la première récolte.

Dans la troisième méthode, on échappe à ces deux inconvénients. La dose des minéraux est strictement ce qu'elle doit être : quant à l'azote, on le gradue suivant le caractère de la saison, et on s'applique à maintenir un juste rapport entre les conditions extérieures et la dose des engrais.

Enfin pour les céréales, je n'hésite plus, toujours en couverture tant à l'automne qu'au printemps et toujours l'azote divisé en deux doses, l'une à l'automne trois semaines après le semis du grain, et l'autre au printemps. Cette fois on règle la dose du sulfate d'ammoniaque d'après l'état des cultures, augmentant la dose, là où la plante est plus faible pour la diminuer là où elle est plus forte.

Je n'insiste pas, ces prescriptions s'imposent en quelque sorte par leur évidence même.

Revenons encore aux engrais homologues. Égaux en richesse, sont-ils égaux en efficacité aux engrais complets?

Je vous rappelle que dans les engrais homologues du type', on remplace le nitrate de potasse par un mélange de chlorure de potassium et de sulfate d'ammoniaque.

Le premier avantage de ces engrais c'est qu'ils sont notablement moins chers.

Cette année, la différence n'est pas grande, mais l'année dernière elle l'était beaucoup, et je n'hésite pas à attribuer à l'introduction des formules nouvelles, une partie de la baisse qui s'est produite sur les nitrates.

Au taux du jour :

70 kilogr.	sulfate d'ammoniaque à 45 fr. valent	31 fr. 50
100 —	chlorure de potassium à 80°........	22 00
	TOTAL...............	53 50

pour remplacer 100 kilogr. de nitrate de potasse dont le prix est de 60 fr., tandis que l'année dernière il était de 80 fr.

Mais je reviens à ma première question.

Abstraction faite du prix, les engrais homologues ont-ils la même efficacité que les engrais complets ?

Quatre années consécutives d'expériences tant sur le blé que sur la betterave donnent l'avantage aux engrais homologues : sur les pois et les fèves le chlorure de potassium, sans addition de sulfate d'ammoniaque, s'est montré aussi efficace que le nitrate de potasse.

COMPARAISON ENTRE LES ENGRAIS TYPES ET LES ENGRAIS HOMOLOGUES.

	ENGRAIS HOMOLOGUE N° 1'. (Nouvelle formule.)			ENGRAIS COMPLET N° 1. (Ancienne formule.)		
			FROMENT.			
		A l'hectare.			A l'hectare.	
1870.	Paille.	4,434 kilogr.		Paille.	3,570 kilogr.	
	Balles.	680 —		Balles.	546 —	
	Grain.	2,726 —	34 hectol.	Grain.	2,984 —	34 hectol.
		7,840 —			7,100 —	
			AVOINE.			
1871.	Paille.	6,309 kilogr.		Paille.	6,272 kilogr.	
	Balles.	592 —		Balles.	623 —	
	Grain.	2,858 —	69 hectol.	Grain.	2,804 —	66 hectol.
		9,759 —			9,699 —	

FROMENT.

1872.	Paille.	6,515 kilogr.		Paille.	5,732 kilogr.
	Balles.	525 —		Balles.	678 —
	Grain.	4,520 —	56 hectol.	Grain.	3,930 — 49 hectol.
		11,560 —			10,340 —

FROMENT.

1873.	Paille.	4,474 —		Paille.	3,990 —
	Balles.	848 —		Balles.	740 —
	Grain.	2,538 —	31 hectol.	Grain.	2,250 — 27 hectol.
		7,860 —			6,980 —

MOYENNE DES 4 ANNÉES.

Récolte totale..	9,254 kilogr.	Récolte totale...	8,529 kilogr.
Grains........	47 hectol.	Grains.........	44 hectol.

L'avantage est toujours resté à l'engrais homologue. Inutile d'ajouter que la récolte d'avoine confondue dans la moyenne des quatre années, exagère notablement l'importance de la récolte de froment.

BETTERAVES.

	ENGRAIS HOMOLOGUE N° 2'. (Nouvelle formule.)		ENGRAIS COMPLET N° 2. (Ancienne formule.)	
1867.	Racines.	53,300 kilogr.	Racines.	46,400 kilogr.
1868.	Racines.	32,330 —	Racines.	29,300 —
1869.	Racines.	38,260 —	Racines.	34,673 —
1870.	Racines.	41,250 —	Racines.	40,000 —
		165,140		150,373
	Moyenne.....	41,285 —	Moyenne....	37,593 —

POIS RIDÉS.

		ENGRAIS INCOMPLET N° 6 au chlorure de potassium.		ENGRAIS COMPLET N° 6 au nitrate de potasse. 1		2	
		kilogr.	hectol.	kilogr.	hectol.	kilogr.	hectol.
1873.	Paille..	3,400		4,000		3,400	
	Graines.	2,800	34	3,000	37	2,600	32
		6,200		7,000		6,000	

FÈVEROLES.

		ENGRAIS				
		au carbonate de potasse. kilogr.		au chlorure de potassium. kilogr.		au nitrate de potasse. kilogr.
1873.	Paille...	4,280		4,346		3,606
	Graines.	1,880	22 hectol.	1,954	22 hectol.	1,634 19 hectol.
		6,160		6,300		5,240

TERRE SANS AUCUN ENGRAIS.

Paille.......	1,454 kilogr.	
Grains.......	866 —	10 hectol.
	2,320 —	

Je vous rappelle qu'avec l'engrais homologue au chlorure de potassium et au sulfate d'ammoniaque, les betteraves sont généralement plus riches en sucre qu'avec l'engrais au nitrate de potasse. Ce fait a été vérifié par M. Corinweider, dans les environs de Lille, et par M. Pagnoul, à Arras. On peut donc le considérer comme définitivement acquis.

Par un surcroît de réserve, je ne le présente cependant qu'à titre de première indication.

Vous avez pu voir que sur les pois et les fèves, le chlorure de potassium ne l'a pas cédé au nitrate de potasse. Je replace les résultats sous vos yeux, parce que c'est ici où l'avantage des nouvelles formules est particulièrement accusé. Elles procurent une économie de 80 à 100 fr. par hectare.

	Pois à l'hectare.
Engrais au chlorure de potassium.......	34 hect.
Engrais au nitrate de potasse...........	32

Pour le colza, les nouvelles formules l'ont pareillement emporté sur les anciennes.

Nouvelle question.

Vous me direz peut-être, Messieurs : jusqu'ici tout est bien, nous connaissons les formules d'engrais qui conviennent à chaque nature de plantes; nous savons comment on doit en varier l'application lorsqu'on procède par cultures isolées et par assolement; mais nous ignorons absolument comment il faut procéder lorsqu'on doit associer les engrais chimiques au fumier.

Quelles sont les règles qu'il faut suivre dans ce cas qui, en définitive, est le plus fréquent? Elles se déduisent de celles que je vous ai présentées.

Que vous ai-je dit dans la troisième conférence? Que le fumier devait toute son efficacité aux mêmes agents que les engrais chimiques, et que dès lors, lorsqu'on a du fumier, il est très-facile d'en marier l'emploi avec ceux-ci.

Les règles qu'il faut suivre alors sont des plus simples ; elles se déduisent des quantités de fumier dont on dispose. Cette quantité est-elle de 6,000 kilogrammes par hectare et par an? donnez au fumier pour auxiliaire une demi-dose des engrais chimiques prescrits lorsqu'on en fait un usage exclusif. De modérés ou de précaires, les rendements deviennent intensifs.

La quantité de fumier que vous produisez est-elle plus forte? atteint-elle 12,000 kilogrammes par hectare et par an? donnez successivement pour complément au fumier la dominante de chacune des plantes comprises dans l'assolement.

L'assolement s'ouvre-t-il par une culture de colza? ce sera 200 kilogrammes de sulfate d'ammoniaque. Est-ce la betterave ? ce sera 2 à 300 kilogrammes de nitrate de soude, et ainsi des autres. Vous trouverez plus en détail ces nouvelles prescriptions dans l'appendice qui fait suite à mes entretiens de 1867.

Vous le voyez, les cas changent, les prescriptions se modifient, mais les règles sont toujours les mêmes, et ces règles, d'une admirable simplicité, suffisent à tous les besoins. Et comment en serait-il autrement, puisque ces règles sont formulées par les plantes elles-mêmes !

On est donc mal fondé à reprocher à la doctrine des engrais chimiques de proscrire l'usage du fumier.

Si la nouvelle doctrine agricole a pris son point de départ dans la production artificielle des plantes à l'aide de simples composés chimiques, en dehors de toutes les traditions que l'agriculture nous a léguées, le jour où cette doctrine descendant des hauteurs de la science, est entrée dans le domaine de la pratique, bien loin de proscrire l'usage du fumier, elle a dit aux agriculteurs : N'abusez pas des fumures trop fortes que la culture ne peut amortir, mais rectifiez, complétez la composition imparfaite du fumier, ce qui est bien différent.

Enfin, nous ne pouvons passer sous silence les

moyens nouveaux que l'association des engrais chimiques au fumier donne au cultivateur.

Voilà une sole de colza ou de froment bien fumée : l'hiver a été rigoureux, le printemps tardif, les plantes ont souffert. Avec le fumier, que ferez-vous? Rien, la récolte sera mauvaise.

On ne peut répandre un supplément de fumier en couverture au mois de mars, du reste le pussiez-vous, son action serait radicalement nulle.

Vous voilà donc condamné à rester spectateur impassible et désarmé devant un mécompte inévitable.

Mais au contraire, alliez-vous les engrais chimiques au fumier, tout change. 200 kilogr. de sulfate d'ammoniaque par hectare suffisent pour imprimer au colza et au froment une impulsion soudaine : la récolte est assurée.

Où trouverez-vous en tout ceci quelque chose d'hostile au passé, ou à l'usage du fumier?

Dernière question, toute de finance :

Le prix du fumier et le prix des engrais chimiques?

Pas de question plus facile à résoudre que celle-là. Pour les engrais chimiques tout est simple, connu, palpable et certain. Ils sont cotés à la Bourse.

Sulfate d'ammoniaque	45	fr. les 100 kilogr.
Nitrate de soude.................	32	—
Nitrate de potasse...............	60	—
Chlorure de potassium à 80°......	22	—
Superphosphate de chaux à 12 p. 100.	12	—
Phosphate précipité à 36°..........	18	—

Le prix des engrais composés se déduit tout naturellement de celui des engrais simples. Mais pour que ces indications répondent à une idée concrète, il faut se demander ce que coûte, en engrais chimiques, l'équivalent d'une tonne de fumier.

Cette question n'est heureusement pas plus difficile à résoudre que la précédente, dont elle est la déduction.

Dans 1,000 kilogrammes de fumier, il y a :

Azote...............	4 kilogr.
Acide phosphorique...	2
Potasse.............	4
Chaux...............	8

Ce qui au taux que j'ai indiqué pour les produits chimiques isolés représente une valeur de 13 fr.

Depuis 1867, ce prix a éprouvé de notables oscillations; il a d'abord subi une hausse importante et continue, parce que au début la consommation dépassait les moyens de production dont l'industrie disposait.

Mais à mesure que le marché s'est raffermi en s'étendant, l'industrie surexcitée à son tour s'est mise en mesure de répondre aux besoins qui ne cessaient de la solliciter, si bien que par une réaction inévitable une baisse générale a fini par se manifester sur tous les produits, et qu'aujourd'hui les prix sont inférieurs à ceux de 1867 malgré une consommation dix fois plus forte.

Voici en effet les variations que ce prix a subies depuis 1867.

	L'équivalent d'une tonne de fumier.
1867	14 fr. 08
1868	14 24
1869	14 55
1870	15 00
1872, nouvelles formules	16 00
1875, anciennes formules	13 50
1875, nouvelles formules	13 00

Voilà ce qui est net et précis.

Au cours du jour, on peut se procurer l'équivalent de 1,000 kilogrammes de fumier, en engrais chimiques, au prix moyen de 13 francs.

Nous voilà donc bien édifiés sur le prix des engrais chimiques rapporté à la tonne de fumier.

Reste une dernière question, sans laquelle la précédente n'aurait qu'une valeur indéterminée : que coûte à son tour le fumier ?

Cette fois la réponse n'est ni aisée, ni simple ; elle ne peut se déduire de quelques éléments incontestés comme pour les engrais chimiques ; pour la dégager avec certitude il faut aborder certaines questions de principe sur lesquelles repose toute la comptabilité agricole. Ce qui m'amène à vous montrer comment les esprits de l'ordre le plus élevé ont été conduits, sans s'en douter, à faire à leur insu de fausses affectations d'écriture et à dissimuler le prix réel du fumier, à se faire illusion à eux-mêmes et aux autres.

Mais cette discussion, pour être fructueuse et décisive, exige des développements que nous ne pourrions lui donner aujourd'hui. Nous la remettrons donc à la prochaine séance.

Pour aujourd'hui, et pour terminer comme à l'issue de la précédente conférence, je vais vous conduire en face des cultures qui ont reçu les engrais dont la formule vous est maintenant connue. Nous observerons successivement l'état du maïs, de la betterave, du chanvre, du froment, et, à propos de chacune, je vous ferai remarquer les effets des produits par des doses progressives de leurs dominantes. Et par là je vous offrirai la justification des prescriptions que j'ai formulées et que je soumets en toute sécurité à votre contrôle.

ACTION COMPARÉE DES AGENTS DE LA PRODUCTION VÉGÉTALE.

ROLE ET FONCTION DE LA POTASSE DANS L'ÉCONOMIE VÉGÉTALE.

J'ai signalé, depuis longtemps, l'impossibilité de remplacer la potasse par la soude dans la composition des engrais. J'ai établi, par des expériences directes sur le froment (*Comptes rendus de l'Académie des sciences*, 1860, t. LI, p. 437), qu'en l'absence de la potasse cette plante ne donne que des résultats précaires et incertains. Le même fait se reproduit depuis douze ans à Vincennes sur les pommes de terre. Là où la potasse manque, l'emploi du nitrate de soude ne produit presque aucun effet. Associé à la potasse, le nitrate de soude se montre très-efficace. On peut se faire une idée du contraste par cette planche, où les dimensions de chaque pyramide sont proportionnelles au poids de la récolte.

Autre conclusion non moins importante : la potasse est la dominante de la pomme de terre. Eh bien! le défaut de potasse coïncide avec l'invasion de la maladie; d'où cette proposition capitale : les plantes privées de leurs dominantes, atteintes par conséquent dans l'une de leurs conditions les plus essentielles d'existence, deviennent la proie des organismes inférieurs, champignons microscopiques, pucerons, etc. Explication inattendue de l'un des fléaux les plus redoutables avec lesquels l'agriculture ait à lutter : les épidémies végétales.

Depuis bien des années, les phénomènes se reproduisent avec une invariable fixité au champ d'expériences de Vincennes. Jusqu'à la fin du mois de mai, à part des différences très-accusées sur le développement inégal de la plante, rien ne trahit dans les diverses parcelles l'altération qui est au moment de se produire. Cette altération commence dans le courant du mois de juin, et se manifeste invariablement sur la parcelle à laquelle on a supprimé la potasse et sur la parcelle qui ne reçoit aucun engrais. Avec l'engrais complet, la plante est d'une verdeur luxuriante, mais sur la parcelle qui n'a pas reçu de potasse, et sur celle qui n'a pas reçu d'engrais on aperçoit d'abord quelques taches d'un rouge cuivré qui s'étendent rapidement, envahissent peu à peu toutes les feuilles, et dessèchent la plante comme si un vent brûlant l'avait saisie et torréfiée. Quant aux tubercules, ils sont petits comme des noix, doués d'une odeur vireuse et se conservent fort mal.

Avec l'engrais complet, la récolte est de 20 à 26,000 kilogr. par hectare. La suppression de la potasse la fait descendre à 7,000 kilogrammes.

Jusqu'à ces derniers temps j'avais cru que les légumineuses et la pomme de terre étaient les plantes que la potasse impressionnait de préférence. Pourtant il n'en est rien. Ces plantes sont distancées dans une proportion surprenante par la vigne. Sur la pomme de terre et les pois, la suppression de la potasse se traduit par un abaissement de la récolte, sur la vigne elle la supprime totalement. Plus un grain de raisin. Rien, absolument rien. L'arbuste pousse à peine quelques faibles rameaux, et les feuilles rares et rabougries ont à peine la largeur d'une pièce de cinq francs, alors que celles venues avec le secours de l'engrais complet, sont larges comme la main. Sur la parcelle sans potasse, dès le mois de juin les feuilles rougissent d'abord, puis noircissent, se dessèchent et se crispent comme celles de la pomme de terre.

Méditez ces chiffres :

RÉCOLTE DE LA VIGNE.	A L'HECTARE.	
	RAISIN.	JUS.
Vigne à l'engrais complet.	12,000 kilos.	96 hectolitres.
Vigne privée de potasse.	00,000 »	00 »

Depuis que je fais des expériences sur les végétaux, je n'ai rien obtenu de comparable à ce résultat par la netteté des résultats et l'absolu des indications.

1869. SÉRIE SUR LA POMME DE TERRE.

(LES PYRAMIDES CORRESPONDENT AUX POIDS DES DIVERSES RÉCOLTES.)

ENGRAIS COMPLET.

Récolte : 16,000 kil. à l'hect.

PAS DE MATIÈRE AZOTÉE.

Récolte : 11,800 kil. à l'hect.

PAS DE PHOSPHATE.

Récolte : 14,900 kil. à l'hect.

PAS DE POTASSE.

Récolte : 7,250 kil. à l'hect.

PAS DE CHAUX

Récolte : 13,500 kil. à l'hect.

TERRE SANS AUCUN ENGRAIS.

Récolte : 3,500 kil. à l'hect.

1875. SÉRIE SUR LA VIGNE.

ENGRAIS COMPLET.

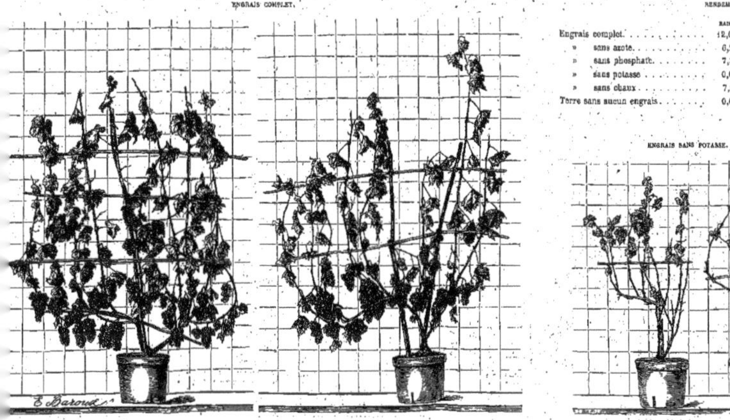

RENDEMENTS COMPARÉS A L'HECTARE : GLUCOSE

	RAISIN.	JUS.	0/0 DE JUS.
Engrais complet.	12,000 kilogr.	96 hectolitres.	14,8
» sans azote.	6,200 »	50 »	16,4
» sans phosphate.	7,300 »	58 »	16,4
» sans potasse	0,000 »	00 »	00,0
» sans chaux	7,800 »	62 »	15,4
Terre sans aucun engrais.	0,000 »	00 »	00,0 (*V. Observation.*)

Observation. — Sur la parcelle sans aucun engrais, deux pieds de vigne ont donné quelques frêles raisins. En somme, récolte absolument nulle. Ces raisins titraient 12 0/0 de glucose.

ENGRAIS SANS POTASSE. TERRE SANS AUCUN ENGRAIS.

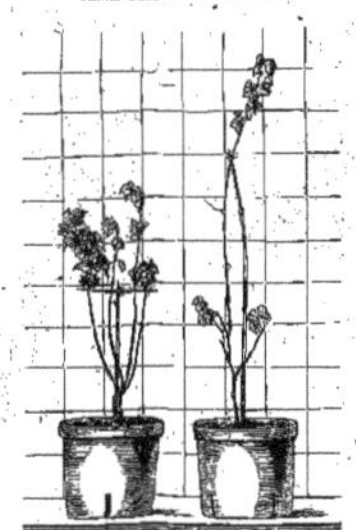

Ces pieds de vigne qui correspondaient à l'état moyen des parcelles du champ d'expériences dont ils faisaient partie, ont été arrachés et mis momentanément en pot pour être photographiés.

1860. CULTURES THÉORIQUES DANS UN SOL DE SABLE CALCINÉ DONT LES RÉSULTATS SONT AUJOURD'HUI RATIFIÉS PAR LA PRATIQU

LA SOUDE NE PEUT PAS REMPLACER LA POTASSE COMME AGENT DE FERTILITÉ.

Depuis quelques années l'agriculture anglaise consomme pour la fumure des terres des quantités énormes et toujours croissantes de nitrate de soude importé du Pérou. Les bons effets de ce sel, attestés aujourd'hui par la pratique la plus étendue, ont été mis en lumière à l'origine par les recherches de M. Kuhlmann (1), par les études plus théoriques de MM. Bineau, Boussingault, Georges Ville, et par les nombreuses et remarquables publications sorties de la plume du docteur Puisay (2).

Savants et agriculteurs, hommes de théorie et de pratique, tout le monde est unanime maintenant pour ranger le nitrate de soude parmi les agents les plus efficaces de la production végétale.

Avant que l'infortuné Leblanc eût découvert le procédé admirable qui a permis à l'industrie de retirer la soude du sel marin pour alimenter les arts et l'économie domestique de ce précieux agent, on mettait à profit la faculté dont les plantes marines sont douées d'extraire la soude des eaux de la mer et de l'accumuler au sein de leurs fragiles tissus. La combustion de ces plantes laisse en effet comme résidu une cendre dont le carbonate de soude est un des éléments prédominants. On procédait autrefois, à l'égard des plantes marines, comme on le fait encore en Amérique lorsque, les voies de grande communication et les moyens de transport venant à manquer, on ne peut tirer parti du bois des forêts. On brûle les arbres pour retirer de leur cendre la potasse assimilée par la végétation.

Parmi les plantes propres à l'extraction de la soude, la barille, cultivée sur les côtes d'Espagne, produit par sa combustion une cendre dont la partie soluble contient de 20 à 40 p. 100 de carbonate de soude (3). Quoique moins riches en alcalis, les cendres de varechs en contiennent cependant des quantités considérables. L'abondance de la soude dans la cendre de ces végétaux, jointe à la disparition des végétaux à soude dans l'intérieur des terres, lorsque le sol cesse de contenir du sel, indiquent clairement que la soude est essentielle à leur constitution, qu'elle remplit à leur égard une fonction de premier ordre. En raison de l'étroite parenté existant entre la soude et la potasse, il est intéressant de se demander jusqu'à quel point ces deux alcalis peuvent se remplacer mutuellement, et si cette substitution n'apporte aucun trouble dans le cours de la vie végétale.

M. Payen rapporte que les branches et les feuilles de *Mesembrianthemum cristallinum*, exploité à l'île de Ténériffe pour l'extraction de la soude, sont parsemées de glandes remplies d'une dissolution d'oxalate de soude, lequel disparaît pour faire place à l'oxalate de potasse, à mesure qu'on s'éloigne du littoral pour s'avancer dans l'intérieur des terres.

Le vénérable M. de Gasparin cite une autre plante où la potasse se substitue à la soude plus complétement encore, sans préjudice d'aucun genre. Il paraît que le *Salsola tragus* exploité comme plante à soude, entre Frontignan et Aigues-Mortes, remonte très-loin dans la vallée du Rhône. « Elle ne se montre pas moins vigoureuse dans la station la plus continentale qu'elle ne l'était près de la mer. Alors, cependant, la plante ne contient que de la potasse; la soude a entièrement disparu (1). »

Il semblerait résulter de ces deux exemples que la potasse peut quelquefois remplacer la soude; reste à savoir si l'inverse est également possible, si la soude peut tenir lieu de la potasse pour certains végétaux, et si ces derniers s'accommodent de la substitution. À l'égard du blé, pas d'hésitation : la soude employée à l'exclusion de la potasse porte une grave atteinte à son développement, la récolte diminue des trois quarts. Je puis invoquer à cet égard le témoignage de deux expériences exécutées dans des conditions différentes et dont les résultats se vérifient et se complètent réciproquement.

Par les raisons que j'ai rapportées dans ma dernière note (2), j'ai adopté la terre des Landes, naturellement dépourvue de potasse, comme sol d'expérimentation. Chaque culture a reçu 10 grammes de phosphate de chaux et 0 gr. 110 d'azote. La potasse et la soude ont été employées à l'état de nitrate.

Avec le phosphate de chaux et le nitrate de potasse on détermine une végétation active et florissante. Dans ces conditions, le blé réussit à merveille; le chaume est ferme, l'épi bien formé, richement pourvu de grains; le grain est dense et volumineux.

Remplace-t-on le nitrate de potasse par le nitrate de soude? La végétation change aussitôt de caractère : le blé pousse mal, le chaume, au lieu de s'élever verticalement, s'incline en tous sens. Les épis sont peu nombreux; les grains sont rares, chétifs, incomplétement formés.

Je place sous les yeux de l'Académie la photographie de ces deux cultures. Le poids des récoltes va traduire sous une autre forme le témoignage de la photographie.

CULTURE DANS LA TERRE DES LANDES.

Récolte moyenne desséchée à 100°.

SEMENCE : 20 GRAINS.

PHOSPHATE DE CHAUX. — NITRATE DE POTASSE.			PHOSPHATE DE CHAUX. — NITRATE DE SOUDE.		
Paille et racines.	12gr 14	14gr 92	Paille et racines.	7gr 085	7gr 41
140 grains......	2 78		20 grains......	0, 325	

La différence va du simple au double. La soude ne peut donc remplacer la potasse. J'ai dit que cette proposition était susceptible d'une autre démonstration; il me reste à la faire connaître.

Au lieu d'ajouter à la terre des Landes un mélange de phosphate de chaux et de nitrate de potasse, ou de phosphate de chaux et de nitrate de soude, ajoutons en plus, à chaque mélange employé comme engrais, quatre grammes de silicate de potasse. En l'absence du silicate, la culture au nitrate de soude est inférieure à celle au nitrate de potasse : l'addition du silicate équilibre les effets; les différences entre les cultures s'éteignent. Le nitrate de soude se montre aussi efficace que le nitrate de potasse. Pourquoi, dans ces nouvelles conditions, les deux nitrates produisent-ils sensiblement les mêmes effets? Parce qu'ils n'agissent plus que par leur azote.

Le sol étant largement pourvu de potasse par l'addition du silicate, la potasse du nitre ne peut manifester son influence. Quelques chiffres vont me permettre de mieux préciser les effets obtenus :

CULTURE DANS LA TERRE DES LANDES.

Récolte moyenne desséchée à 100°.

SEMENCE : 20 GRAINS.

PHOSPHATE DE CHAUX. — NITRATE DE POTASSE. — SILICATE DE POTASSE.			PHOSPHATE DE CHAUX. — NITRATE DE SOUDE. — SILICATE DE POTASSE.		
Paille et racines.	17gr 39	22gr 39 (1)	Paille et racines.	15gr 70	20gr 37
211 grains......	5 »		210 grains......	4 67	

CONCLUSION. — En tant qu'il s'agit du blé, la soude ne peut pas remplacer la potasse; le nitrate de soude associé au phosphate de chaux est un engrais peu efficace. Une addition de potasse communique à ce mélange une activité immédiate. Si dans la pratique le nitrate de soude s'est montré efficace, c'est parce que le sol était naturellement pourvu de potasse. (*Extrait des comptes-rendus de l'Académie des sciences*, juillet 1860, t. II, p. 437.)

---

(1) *Expériences chimiques et agronomiques*, in-8°, 1847.

(2) *The Journal of the royal Agricultural Society of England*, t. XIII, XIV et XV.

(3) THÉNARD, t. III, p. 141.

(1) DE GASPARIN, *Cours d'agriculture*, 3e édit., t. I, p. 146.

(2) *Comptes-rendus de l'Académie des sciences*, t. LI, p. 216.

(1) Ces résultats sont des moyennes; voici les expériences isolées qui les ont fournies :

PHOSPHATE DE CHAUX. — NITRATE DE POTASSE. — SILICATE DE POTASSE.			PHOSPHATE DE CHAUX. — NITRATE DE SOUDE. — SILICATE DE POTASSE.		
I.			I.		
Paille et racines..	17gr 70	23gr 05	Paille et racines..	15gr 25	19gr 70
215 grains......	5 35		220 grains......	4 45	
II.			II.		
Paille et racines..	17gr 08	21 73	Paille et racines..	16gr 14	21 03
207 grains......	4 65		201 grains......	4 90	

Tous les pots ont reçu de l'engrais complet, moins les deux alcalis potasse et soude. On les a ajoutés après coup, seuls ou réunis dans deux conditions différentes, à l'état de nitrates employés seuls et à l'état de nitrates associés au silicate de potasse.

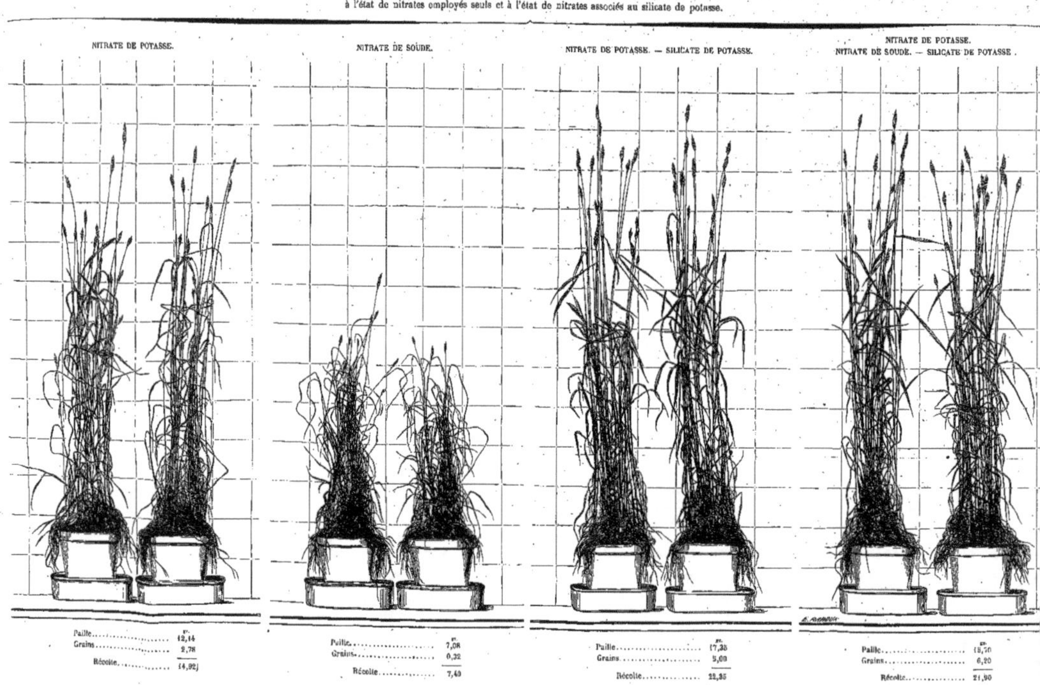

	gr.
Paille......................	12,14
Grains......................	2,78
Récolte..............	14,92

	gr.
Paille......................	7,08
Grains......................	0,32
Récolte..............	7,40

	gr.
Paille......................	17,35
Grains......................	5,00
Récolte..............	22,35

	gr.
Paille......................	15,70
Grains......................	6,20
Récolte..............	21,90

SIXIÈME ENTRETIEN.

LE PRIX DU FUMIER.

SES EFFETS COMPARÉS AUX ENGRAIS CHIMIQUES.

SITUATION DE LA PROPRIÉTÉ.

Messieurs,

Nous avons aujourd'hui une question capitale à résoudre : le prix du fumier, que nous devons tout naturellement comparer à celui des engrais chimiques.

Je vous ai dit, dans la conférence de dimanche dernier, qu'une tonne de fumier (1,000 kilogrammes) contenait :

Acide phosphorique..................	2	kilogr.
Azôte	4	—
Potasse	4	—
Chaux	8	—

Composition simple s'il en fut, lorsqu'on la ramène à ses seuls éléments actifs et réels, dont le prix est, en nombre rond, de 13 francs.

Mais de ce que le fumier contient dans une tonne pour 13 francs d'agents de fertilité, s'ensuit-il qu'il ait cette valeur? que ce prix, dans lequel on fait abstraction de la forme du fumier, soit en rapport avec ses effets?

Entendez-le, il y a ici deux idées distinctes qu'il s'agit de ne pas confondre :

Le prix du fumier déduit de sa composition.

Le prix du fumier déduit de son effet utile.

Or, voyez combien cette distinction est nécessaire.

Le fumier n'est pas comme l'engrais chimique formé de produits que les plantes peuvent absorber en nature, dès que l'état d'humidité du sol le permet : en d'autres termes, les éléments du fumier n'y sont pas contenus en totalité, sous une forme immédiatement assimilable. Je vous citerai en premier lieu l'azote, qui est l'élément le plus cher; les trois quarts sont dans le fumier à l'état insoluble. Pour être absorbé par les végétaux et leur être utile, il faut que le fumier éprouve au préalable une décomposition radicale, qui fasse passer partie de l'azote à l'état d'ammoniaque et partie à l'état de nitrate, travail pendant lequel un tiers, 30 pour 100 de l'azote primitif, se dégage dans l'air à l'état d'azote élémentaire sans utilité immédiate pour la végétation. Mais ce n'est pas tout, un cinquième reste, en outre, à l'état latent dans les détritus non décomposés que le fumier laisse à sa suite dans la terre.

Même observation, bien qu'à un moindre degré

pour l'acide phosphorique et la potasse, dont la majeure partie est engagée dans les litières du fumier ou la masse solide des déjections animales, ce qui en ralentit et en restreint les bons effets.

Si pour faire acte de modération, de toutes ces circonstances défavorables on n'a égard qu'à une seule, la déperdition de l'azote, on trouve que, de ce fait seul, le prix du fumier doit être réduit de 13 à 11 ou 12 francs.

12 francs la tonne exprime donc la valeur intrinsèque du fumier. Voilà certes un élément très-important, mais il ne suffit pas. Il nous en reste un autre à acquérir : le prix de revient. Nous savons ce que vaut le fumier, nous avons besoin de savoir maintenant ce qu'il coûte à produire. Question délicate et complexe s'il en fut, car rien n'est plus difficile à établir qu'un prix de revient, lorsqu'il s'agit, comme c'est le cas pour le fumier, d'un résidu dont le prix est affecté par les résultats de presque toutes les opérations de la ferme.

Je n'insiste sur ce point que pour justifier à vos yeux le soin, l'attention, la juste mesure que nous devons apporter à la recherche de cette solution capitale.

La méthode qui sera notre guide, vous la connaissez : l'observation attentive des faits, l'expérience et une liberté d'appréciation qui n'a en vue qu'un objet, un seul, l'espoir, le désir, la volonté ferme et résolue d'arriver à la vérité.

Chose étrange ! si vous consultez la grande majorité des agriculteurs, ils vous diront, ou plutôt ils vous auraient dit, il y a quelques années, que le fumier ne leur coûtait presque rien. Et aujourd'hui encore, si vous examinez les comptes qu'on vous livre à l'appui de cette déclaration, vous trouvez, non sans quelque surprise, que dans bon nombre d'exploitations le fumier revient, en effet, à un prix très-réduit, à 5 ou 6 francs les 1,000 kilogrammes. Si ce prix était réel, si les éléments qui servent à l'établir étaient à l'abri de toute objection, je serais le premier à vous dire : n'employez pas d'engrais chimiques, faites de préférence du fumier. A part quelques cas exceptionnels où le fumier, même à haute dose, est insuffisant pour obtenir de grands rendements, je n'hésiterais pas à vous conseiller de n'employer que du fumier. Mais si je vous montre que ce prix est une illusion, qu'au lieu de coûter 6 francs, le fumier en coûte 20 et souvent même 25 francs la tonne, notre conclusion sera évidemment tout autre.

J'ai donc à vous faire toucher du doigt les vices et l'insuffisance des comptes sur lesquels on se fonde pour attribuer un prix réduit au fumier.

J'ai déjà montré, dans mes entretiens de 1867, la base vicieuse, pour ne pas dire radicalement fausse, adoptée par M. Boussingault dans sa ferme de Bechelbronn.

Au risque de me répéter, j'y reviendrai de nouveau, ne fût-ce que pour donner plus de force et de généralité à mes conclusions d'aujourd'hui.

D'après M. Boussingault, la production annuelle du fumier serait à Bechelbronn de 710 tonnes, représentée par une dépense moyenne de 3,702 fr., ce qui fait ressortir le prix de la tonne à 5 fr. 20 c.

5 fr. 20 c. ce qui en vaut 10! Que dire de cette déclaration? La vérité, c'est qu'elle est une illusion, une chimère qui ne résiste pas un instant à la discussion. Si vous vous reportez aux éléments des comptes publiés par M. Boussingault, vous trouvez que toutes les denrées consommées par les animaux y sont comptées à un prix arbitraire.

Producteur de paille et de fourrages, M. Boussingault les fait entrer dans le compte des animaux, au prix de revient, pour compte d'ordre. Manque-t-il de paille, il l'achète à 50 francs les 1,000 kilogrammes, alors que celle produite sur le domaine n'est cotée la même année qu'à 25 francs. Ainsi du fourrage et du reste.

Cette méthode, je ne puis me lasser de le déclarer, est radicalement vicieuse.

Voulez-vous que la question agricole s'éclaire à vos yeux? Imitez l'industrie. Isolez chaque opération, ouvrez-lui un compte séparé, débitez l'opération de tout ce qu'elle emploie ou consomme, au taux du marché, sous le bénéfice d'une bonification de 10 à 15 pour 100, pour compenser les frais de transport que la consommation sur place permet d'éviter.

A cette condition tout s'harmonise, et la vérité

se dégage avec facilité et sûreté jusque dans ses moindres détails.

Si vous appliquez ces principes, qui sont les vrais, à la rectification des comptes de Bechelbronn; si vous substituez aux prix de convention les prix réels, alors tout change. Au lieu de 3,702 fr. 60 c., la dépense s'élève à 10,414 fr. 96 c. pour la production de 710 tonnes de fumier, ce qui en porte le prix à 14 fr. 67 c. la tonne au lieu de 5 fr. 20 c.

Pour changer à ce point le résultat, il nous a suffi de considérer l'étable comme un atelier indépendant, comme une annexe de l'exploitation au même titre qu'une sucrerie ou une distillerie, et comme on a coutume de le faire en ces sortes d'établissements, de lui compter les denrées de consommation à leur prix réel, au cours de la mercuriale de la région.

Cette thèse, je la soutiens depuis dix ans; car il est, de fait, bien peu judicieux de débiter, dans la même opération, la paille et les fourrages à un prix différent, suivant qu'on les produit ou qu'on les achète.

Les agriculteurs ne verront clair dans leurs affaires que le jour où ils auront banni de leurs comptes les valeurs de convention, auxquelles il n'est permis de recourir qu'à titre d'expédients, pour établir des balances provisoires, mais qu'il faut s'empresser de rectifier et de bannir de la balance réelle et finale.

Au surplus, vous allez voir à quelles décevantes conclusions ont été conduits les meilleurs esprits pour n'avoir pas pris ce parti et s'être écarté de cette donnée fondamentale, hors de laquelle il n'y a, en comptabilité, qu'arbitraire, incertitude et finalement déception.

Je dis que, rectifiée comme il est nécessaire de le faire, la comptabilité de Bechelbronn fixe le prix du fumier à 15 fr. la tonne.

Voici quelques témoignages à l'appui de cette conclusion ?

C'est un compte d'une extrême simplicité, isolé des autres intérêts de la ferme.

Il s'agit, en effet, des frais occasionnés pour l'engraissement de 800 moutons.

Que dit ce compte ?

Que l'achat et la nourriture de 800 moutons ont entraîné une dépense de 28,000 francs, alors que la vente de la laine et des animaux eux-mêmes n'a produit que 25,000 francs, soit 3,000 francs de perte, ayant pour contre-valeur 275 tonnes de fumier, ce qui porte le prix de la tonne à 10 francs 90 cent., en nombre rond, 11 fr.

PRIX DE REVIENT DU FUMIER DE MOUTON A LA FERME DU MESNIL SAINT-NICAISE (Somme).

	DOIT :
Acquisition de 800 moutons	19,600 fr.
300,000 kilogr. de pulpe à 12 fr.	3,600
18,080 kilogr. de tourteaux	2,700
Paille de colza et roseaux	1,350
Berger, homme de cour	500
Intérêts, frais, commission	250
TOTAL DE LA DÉPENSE	28,000 fr.

AVOIR :

Laine et moutons	25,000 fr.
275 tonnes de fumier..........................	3,000
TOTAL DE LA RECETTE............	28,000

3,000 francs de dépense pour 275 tonnes, c'est bien en nombre rond, 11 francs pour une tonne.

Certes, voilà un compte simple. Pas d'incertitude et de discussion possibles, pas d'éléments indéterminés. Tout est connu. On a acheté des moutons, on les a revendus, on leur a fait payer ce qu'ils ont consommé, et l'on trouve que le fumier est revenu à 11 francs.

Eh bien, il y a dans ce compte une particularité, sur laquelle je ne saurais trop insister. On n'a pas donné aux moutons pour litière de la paille de céréales, mais partie de la paille de colza et partie des joncs pêchés dans les marais de la Somme. Il en résulte qu'il y a eu là une atténuation de dépense. Si l'on avait employé pour litière de la paille de froment, le prix du fumier se fût élevé de 11 francs à 14 francs 50 cent., disons 15 francs comme à Bechelbronn.

Seriez-vous tenté de croire que ce compte est défectueux en quelque partie, et qu'en général la production du fumier par les moutons est moins onéreuse ? Eh bien ! pour dissiper vos doutes à cet égard, voici un deuxième compte, plus détaillé que le premier et plus récent, d'après lequel le fumier de mouton ressort à 26 francs la tonne. — Oui, entendez-le, 26 francs la tonne. Cet accroissement de prix est dû à l'avilissement de celui de la laine.

DOIT :

Dépenses du 1er mars 1868 au 28 février 1869.

		fr.	c.
Au 1er mars 1868, il existait 661 têtes estimées.......		23,016	40
—	Mobilier et outils des bergeries.....	2,145	80
Consommation.	Pulpes de distillerie, 127,890 kilogr. à 8 fr. les 1,000 kilogr............	1,023	12
—	Pulpes de sucrerie, 56,930 kilogr. à 16 fr. les 1,000 kilogr...........	910	88
—	Menues pailles, 22,966 kilogr. à 35 fr. les 1,000 kilogr............	803	81
—	Dravière d'hiver, 3,607 gerbes à 32 c.	1,154	24
—	Dravière d'été, 21,250 kilogr. à 15 fr. les 1,000 kilogr..................	318	75
—	Avoine en grains, 7,159 kilogr. 500 à 20 fr. les 100 kilogr............	1,431	90
—	Avoine en gerbes, 550 gerbes........	207	40
—	Trèfle blanc, 5,280 à 40 fr. les 1,000 kil.	211	20
—	Trèfle blanc, 46,110 kilogr. à 15 fr. les 1,000 kilogr.....................	691	65
—	Trèfle sec, 51,650 kilogr. à 40 fr. les 1,000 kilogr....................	2,066	»
—	Foin de pré, 13,173 kilogr. à 50 fr. les 1000 kilogr....................	658	70
—	Regain, 4,179 kilogr. à 40 fr. les 1,000 kilogr....................	167	16
—	Trémois en grains, 3,668 litres......	391	25
—	Tourteaux, 12,491 kilogr à 15 fr. les 100 kilogr.....................	1,873	65
—	Son, gruau, 895 kilogr. à 15 fr. les 100 kilogr....................	134	25
—	Farine de trémois, 250 kilogr. à 30 fr. 100 kilogr....................	75	»
—	Blé de mars, 630 kilogr. à 40 fr. les 1,000 kilogr....................	25	20
—	Luzerne sèche, 12,977 kilogr. à 50 fr. les 1,000 kilogr.................	648	85
A reporter............................		37,955	21

Report	37,955	21
Consommation. Ratelures diverses, 3,300 kilogr. à 35 fr. les 1,000 kilogr.	115	50
— Pailles diverses, 88,825 kilogr. à 35 fr. les 1,000 kilogr.	3,108	87
— Paille de colza, 9,925 kilogr. à 30 fr. les 1,000 kilogr.	297	75
— Pâturage à prairies	1,703	95
— Nourriture des chiens	252	»
Lavage des moutons et tonte	234	87
Travaux divers (sortir et rentrer terre et marne, sortir fumier des bergeries)	512	85
Gages et nourriture des bergers	1,439	43
Achat de tabac	3	75
Achat de brebis (frais de courses et transport)	3,977	40
Achat d'un bélier southdown	340	30
Intérêts à 5 pour 100 portant sur 25,162 fr. 20, capital vivant et mobilier	1,258	11
TOTAL	51,199 fr.	99

AVOIR :

Produits du 1er mars 1868 *au* 28 *février* 1869.

Fumier, 440,000 kilogr. à 6 fr. 50	2,860	»
Moutons tués pour le ménage, 214 kil. à 1 fr. le kilogr.	214	»
Moutons vendus	6,912	»
Laine vendue	5,391	82
Peaux de moutons vendues	109	50
Valeur du troupeau au 1er mars 1869	24,932	30
Valeur du mobilier et de l'outillage	2,203	97
TOTAL	42,623	59

Dépenses	51,199 fr.	99
Produits	42,623	59
PERTE	8,576 fr.	40

La perte de 8,576 fr. 40 répartie sur 440,000 kilogr. de fumier produit par les moutons dans un an, donne par 1,000 kilogr. une augmentation de	19 fr.	49
Prix du fumier arbitré dans le compte	6	50
Prix réel de 1,000 kilogr. de fumier de mouton	25 fr.	99

Passons de ces comptes isolés, pris comme premier exemple pour donner plus de simplicité à ma démonstration, à des comptes plus généraux embrassant l'ensemble des services d'une ferme.

Ce troisième exemple, je l'emprunterai à la ferme du Thier-Garten, qui a valu en 1866 la prime d'honneur à son éminent et bien regretté propriétaire, M. Schattenmann.

Dans cette ferme, qu'on peut considérer comme une véritable ferme-modèle, le fumier revenait en 1866 à 26 francs la tonne.

Pour produire 551 tonnes de fumier et 300 tonnes de purin, estimées à 2 francs 15 cent. la tonne, la dépense a été de 15,067 francs, ce qui porte le prix du fumier à 26 francs 17 cent. la tonne.

Mais ce qu'il y a de plus instructif dans ce compte, c'est que, dans le mémoire couronné, le prix du fumier était fixé à 10 francs.

Pourquoi 10 francs, lorsqu'en réalité il s'élevait à 26 francs.

C'est que M. Schattenmann, malgré sa très-haute capacité d'affaires, cédant aux usages établis, avait isolé le compte du fumier de celui des animaux. Le prix du fumier étant fixé à 10 francs les 1,000 kil., le compte des animaux se soldait par une perte.

Mais ne voyez-vous pas les vices d'un pareil système?

Pour être exact et véridique, le prix du fumier doit être la déduction de celui des animaux, ou, si vous le préférez, le solde de ce compte.

Au débit du compte, il faut faire entrer (1) :

La valeur des animaux.
L'intérêt de ce capital.
L'intérêt du capital représenté par :
Les étables et leurs annexes,
Les denrées de consommation à leur prix réel,
Les frais de toute nature,
Gens de service, vétérinaires, etc.

Au crédit :

La valeur des animaux au jour de la balance du compte.
Les denrées animales vendues ou consommées (estimées à leur prix réel).
Le travail, ou le fumier pour balance.

Le fumier pour balance, cela veut dire qu'ainsi établi, le compte se solde en perte, mais que la perte n'est qu'apparente, qu'en réalité elle a pour contre-valeur le fumier.

Pour faire passer le prix du fumier, à la ferme de Thier-Garten, de 10 francs à 26 francs, il suffit de réunir le compte primitif du fumier à celui des animaux, d'en grouper les éléments comme je viens de l'indiquer.

Et la vérité veut que j'ajoute que M. Schattenmann n'hésita pas à reconnaître la légitimité de cette rectification.

C'est même à partir de ce jour, qu'éclairé d'ailleurs par les expériences que nous poursuivions de con-

(1) Voyez, dans mes *Entretiens de* 1867, les éléments de ce compte, V[e] entretien, page 115.

cert au Thier-Garten sur l'action comparée du fumier et des engrais chimiques, il devint un des adhérents les plus fermes de la nouvelle doctrine, que dis-je, un de ses représentants les plus autorisés.

Messieurs, s'il m'était permis de vous exprimer un désir, de vous adresser une prière, je vous dirais : Cherchez par vous-mêmes à vous procurer des documents dignes de confiance sur cette question capitale du fumier, et vous reconnaîtrez que, dans la grande majorité des cas, son prix de revient dépasse 20 francs la tonne, et tenez pour certain que ceux qui accusent un prix de revient inférieur ont employé des valeurs arbitraires. Usage funeste! puisqu'en faussant le prix du fumier, on fausse celui des récoltes elles-mêmes.

Je n'ai pas fini, Messieurs. Pour être complet, il me reste encore à vous indiquer comment il faut procéder pour fixer le prix du travail des animaux, et en quoi l'économie du compte des bêtes de rente diffère et doit justement différer de celui des bêtes de trait.

Mais afin de donner plus de clarté à cette exposition, au lieu de procéder par des définitions abstraites ou dogmatiques, j'aurai recours à des exemples empruntés à de grandes et réelles exploitations.

Du moment qu'on donne aux denrées de consommation leur valeur réelle, rien de plus simple que l'établissement du compte des bêtes de rente, vaches, moutons, porcs.

D'un côté la dépense, de l'autre les recettes, le fumier formant le solde au crédit du compte, c'est-à-dire étant la contre-valeur de la perte que le compte accuse toujours.

Pour les bêtes de trait, les choses ne sont plus aussi simples. Ici, il y a deux inconnues à dégager, le prix du travail et le prix du fumier. Si l'on décharge l'un, c'est au préjudice de l'autre. Mais comment affecter à chacun sa véritable valeur? Là est la difficulté.

Je prends les chevaux pour premier exemple.

Pourquoi a-t-on des chevaux dans une ferme? Quelle est au premier chef leur destination?

Préparer la terre, opérer les transports inséparables d'une exploitation agricole, c'est-à-dire fournir de la force.

La force étant leur produit principal, et la justification de leur présence dans l'exploitation, le compte doit être établi ainsi :

AU DÉBIT.

La valeur des animaux.
L'intérêt et l'amortissement de ce capital.
Les dépenses de toute nature.

AU CRÉDIT.

La valeur des animaux sous déduction de l'amortissement.
Le fumier, estimé à sa valeur réelle.
Pour solde, le travail estimé en journées de dix heures.

Si l'on distrait du crédit le travail, le compte se solde en perte. Pour rester dans la réalité, il faut donc avoir égard au travail, et pour cela en faire la contre-valeur de la perte.

Les idées que j'expose là sont en soi si justes, si conformes aux règles suivies dans l'industrie, que vous aurez quelque peine à croire qu'elles n'aient pas reçu leur application en agriculture.

Deux causes principales s'y sont opposées. L'une, toute morale, si je puis m'exprimer ainsi, l'autre, plus spéciale, née de l'absence de notions suffisantes, pour définir toute chose en agriculture.

La cause morale tient aux conditions extérieures dans lesquelles l'agriculture opère.

Rien ne peut être caché ; chacun agit sous le contrôle de son voisin, personne ne veut s'avouer qu'il fait mal ; ajoutez à cette préoccupation inconsciente peut-être, mais de tous les instants, la domination exercée par l'opinion que sans fumier il n'y a pas de bonne culture, et vous aurez l'explication de cette tendance universelle à masquer le prix du fumier.

Tenez, voici un premier compte admirablement établi, où, pour qui sait lire entre les lignes, cette préoccupation se révèle à chaque article.

Que dit ce compte? Que le fumier produit par les attelages revient à 8 francs les 1,000 kilogr.

De qui émane-t-il? D'un industriel de grand mérite devenu agriculteur après avoir fait une belle fortune dans l'industrie, qui ne peut se résoudre à s'avouer à lui-même que le fumier lui revient très-cher, lorsque tout le monde, autour de lui, répète à l'envi que c'est le moins cher de tous les engrais.

COMPTE DES CHEVAUX (16 têtes).

DOIT :

Dépenses du 1er mars 1868 au 28 février 1869.

	fr.	c.
Il existait au 1er mars 1868 19 têtes estimées	8,100 fr.	»
Il existait au 1er mars 1868, mobilier et outils des écuries	2,180	»
Consommation : Avoine en grains, 23,122 kilogr. 500 à 20 fr. les 100 kilogr	4,624	50
— Seigle, 80 litres à 20 fr. les 100 litres.	16	»
— Blé, 120 litres à 25 fr. les 100 litres.	30	»
— Farines diverses, 2,088 kilogr. à 30 fr. les 100 kilogr	626	40
— Son et gruau, 801 kilogr. à 15 fr. les 100 kilogr	120	15
— Carottes, 5,325 kilogr. à 30 fr. les 1,000 kilogr	159	75
— Paille hachée, 2,605 kilogr. à 35 fr. les 1,000 kilogr	91	17
— Foin de prés, 43,393 kilogr. à 50 fr. les 1,000 kilogr	2,169	65
— Luzerne, 1re coupe, 9,359 kilogr. à 50 fr. les 1,000 kilogr	467	95
— Trèfle vert, 6,985 kilogr. à 15 fr. les 1,000 kilogr	104	77
— Pailles diverses, 46,260 kilogr. à 35 fr. les 1,000 kilogr	1,619	10
— Pailles de colza, 2,000 kilogr. à 30 fr. les 1,000 kilogr	60	»
— Pâturage à prairies	122	50
— Tabac	3	75
Frais d'annonce pour l'étalon Houp-là	4	80
Gages et nourriture des charretiers	2,815	06
Charretiers supplémentaires	274	35
Frais d'entretien des équipages, ferrage, vétérinaire, éclairage, etc	1,925	»
Intérêts à 5 pour 100 sur 10,280 fr., chevaux et matériel	514	»
TOTAL	26,028 fr.	90

AVOIR :

Produits du 1er mars 1868 au 28 février 1869.

Fumier, 186,000 kilogr. à 6 fr. 50	1,209 fr.	»
JOURNÉES DE TRAVAIL, 3,676 1/2 à 4 fr.	14,706	»
Vente de la jument Duchesse	425	»
Chevaux morts et abattus, 3 à 15 fr.	45	»
Saillies, 10, dont 9 à 15 fr. et 1 à 10 fr.	145	»
Travaux supplémentaires des charretiers	96	12
Valeur des chevaux existant au 1er mars 1869	6,800	»
Valeur du mobilier et de l'outillage des écuries	2,162	75
TOTAL	25,588 fr.	87

Dépenses	26,028 fr.	90
Recettes	25,588	87
PERTE	440 fr.	03

La perte de 440 fr. 03, répartie sur 186,000 kil. de fumier produit dans un an, donne par 1,000 kilogr. une augmentation de	2 fr. 36 p. 1,000 k.	
Prix du fumier arbitré dans ce compte.	6 50	—
Prix réel de 1,000 kilogr. de fumier de cheval	8 fr. 86	—

Que dit ce compte? Que le fumier revient à 8 fr. 86 c. Mais pour cela on fixe la journée des chevaux à 4 francs. Que devrait dire le compte? Que le fumier coûte 12 francs, sa valeur intrinsèque, la journée des chevaux étant fixée à 3 fr. 84 cent., et il faudrait l'établir ainsi :

DOIT :

Valeur des animaux	8,100 fr.	00
Mobilier des écuries	2,180	00
Frais de nourriture	10,220	59
Frais d'entretien	1,925	00
Gages des charretiers	3,089	31
Intérêts des capitaux	514	00
TOTAL	26,028 fr.	90

AVOIR :

Valeur des animaux	6,800 fr.	00
Mobilier..........................	2,162	75
Vente de la jument Duchesse	425	00
10 saillies de l'étalon...............	145	00
Travaux divers par charretiers	96	12
3 chevaux abattus à 15 fr. l'un.......	45	00
186 tonnes de fumier à 12 fr..........	2,232	00
3,676 journées à 3 fr. 3,84 pour balance.	14,123	03
TOTAL.......	26,028	90

J'ai fixé le prix du fumier à 12 francs, parce que ce prix, sa valeur intrinsèque, concentre tous les aleas sur le travail mécanique, produit principal des bêtes de trait.

Je n'insiste pas sur les comptes des bêtes de rente, leur économie étant conforme aux principes que j'ai admis (1).

(1) Dans le rapport que j'ai consacré, en 1868, aux résultats obtenus dans la grande culture au moyen des engrais chimiques, j'avais fixé le prix du travail et du fumier par les bêtes de trait, en isolant à la fois la production du fumier de la production de la force.

Tout en maintenant la rigueur des principes sur lesquels je m'étais fondé, et dont la justesse apparaîtra certainement à tous les yeux, le jour où l'emploi de la charrue à vapeur se sera un peu généralisé parmi nous, tout bien pesé, je trouve préférable le système que je viens de présenter. Mais la vérité veut que j'ajoute, et je m'empresse de le reconnaître, qu'en adoptant cette solution, j'ai été grandement influencé par l'opinion d'un homme aussi honorable que distingué, dont le nom doit rester uni à l'histoire des engrais chimiques, M. L. Couvreur. Fondateur de la première fabrique d'engrais chimiques d'après mes formules qui ait existé en France, M. Couvreur a été bien placé, par ses rapports journaliers avec les agriculteurs de tous rangs et de toutes conditions, pour se faire une opinion motivée sur ces graves et difficiles questions.

Si j'ai réussi à donner à l'expression de ma pen-

Il me semble qu'on ne peut lire sans un vif intérêt les observations pleines de sens qu'il m'adressait à la date du 3 février 1869 :

. . . .

. . . .

« La question sur laquelle vous appelez mon attention est une de celles qui m'ont le plus préoccupé dès que je me suis trouvé en relation avec le monde agricole et, en l'absence de toute indication de votre part, j'aurais suivi avec le plus grand intérêt les considérations si vraies et les calculs si lucides que vous émettez sur la question du fumier : j'avais été, en effet, frappé bien des fois de la manière défectueuse suivant moi dont cette question est traitée par les agriculteurs.

« Je ne sais si je me trompe; mais il me semble que dans beaucoup de cas la partie d'exploitation qui concerne la production du fumier entre bien pour moitié dans le travail de la direction et dans l'importance des constructions de la ferme, et pourtant, je ne vois dans aucun calcul qu'on grève ce compte d'aucune part dans les dépenses de maison, ni du loyer des bâtiments qui y sont consacrés, ni de contributions, ni d'assurances contre l'incendie et la mortalité, ni de la tenue des écritures, ni des pertes éventuelles dans le placement des produits, en un mot, on ne tient compte ni des frais généraux, ni des risques. Une vache achetée pour produire du fumier blesse un ouvrier à qui il faut faire une pension, quel est l'agriculteur qui penserait à imputer cette dépense au compte *fumier*? Aucun, et pourtant cela serait plus que légitime : logiquement, c'est forcé.

« Quand on voudra établir sérieusement ce compte, il faudra se mettre en présence de la masse des dépenses de l'exploitation, et après avoir attribué d'une part ce qui est particulier à la production du fumier, faire une répartition proportionnelle et raisonnée des dépenses générales, indivises, dits frais généraux. Mais opérer comme on le fait généralement en disant : tant pour nourriture, pour litière, pour achat des animaux et pour intérêts, c'est rester bien loin de la vérité et par conséquent se faire la plus complète illusion.

« Vous voyez par là, Monsieur, combien j'applaudis aux efforts heureux que vous faites pour porter la lumière dans cette question. Vos idées sur la valeur à donner aux denrées consommées dans la ferme, la séparation de la valeur intrinsèque du fumier et du prix de

sée tout le relief de ma conception intérieure, la

revient, tout cela est la raison même, mais par les réflexions que je viens de vous soumettre, vous voyez que j'étends plus loin encore que vous la réforme à appliquer à cette branche de la comptabilité agricole, et que je vais jusqu'à faire supporter au compte du fumier une juste part des frais de gérance, et j'estime qu'il n'y a là aucune exagération. En effet, quand je pense à tout ce mouvement d'animaux divers, vaches, porcs, moutons, aux tracas qu'il amène, aux risques qu'il fait courir, aux locaux qu'il exige, aux relations qu'il force d'établir pour la vente du lait, du beurre, du fromage, de la laine, de la viande sur pied, aux courses au marché qu'il nécessite pour acheter, vendre et maintenir cette population en équilibre, pendant toute l'année, je me demande si ce n'est pas là ce qui occupe le plus le chef de l'exploitation et s'il ne doit pas vivre, lui aussi, et vivre de ce qui le fait travailler?

« Que dira-t-on d'un propriétaire de houillère qui, après avoir monté une forge pour utiliser son charbon, diviserait le prix de la vente du fer par la quantité d'hectolitres de houille consommés et donnerait le quotient comme le prix retiré du charbon en passant sous silence les frais généraux de la forge et son travail personnel? Ce serait pourtant d'une manière exacte la contre-partie du prix de revient qu'on établit généralement pour le fumier.

« Heureux de me trouver si bien d'accord avec vous, Monsieur, sur la solution générale de la question, je vous demanderai pourtant la permission de vous présenter une observation sur un point particulier.

« Elle est relative au compte du fumier produit par les bêtes de trait.

« Je pense bien comme vous, qu'on ne doit pas porter au crédit de ce compte les journées de travail suivant le prix accordé aux tâcherons, mais je ne crois pas que les journées de chomage et de repos puissent légitimement charger le coût du fumier, ce serait le grever d'éléments dans lesquels il doit rester désintéressé : qu'on achète trop de chevaux pour les travaux à accomplir, que des chevaux se blessent et restent à l'écurie, que par contre on surmène les chevaux de façon à leur faire produire plus que le travail normal, voilà autant de circonstances qui viendraient indûment sur le prix du fumier.

« Suivant moi, d'ailleurs, le compte des chevaux de trait ne peut

lumière doit être faite pour vous, comme elle est faite depuis longtemps pour moi, et notre conclusion commune sera que dans la grande majorité des cas, le FUMIER COUTE PLUS QU'IL NE VAUT !

Dernier argument que nous ne pouvons laisser sans réponse. On dit :

Il est bien vrai que dans les exploitations rurales, le fumier revient à un taux très-élevé, mais dans les grands centres de population, à Paris,

pas plus donner un prix de revient au fumier que la fabrication du gaz ne peut valablement donner le prix de revient du coke qui en forme le résidu : ce serait prendre l'accessoire pour le principal. Ce compte doit être tenu pour renseigner sur le coût du travail que les chevaux accomplissent, le prix du fumier n'en peut être le résultat, il en est un des éléments. Le compte étant débité de toutes les dépenses qui sont afférentes à ce service, il doit être crédité du fumier comme d'un des produits qui en découlent, c'est, bien entendu, sa valeur intrinsèque suivant la définition que vous donnez qui servira de base au calcul. Cela fait, le solde débiteur restant sera divisé par le nombre de journées de travail dont on obtiendra ainsi le prix de revient. Si ce résultat porte le coût de la journée de travail plus haut qu'on ne l'obtiendrait des tâcherons, la différence vient s'ajouter au prix arbitré pour le fumier, puisque c'est en considération de ce dernier qu'on a subi le surcroît de dépenses. Hors ce cas, le compte des chevaux de trait ne me semble pouvoir fournir aucune base à un prix de revient du fumier.

« Telles sont, Monsieur, les réflexions que, pour répondre à la trop grande confiance que vous mettez en moi, j'ai cru devoir vous soumettre ; j'ose à peine vous dire que je les compléterai verbalement dès que vous en exprimerez le désir : vous n'avez, en effet, nul besoin de moi ni de personne ; votre esprit où l'ordre et la méthode ont une si bonne place devait nécessairement avoir l'intuition complète de la comptabilité, on s'en aperçoit bien vite en voyant la manière dont vous traitez les questions qui s'y rattachent.

« L. COUVREUR. »

Lyon ou Marseille, on peut s'en procurer en abondance et à un prix réduit.

Nul doute, qu'un maraîcher agissant avec discernement puisse se procurer quelques charretées de fumier à de bonnes conditions. Mais lorsque l'opération prend les proportions d'une affaire suivie et de quelque importance, en est-il de même?

A combien revient alors le fumier? M. Dailly, qui cumulait les fonctions de directeur de la compagnie générale des omnibus et de propriétaire d'une grande agence de transport, bien placé par conséquent pour résoudre cette question, a fixé le prix du fumier de cette origine à 13 fr. 18 c. rendu à Trappes, dans les environs de Versailles. Voici en effet le décompte de ce prix :

Les 1,000 kilogr. de fumier à Paris..		7 fr. 83
Chargement..............	0 fr. 40	
Transport à Batignolles.....	2 00	2 80
Chargement du wagon......	0 40	
Transport des Batignolles. Trappes...		2 25
Chargement sur voitures...........		0 30
TOTAL.......		13 fr. 18

Sans compter les frais que nécessite à son tour le transport de la gare d'arrivée aux terres du domaine, où il faut encore le décharger, le répandre à la surface du sol.

Vous le voyez, que deviennent les déclarations des thuriféraires du fumier devant ces témoignages irrécusables?

Conclusion : le prix de revient du fumier, pour

qui sait compter, est plutôt au-dessus qu'au dessous de 20 francs.

Mais ce n'est pas tout : pour avoir l'expression rigoureuse du prix du fumier, il faut avoir égard à un dernier élément de dépense, les frais inséparables du maniement de si grandes masses.

Un ingénieur civil du plus grand mérite, M. Caillet, propriétaire d'une exploitation importante en Normandie, fixe à 1 fr. 82 c. par 1,000 kilogrammes le coût des frais accessoires mais inséparables de la production du fumier. Il les classe ainsi :

Curage des étables, arrosage du fumier	0 fr. 54
Chargement et transport par un homme et les chevaux de la ferme, à 3 fr. du collier	1 17
Épandage	0 11
TOTAL	1 fr. 82

Ce qui porte la dépense pour une fumure de 50,000 kilogrammes à 91 francs ! résultat qui s'explique de lui-même, quand on sait que le fumier contient 80 p. 100 d'humidité, qu'il faut transporter, étendre et manipuler en pure perte, car l'humidité n'ajoute rien à l'efficacité de la partie active.

Vous le voyez, Messieurs, lorsqu'on veut aller au fond des choses, la question du fumier apparaît sous un jour tout à fait nouveau, et il n'est plus possible de soutenir qu'il est le plus économique des engrais.

Cette démonstration si complète ne porterait pourtant pas tous ses fruits si je la bornais là.

Il me reste à vous montrer à quelle fausse appréciation du problème agricole les comptes inexacts (par l'introduction des valeurs arbitraires) peuvent conduire.

S'il est un homme en agriculture pour lequel je professe respect et considération, c'est assurément Mathieu de Dombasle, vous le savez bien.

Sous l'empire de l'opinion qu'il n'y a pas de culture possible sans fumier, Mathieu de Dombasle comptait la nourriture des animaux à un prix réduit. La conséquence de ce système était inévitable, le fumier ressortait à 5 ou 6 francs les 1,000 kilogrammes.

Or, savez-vous ce qu'a produit cette erreur de compte? L'insuccès de la carrière de cet homme éminent entre tous; et l'impossibilité d'apercevoir la cause réelle des faibles rendements obtenus à Roville, malgré ses efforts et ses soins.

Au lieu d'un insuccès noblement confessé, il eût obtenu un véritable triomphe, et la découverte des principes nouveaux que l'agriculture doit suivre aujourd'hui, s'il s'était préservé de l'erreur que je viens de vous signaler.

Voici comment:

Sous l'empire des idées de son temps, que la formule, prairies bétail, céréales, fécondée par l'alternance des cultures, était le dernier mot de l'art agricole, Mathieu de Dombasle n'avait qu'une préoccupation, faire ressortir le fumier au taux le plus bas.

Fumier bon marché. Récolte rémunératrice.

Pour atteindre ce but il n'y a pas deux moyens, il n'y en a qu'un. Alléger le compte des animaux. Mathieu de Dombasle comptait aux écuries le fourrage sec à 30 francs les 1,000 kilogrammes, alors qu'il aurait pu le vendre 50 et 60 francs. Tout le reste à l'avenant.

Le compte du fumier était des plus simples.

On ajoutait au prix de la paille fixé à 30 francs les 1,000 kilogrammes 2 fr. 50 c. par voiture de fumier, comme expression de la valeur des déjections des animaux, cet article étant porté, bien entendu, au crédit de leur compte.

Ce système avait pour résultat de faire ressortir le prix du fumier à 6 fr. 50 c. les 1,000 kilogrammes.

Plus tard, Mathieu de Dombasle sentit bien que cette manière de compter était vicieuse, mais il aperçut trop tard les vices de sa comptabilité, dont la réforme eût entraîné celle de toute la culture.

Là fut pour lui le malheur, car voyez les conséquences :

Les terres de Roville se composaient de terres hautes, dites terres de coteaux, et de terres basses, dites de la plaine. Pour transporter le fumier pendant l'hiver sur les coteaux il fallait une grande dépense de charrois. C'était une difficulté considérable pour l'exploitation. Mathieu de Dombasle qui comprenait bien qu'en concentrant son fumier sur un espace circonscrit il se placerait dans des conditions meilleures, eut l'idée de fumer avec des engrais artificiels les terres des coteaux, et de réserver les fumiers pour les terres basses. Mais comme il avait fixé le prix du fumier à 6 fr. 50 c., à ce prix le coût de la fumure ressortait à 75 francs par hectare.

Il acheta donc des déchets de laine pour 75 francs. L'effet fut médiocre, à peine égal à celui du fumier. Mais supposez qu'au lieu de fixer la dépense à 75 francs on l'eût portée à 150 francs par hectare, comme le prix réel du fumier l'exigeait; dans ces nouvelles conditions, les récoltes eussent été certainement meilleures qu'avec le fumier, et du même coup Mathieu de Dombasle eût aperçu deux choses :

1° Que le fumier revient en général très-cher.

2° Qu'il y a souvent plus d'avantage à tirer des engrais du dehors qu'à produire du fumier.

Pour peu qu'il eût substitué aux chiffons de laine dont la décomposition s'opère avec lenteur, du sang desséché, de la corne en poudre, des engrais agissant par leur azote, le rendement du froment eût passé de 15 hectolitres qu'il était à Roville à 30 hectolitres, et au lieu de se solder en perte le compte se fût balancé par un bénéfice de 200 francs par hectare.

200 francs par hectare à Roville, le triomphe était complet !

Un compte fautif a suffi pour ravir à cet homme

de bien la seule récompense qu'il ambitionnât, servir son pays en améliorant le sort des populations des campagnes !

Et la cause de cette immense déception, c'est toujours la formule de l'école : il n'y a de bonne culture que par le fumier.

Vous voyez, Messieurs, par cet exemple si instructif, combien il importe de bannir les fictions de la comptabilité. Voulez-vous obtenir des succès durables, il n'y a qu'un moyen, c'est de faire ressortir chaque chose à son prix réel.

Pour être dans la vérité, il faut faire du bétail et des étables l'équivalent d'une industrie annexée à la ferme, lui faire payer les produits qu'il consomme à leur valeur réelle, et, tout naturellement, lui rembourser le fumier à son prix véritable.

Le fumier ressort-il à moins de 12 francs les 1,000 kilogrammes, l'opération est bonne. On peut la développer. Son prix atteint-il 15 et 20 francs, il faut la restreindre et tirer des engrais du dehors.

Mais quelque parti que l'on prenne, il faut que la culture vende ses produits à leur taux réel, qu'on les porte au marché ou qu'on les consomme dans la ferme, et que, convaincue qu'il n'y a de bénéfice pour elle qu'à la condition de fumer abondamment, elle aille chercher ses engrais là où ils lui coûtent le moins cher.

J'espère qu'à défaut d'autre mérite, on ne me refusera pas celui de la franchise et des déclarations de plein soleil.

La question de comptabilité se trouvant fixée par ce qui précède, passons à d'autres considérations. Posons-nous cette question nouvelle, non moins capitale que la première : quel est le plus efficace du fumier ou des engrais chimiques.

Auquel reste décidément l'avantage ?

Voici le fruit de plus de 2,000 expériences dues à l'initiative du monde agricole.

Je prends le froment pour premier exemple :

Sur 138 tentatives, les engrais chimiques l'ont emporté sur le fumier à la fois par l'importance moyenne de la récolte qui a été supérieure, et par le plus grand nombre de rendements intensifs.

921 kilogr.	d'engrais chimiques ont produit en moyenne de grains par hectare, alors que	29 hect. 75
40,203 —	de fumier n'ont donné que.............	21 hect. 00

Soit, en nombre rond, un excédant de 8 hectolitres 1/2 par hectare en faveur de l'engrais chimique.

Mais ce n'est pas tout. Si l'on décompose ces 138 résultats pour mettre en relief les variations de la récolte tant avec l'engrais chimique qu'avec le fumier, on obtient ces deux séries parallèles :

	RÉCOLTE A L'HECTARE.	
	Engrais chimique.	Fumier de ferme.
10 fois..................	46 hect. 50	39 hect. 22
22 fois..................	35 — 90	26 — 84
20 fois..................	31 — 20	19 — 31
22 fois..................	27 — 42	14 — 50
26 fois..................	22 — 44	14 — 50
38 fois..................	14 — 96	12 — 03

Ce qui revient à dire que sur quatre cultures la récolte a été de :

	RÉCOLTE A L'HECTARE.	
	Engrais chimique.	Fumier de ferme.
2 fois de..............	35 hect. 25	25 hect. 00
1 fois de..............	22 — 44	14 — 50
1 fois de..............	14 — 96	12 — 03

Avec les engrais chimiques, deux récoltes intensives, une bonne récolte moyenne et une récolte médiocre ; avec le fumier, deux récoltes moyennes et deux médiocres.

Betteraves. — Les expériences, au nombre de 190, ont conduit à la même conclusion que pour le froment : les engrais chimiques l'ont emporté sur le fumier de ferme dans une proportion non moins importante :

1,326 kilogr. d'engrais chimique ont donné en moyenne 51,948 kilogr. de betteraves à l'hectare, et
50,650 kilogr. de fumier seulement.............. 41,811 —

Excédant en faveur de l'engrais chimique... 10,137 kilogr.

La répartition des récoltes n'est pas moins significative que le contraste des moyennes.

	RÉCOLTE A L'HECTARE.	
	Engrais chimique.	Fumier de ferme.
8 fois..............	91,064 kil.	70,142 kil.
21 fois......	63,507 —	49,900 —
35 fois.................	53,673 —	43,670 —
61 fois..........	43,640 —	34,784 —
40 fois.................	35,373 —	28,920 —
25 fois.................	24,433 —	23,453 —

Et ce qui ajoute singulièrement à l'importance

de ces résultats, c'est qu'avec l'engrais chimique les betteraves contiennent 2 0/0 de sucre de plus qu'avec le fumier.

Pommes de terre. — Mêmes effets que sur la betterave et sur le froment.

Sur 83 expériences on a obtenu :

	Récolte à l'hectare.	
	Engrais chimique.	Fumier de ferme.
17 fois	38,271 kil.	30.812 kil.
16 fois	24,288 —	16,871 —
26 fois	17,266 —	14,921 —
24 fois	11,119 —	11,633 —

Ce qui donne comme moyenne avec

	A l'hectare.	
1,000 kilogr. d'engrais chimique	22,736 kil.	349 hect.
39,946 — de fumier de ferme	18,559 —	285 —
Excédant en faveur de l'engrais chimique.	4,177 kil.	

Avoine. — Même supériorité en faveur des engrais chimiques : 28 expériences comparatives ont donné :

	A l'hectare.
932 kilogr. d'engrais chimique	42 hect. 60
50,555 — de fumier	35 — 30

soit un excédant moyen de 7 h. 30 par hectare.

Orge. — Même conclusion pour l'orge.

1,204 kil. d'engrais chimique ont produit en moyenne de grains à l'hectare, et	32 hect. 40
40,808 kil. de fumier de ferme	25 — 40

Excédant : 7 hectolitres en faveur des engrais chimiques.

MAÏS. — Mêmes effets.

926 kilogr. d'engrais chimique ont donné en moyenne.	37 hect. 87
43,000 kilogr. de fumier de ferme	28 — 08

Sur le seigle, le sarrazin, le lin, le chanvre et la prairie, les effets n'ont été ni moins saillants, ni moins décisifs.

Nombre des expériences.		RÉCOLTE A L'HECTARE AVEC Engrais chimique.	Fumier de ferme.
3	Seigle	34 hect.	» hect.
2	Sarrazin............	30 — 50	19 —
4	Colza................	27 — 65	20 —
1	Lin (tiges)	7,000 kilogr.	4,200 kilogr.

Au lieu de moyennes qu'il est souvent difficile de vérifier préféreriez-vous quelques témoignages moins généraux, dont l'origine rehausserait, s'il est possible, la portée et la signification ?

Je puis encore vous satisfaire. Voici, en effet, le résultat de trente-quatre expériences sur la betterave, faites par les ordres du ministère de l'agriculture dans les fermes écoles.

	A l'hectare.
1,200 kilogr. d'engrais chimique......	39,000 kilogr.
57,000 — de fumier de ferme.....	34,000 —
Sans aucun engrais	24,000 —

A l'institut de Grignon, même conclusion :

1,200 kilogr. d'engrais chimique.......	50,000 kilogr.
— de fumier	44,000 —
Engrais chimique	66,000 —
Fumier de ferme à très-haute dose......	63,000 —

Depuis 1868, j'ai réuni plus de trois mille faits nouveaux, dont les conclusions sont conformes aux précédentes. Croyez-vous que jamais système ait offert en sa faveur un pareil concours de garanties ?

Et pourtant ce n'est pas tout. Dans le domaine des tentatives isolées, je puis invoquer une expérience plus décisive encore faite à la ferme-école de Beyrie, dans les Landes, par les soins de M. Dupeyrat.

La valeur exceptionnelle de cette expérience tient à deux causes. D'abord à sa longue durée — car elle s'est prolongée pendant plus de six ans — et surtout à l'esprit de doute, pour ne pas dire d'hostilité, dans lequel elle a été conçue.

Plaçant sa foi native dans les préceptes du passé au-dessus de tout argument, M. Dupeyrat a voulu établir par expérience que le fumier l'emportait sur les engrais chimiques comme puissance, comme durée, comme bénéfice, et que l'alliance du fumier ou des fumures en vert et des engrais chimiques devait l'emporter à son tour sur toute autre combinaison.

Quel a été le résultat de sa tentative, inspirée, je l'ai dit, par la tacite espérance de prendre en faute la nouvelle doctrine ? — La réfutation péremptoire et sans appel de la pensée qui l'avait fait naître.

Sous le rapport de la quotité de la récolte, du profit réalisé et de l'amélioration communiquée à la terre, toujours et partout l'engrais chimique isolé est sorti triomphant de toutes les comparaisons.

Je ne rapporterai pas en détail les résultats obtenus; ils ne feraient que reproduire ceux que vous connaissez. Je ferai cependant exception pour un cas, la durée plus grande de l'engrais chimique comparé au fumier.

Après trois années consécutives de culture pendant lesquelles l'engrais chimique s'était constamment montré supérieur, on a cultivé du maïs pendant une nouvelle période de trois ans sans le secours d'aucun engrais. Or sur la parcelle qui avait reçu à l'origine l'engrais chimique, la récolte s'est maintenue constamment plus élevée.

	RÉCOLTE à l'hectare en 3 ans (1).	
PARCELLES FUMÉES ANTÉRIEUREMENT.	POIDS TOTAL de la récolte.	GRAINS en hectol.
A l'engrais chimique	19,000 kil.	66 hectol.
1/2 engrais chimique, 1/2 fumier	17,000 —	58 —
Fumier	15,000 —	53 —
Terre jamais fumée	12,000 —	46 —

Ces conclusions sont cependant incomplètes et inférieures dans leur affirmation au témoignage des faits eux-mêmes. Voici pourquoi :

(1) *Journal de l'agriculture*, 2 mai 1874, page 171.

Après sept ans d'expériences consécutives, M. Dupeyrat conclut :

1° Les engrais chimiques ont eu une action au moins égale, et le plus souvent supérieure à celle du fumier, sur le rendement des récoltes.

2° En comptant les engrais chimiques au cours du marché et le fumier à 14 fr. la tonne, la dépense annuelle de fumure étant à peu près la même par hectare, l'emploi des engrais chimiques a procuré un bénéfice net sensiblement plus élevé que celui du fumier.

3° La durée de l'efficacité des engrais chimiques s'est prolongée au delà de la première année.... En comparant la durée de cette efficacité prolongée à celle du fumier, l'avantage reste encore aux engrais chimiques.

Le prix de 14 fr. attribué au fumier est le résultat d'une estimation arbitraire et par conséquent au-dessous de la vérité. A la ferme de Beyrie, l'entretien du matériel agricole, celui des bâtiments affectés aux animaux, l'intérêt du capital que ces bâtiments représentent, entrent dans les frais généraux de culture, au lieu de faire l'objet d'un chapitre spécial dans le compte des animaux eux-mêmes, ce qui réduit le prix de fumier de 5 à 6 fr. par tonne.

Résumons-nous et concluons : l'objectif qu'il faut avoir devant les yeux, l'obligation qu'il faut satisfaire, ce n'est pas de faire du fumier toujours et partout à n'importe quel prix, mais simplement de livrer au sol l'engrais nécessaire pour obtenir une bonne récolte.

Vous manquez de fumier, importez des engrais. Ceux de l'industrie sont généralement supérieurs et plus économiques que ceux produits dans la ferme.

On a beau le nier, travestir mes déclarations, ne pouvant les réfuter, l'agriculture de l'avenir est là tout entière. La révolution, dont l'aube commence à luire, s'accomplira, parce que notre intérêt nous l'impose, et que la raison, la science et les faits en consacrent la légitimité.

Avec la nouvelle méthode, l'intérêt collectif est satisfait au même degré que l'intérêt privé.

A la nation, on procure la vie à bon marché ; à l'exploitant, un profit jusque-là inconnu. Progrès et conservation, ordre et liberté, union de toutes les forces productives du pays, voilà le but, voilà le résultat.

Insistons sur les conditions économiques qu'un pays doit remplir pour l'atteindre ; envisageons sous tous ses aspects cette partie nouvelle de notre sujet.

Et d'abord, quelle est au vrai la situation de notre agriculture ? Vous le savez, Messieurs, elle n'est pas bonne. Le pays ne retire pas de la richesse native du sol et de la douceur de son climat tous les avantages qu'il pourrait en obtenir.

Les populations des compagnes se nourrissent mal, l'ignorance y est extrême, l'enseignement partout insuffisant, et le sens moral appliqué aux choses les plus saintes de la vie de famille singulièrement émoussé.

A ceux qui seraient tentés de me contredire par amour-propre national, je donnerai pour correctif le conseil de suivre mon exemple, et d'aller constater par eux-mêmes, et sans parti pris, les conditions d'existence des habitants de nos villages et de nos hameaux.

Mais là n'est pas le point sur lequel je veux insister. L'étude des causes morales me ferait sortir de mon domaine, les lois de la production. J'y reviens donc.

Je vous ai dit et répété à satiété, Messieurs, que pour avoir de bonnes récoltes, il faut bien fumer la terre.

Or, la question que je me pose est celle-ci : En

France, le voulût-on, peut-on bien fumer la terre lorsqu'on n'opère qu'avec du fumier des animaux? Non. Et pourquoi ? Parce qu'elle est trop morcelée.

Le morcellement, qu'il ne faut pas confondre avec la division de la propriété, est devenu au premier chef le grand mal de notre temps. C'est à lui que nous devons la dépopulation des campagnes, le défaut d'équilibre dans notre évolution nationale, l'état de division qui nous paralyse.

A vous, qui seriez tenté de douter, je livre ces cruelles réalités.

La statistique fixe à 46 millions d'hectares l'étendue de la surface cultivée en France. Sur ces 46 millions, 26 millions appartiennent à la grande propriété, 20 millions à la moyenne et à la petite.

Jusque-là, rien ne semble menaçant, mais attendez.

Ces 46 millions d'hectares cultivés sont répartis en 143 millions de parcelles cadastrées, représentées par 14 millions de cotes foncières.

Ce qui donne, en moyenne, pour surface à chaque parcelle un tiers d'hectare.

Mais comme de cette répartition, pour être exact, il faut distraire les 20 millions d'hectares qui sont l'apanage de la grande propriété, la surface de la parcelle se trouve réduite à un huitième d'hectare, dont 10 sont groupés sous la même cote.

Dans ces conditions, avec ces atomes dispersés aux quatre coins de l'horizon, à quoi peut-on prétendre ?

Écoutez encore la déclaration inexorable de la statistique :

Sur les 14 millions de cotes relevées, il y en a :
7 millions au-dessous de 5 francs.
2 millions de 5 à 10 francs.
2 millions de 10 à 20 francs.

Ce qui donne 4 millions de propriétaires exempts de la cote personnelle, dans la pleine indigence.

Mais restreignons le cadre de ces aperçus, et revenons au cœur des questions pratiques.

Quel système de culture peut suivre celui qui fait valoir 8 ou 10 parcelles de terre d'un sixième ou d'un dixième d'hectare chacune?

Rigoureusement, il n'y en a pas.

Le temps qu'il perd pour aller de l'une à l'autre triple les frais généraux. Leur exiguïté interdit le travail des animaux, qui est quinze fois moins onéreux que le travail de l'homme. Enclavées les unes dans les autres , ces parcelles sont grevées de servitudes réciproques. Il faut multiplier les chemins, de là des espaces perdus, de là, par conséquent, une situation très-fâcheuse.

Lorsque la propriété arrive à cet état d'émiettement, elle est non-seulement dévorée par les frais généraux, mais il n'y a plus de production d'engrais possible, on cultive sans fumer ; la continuité de ce régime dévastateur porte atteinte à la fertilité native du fond, et par une réaction inévitable, la prospérité publique se trouve elle-même atteinte : cela est si vrai que la moyenne des rendements pour le froment est à peine en France de 14 hectolitres, y compris les départements du Nord, et, pour les autres, à peine de 8 à 10 hectolitres.

Or, dans ces conditions, à quel taux revient le prix de l'hectolitre de blé? Il y a là un état de choses que l'avenir nous impose l'obligation de changer.

L'Allemagne, placée autrefois dans les mêmes conditions que nous, a réussi à s'en affranchir, avec hésitation d'abord, parce que les populations rurales ont commencé par résister, aujourd'hui avec une hardiesse, un ensemble et une décision qui doit changer radicalement les conditions d'existence de ce pays. Sur toutes les parties de l'Allemagne, on a procédé, depuis deux siècles, à une véritable liquidation territoriale; on a réuni, par voie d'échange, les parcelles éparses, supprimé les chemins de servitude, et converti en domaines agglomérés, où règne l'aisance, des terres autrefois sans liens et à moitié abandonnées.

Or, savez-vous le résultat de cette entreprise, aussi favorable aux intérêts de la nation qu'à ceux des particuliers? Un exemple me permettra de vous l'apprendre.

Je l'emprunte à M. Tisserand, inspecteur général de l'agriculture, qui a vu de ses yeux et touché de sa main ce qu'il rapporte :

« Le territoire de la commune de Hohenhaïda (Saxe), dit-il, comprenait 589 hectares appartenant à 35 propriétaires.

« On y comptait 774 parcelles d'une étendue moyenne de 57 ares.

« La réunion réduisit le nombre des parcelles à 60, d'une superficie moyenne de 9 hectares 82 ares, traversées pour la majeure partie par un seul chemin.

« Le travail a été exécuté en un an et a coûté 3,126 francs 25 cent., soit 5 francs 23 cent. par hectare.

« Par la diminution de la surface consacrée aux routes et aux clôtures, on a gagné 9 hectares 71 ares 58 centiares, c'est-à-dire plus que la dépense de la réunion territoriale; la conséquence de la réunion a été la nécessité d'agrandir tous les greniers pour recevoir l'augmentation des produits récoltés. »

Vous l'entendez :

Dépense	3,126 fr.
Surface conquise	9 hect. 71.

Ah ! je sais bien qu'en France, le jour qu'on voudra opérer une réforme de cette nature, on rencontrera des résistances sans nombre. La loi sur les héritages qui nous vient de la dernière Révolution a tellement surexcité certaines idées fausses à propos de la possession du sol, qu'il y a pour nous des obstacles sinon insurmontables du moins très-grands à vaincre, pour arriver à un résultat un peu significatif. Mais c'est à vous, c'est à moi, c'est à nous tous qui appartenons à la classe éclairée, de faire comprendre à la population que lorsque la terre est divisée à l'excès, il n'y a plus d'agriculture possible, que si l'on ne fume pas on porte atteinte à l'intérêt de tous, que lorsque la terre est morcelée au delà d'une certaine limite, le cultivateur doit renoncer à tout profit, que ne pouvant s'aider du travail des animaux, il devient un esclave attaché à la glèbe, et que la propriété qui devait l'émanciper devient l'instrument de sa servitude. Il faut faire entendre, nous les favorisés de ce monde, ces vérités aux pauvres déshérités qui vivent à la sueur de leur front, confiants dans le succès final. N'écoutant que la voix de l'intérêt public, nous devons nous raidir contre les résistances, nous donner la tâche de porter la conviction par l'exemple, par la persuasion, provoquer un courant d'opinion qui force le gouvernement à accomplir chez nous ce grand acte de reconstitution que l'Irlande a accompli chez elle, et que l'Allemagne poursuit de son côté avec la persuasion fondée qu'elle doit y puiser la plus solide assise de sa nouvelle constitution sociale.

Supposez pour un instant, et à titre de simple hypothèse, qu'au lieu de 20 ou 25 millions d'hectares représentés par 14 millions de cotes foncières dispersées entre 10 millions de propriétaires dont la moitié presque est dans l'indigence, cette vaste étendue divisée en petits domaines de 6 à 10 hectares : quel changement dans l'état économique et moral du pays? Production, famille, accroissement de la population, éducation, moralité, tout change, tout, et la France aujourd'hui meurtrie, abattue, déchirée, reprend sa fière attitude, et le cours éclatant de sa destinée. Emblème du droit contre la force, elle renoue le cours de ses traditions chevaleresques d'honneur et de générosité.

Savez-vous? Vous le savez, que depuis 1826 nous ne produisons plus assez pour notre subsistance?

Divisez cette période de quarante-six ans en quatre périodes décennales, mettez en regard pour chaque période ce qu'elle a produit et ce qu'elle a consommé, et vous verrez s'ouvrir devant vous le gouffre béant des déficits.

Suivez, pesez, méditez la gravité de cette progression :

	DÉFICIT ANNUEL en francs.
1827 à 1836	23 millions.
1832 à 1846	26 »
1847 à 1856	76 »
1866 à 1868	224 » (1)

Et ne le perdez pas de vue, ce déficit, je le restreins aux denrées agricoles les plus essentielles; si l'on allait au delà, si on y comprenait le bois de construction et la laine, on atteindrait le chiffre de 500 millions. C'est celui affirmé par M. Pouyer-Quertier.

Au taux de 5 pour cent, l'intérêt de 10 milliards!

Oh! je sais bien que, pour un pays comme la France, un déficit de 250 et même de 500 millions n'aurait qu'une importance très-secondaire, si ce

(1) Voyez pour plus de détails, ma conférence sur le renchérissement de la vie, au *Journal officiel* du 7 mars 1870.

déficit était accidentel et passager. S'il avait ce caractère éventuel, je ne m'y arrêterais pas, je n'en parlerais pas ; mais du moment que ce déficit est continu, qu'il devient permanent, pas d'illusion : il accuse un état de souffrance et de malaise organiques, dont le ralentissement dans l'accroissement de notre population confirme la gravité.

Tandis que les nations qui nous environnent voient doubler leur population en cinquante ou soixante ans, il nous faut, à nous, cent trente ans. Au commencement de ce siècle, avant les guerres du premier Empire, nous étions sous le rapport du nombre une des premières nations de l'Europe; aujourd'hui nous tendons à descendre au troisième et même au quatrième rang. C'est ici une question d'arithmétique, par conséquent il n'y a pas à discuter; combien cette situation est grosse d'incertitudes pour le présent, de menaces pour l'avenir!

Depuis six ans, je m'efforce d'attirer l'attention des grands dépositaires du pouvoir sur ce mal qui nous ronge, depuis six ans je ne cesse de répéter sur tous les tons : Prenons garde, la première richesse d'une nation, c'est sa population. Il y a un rapport intime entre la puissance productive d'un État et l'accroissement de ses habitants. Sur nos quatre-vingt-dix départements, il y en a trent-cinq où la vie recule refoulée par la mort. Prenons garde, les peuples qui nous environnent grandissent plus que nous en nombre. Malheur à nous!

nous serons envahis, submergés, vaincus, etc. Hélas! ma voix est restée sans écho; mais soudain la guerre, l'invasion, la défaite, se précipitent sur nous. Sous l'étreinte du malheur, puis-je me résoudre au silence? Non, tant qu'il me restera un souffle, je redirai sans trêve ni repos :

Oh! mon pays, noble berceau de l'honneur et du droit : de l'honneur dans ce qu'il y a de plus généreux, du droit dans ce que le droit a de plus humain, veux-tu reprendre ta place dans le concert des nations; continuer ta mission prédestinée d'initiateur à toutes les conquêtes de la pensée; vite, arrête les effets funestes de cette loi maudite sur les héritages; réunis, rattache, féconde tous ces lambeaux épars de ton sol appauvri; donne à la famille une assise plus solide, et, cette œuvre accomplie, attends, l'oreille attentive aux traditions de ton histoire, les beaux jours que le soleil de la liberté doit éclairer!

Et vous, enfants dont l'épanouissement insouciant fait à la fois ma douleur, mon espérance et ma consolation, écoutez ce présage :

L'homme est venu en ce monde, pauvre, déshérité, sans abri, sans moyen de défense; tout semblait le menacer d'une fin prochaine, et pourtant il a conquis le monde, et finira par commander en souverain à la création.

Au cours des fleuves, il a demandé ses premiers moyens de transport; à la force impulsive du vent ses premiers moteurs; à la transparence du cristal la faculté de pénétrer les abîmes des cieux ; à un minerai sans éclat, l'aimant, un guide infaillible pour le diriger sur l'immensité des mers ; à l'électricité la suppression de l'espace pour faire rayonner sa pensée ; à la vapeur l'extension de sa faculté productive à des limites qui saisissent la pensée d'épouvante.

Enfants, tout cela est grand, n'est-ce pas ? Eh bien ! tout cela n'est rien devant ce qui se prépare !

Jusqu'ici l'empire de l'homme a été confiné dans le domaine des créations inertes. Entendez dans le lointain ce frémissement qui agite les peuples : c'est le présage de l'œuvre de vie qui commence. L'homme a vécu jusqu'ici sous l'empire de conditions obscures et précaires qui le dominaient : pour lui la vie va commencer sous l'empire de conditions agrandies qu'il connaîtra, qu'il réglera, qu'il dominera. Aux périodiques émigrations que le défaut de subsistances impose encore aux nations, véritables exodes de la faim, la science fera succéder la sécurité par le travail, rendu plus fécond au sein de populations dix fois plus nombreuses.

Enfants, heureux ceux d'entre vous qui seront associés à cette immense et souveraine évolution de la destinée humaine !

Pardonnez, Messieurs, à cet entraînement d'une pensée que la plus pure douleur patriotique illumine de sa foi, et qu'un travail sans trêve inspire et soutient !

Mais revenons, comme toujours, aux intérêts de la pratique.

Je laisse de côté les questions morales, elles sortent de mon domaine; je ne veux voir, dans les grands intérêts que la cause agricole résume, que les actes de l'ordre économique qui peuvent en affecter la prospérité. Voyez quelles fautes nous avons commises. La terre est le principal instrument de la production, n'est-il pas vrai? Eh bien! qu'avons-nous fait? Non content de pousser à l'émiettement de la terre, par notre législation sur les héritages, par notre système de procédure trop onéreux le fisc anéantit sans retour quatre à cinq mille héritages par an.

Vous doutez. Attendez mes preuves :

Les frais auxquels entraîne la liquidation après décès d'un immeuble de 400 ou 500 francs dépassent en importance la valeur de l'immeuble (1). L'effet d'une pareille disposition est facile à prévoir dans un pays où la propriété est divisée à l'excès.

Ce n'est pas tout. La terre étant un instrument de travail, et en importance le premier de tous, il

	VALEUR de l'immeuble.	FRAIS d'adjudication.	POUR 100 de la valeur.
(1) Au-dessus de 500 fr.	276	341	123
De 500 fr. à 1,000 fr.	751	362	48
De 1,000 fr. à 2,000 fr.	1,501	373	25
De 2,000 fr. à 5,000 fr.	3,350	411	13

Et remarquez que ces chiffres étaient ceux antérieurs aux derniers impôts.

serait judicieux d'en favoriser le déplacement par des droits de mutation modérés.

Eh bien ! non. Cet axiome a été lui aussi méconnu. Avant la guerre, les droits de mutation étaient de 6 pour 100. Aujourd'hui ils sont de 10 pour 100 ; trois années de revenu. Vous avez mal engagé une opération ? Elle est trop forte ou trop exiguë pour vos moyens ? Vous devez y rester enchaîné, dût-elle vous dévorer !

Enfin, comme dernière expression de cette situation déplorable, vient l'article 2102 du Code civil, qui prive le cultivateur de la libre disposition de sa chose : voilà un fermier dont le cheptel vaut 100 ou 150,000 francs, il ne peut s'en servir pour emprunter 10,000 francs, le privilége du propriétaire le lui interdit, la loi le dit, la loi le veut. L'intégralité du cheptel du fermier doit servir de gages au propriétaire, non-seulement pour les baux échus, pour les baux courants, mais pour les baux à venir !

Et les récoltes sur pied, ce fruit immédiat du travail de lui et des siens? Le fermier peut-il du moins en disposer? Pas davantage. Acquises par droit de préférence au propriétaire.

Immobiliser, frapper d'atonie un capital liquide de 150,000 ou 200,000 francs pour garantir une rente de 10,000 à 15,000 !

De bonne foi, sommes-nous des sauvages ou des hommes civilisés?

Non content d'enchaîner le travailleur, vous paralysez l'instrument de travail, qui prime tous les autres, et vous êtes surpris de l'état de malaise qui vous mine, agite les masses, et sème parmi vous la révolution? Mais voyez, plus on approfondit ces questions, et plus s'impose à nous la nécessité évidente et pressante de sortir de cette situation, d'en sortir comme un peuple libre doit le faire, par le droit, l'instruction sous toutes les formes, et surtout par la liberté et l'initiative des intéressés.

Le gouvernement ne sait pas, ne voit pas, ne peut pas, absorbé qu'il est par les solutions incidentes de tous les instants. A vous, à moi, à nous tous, fils éprouvés du XIXe siècle, le devoir de le remplacer.

Trêve aux controverses de parti. De parti, il n'y en a plus qu'un, celui de la France; plus qu'un drapeau, celui du bien public. A l'œuvre donc! Instruits par le malheur, faisons-nous un devoir d'éclairer l'opinion; par l'opinion, entraînons les pouvoirs publics. Le sol est asservi, émancipons le sol pour arriver plus tard à l'émancipation du travail agricole, et par lui, à donner aux masses la vie à bon marché, et finalement à notre pays la sécurité, le calme et la prospérité, sous la protection de la pratique sincère et loyale de la liberté.

[illegible] avons plus [illegible] de l'[illegible] qui [illegible] les, agite les masses, et [illegible] tion? Mais voyez, plus [illegible] é, et plus [illegible] à nous [illegible] pro[illegible] [illegible] [illegible] la liberté [illegible] [illegible] [illegible] [illegible] [illegible] [illegible] le pa[illegible] [illegible] [illegible] le [illegible] [illegible] [illegible] A [illegible] [illegible] -nous [illegible] opinion [illegible], calculons [illegible] bles [illegible] [illegible] et par [illegible] blé, [illegible] notre pays [illegible] e et la [illegible], sous la protection de que sincère [illegible]

SEPTIÈME ENTRETIEN.

LE BÉTAIL. — SON RÔLE ET SON IMPORTANCE DANS UNE EXPLOITATION AGRICOLE.

Messieurs,

J'arrive au point culminant de la question agricole, le bétail, où s'arrête le travail de transformation que la culture poursuit et doit accomplir.

Que n'a-t-on pas dit et surtout que ne m'a-t-on pas fait dire à propos du fumier et du bétail?

Tant qu'il ne m'a pas paru utile de répondre, j'ai laissé dire. Il fallait donner à l'opinion le temps de se recueillir et de s'affirmer.

Aujourd'hui que la doctrine des engrais chimiques, admise partout, en France comme à l'étranger, ne rencontre plus que l'infime opposition de petites rancunes personnelles, le moment de s'expliquer est venu. Parlons donc du bétail.

Je prends la question au point où je l'ai laissée l'année dernière, lorsque, répondant au brave capitaine devenu agriculteur qui sollicitait de moi un plan de culture, je lui disais : Remplissez vos granges de foin et de paille, fumez vos prés avec des engrais tirés du dehors, et lorsque vous serez riche de nourriture, alors le moment sera venu de penser au bétail.

Ajoutons à ce conseil quelques déclarations de principes pour prévenir les équivoques et défier les mal entendus.

Le bétail est-il indispensable pour faire de la bonne culture? Non. Depuis les engrais chimiques, il a perdu sans retour le caractère de moyen exclusif de fertilisation que le passé lui avait octroyé.

Sans fumier la terre est-elle exposée à perdre une partie de ses qualités natives? Non. Car les engrais chimiques lui rendent plus que les récoltes ne lui prennent.

Est-il vrai que la culture, où la prairie occupe la même surface que la terre labourée, donne à l'exploitant sécurité et profit? Non, ce système ne donne ni profit, ni sécurité, car il épuise le sol.

Ces déclarations en appellent, de ma part, une dernière bien différente, mais non moins nécessaire, pour rester fidèle aux habitudes de sincérité dont je ne me dépars jamais.

Du bétail, je ne me suis jamais occupé. Lorsqu'il s'agit de la végétation, des questions d'assolement, d'engrais, ou de l'analyse du sol, je parle toujours au nom d'expériences qui me sont personnelles ou d'expériences dont je puis me porter garant.

A l'égard du bétail, bien différente est ma situation. Je n'ai jamais fait d'expériences, et pratiquement le sujet n'est pas de mon domaine. Cependant, entraîné par la force des choses, je me suis enquis depuis plusieurs années des recherches les plus estimables dont le bétail a été l'objet; j'ai voulu connaître les résultats des expériences publiés à l'étranger, et à mesure que les faits me sont devenus plus familiers, une lumière soudaine s'est produite dans mon esprit.

J'ai trouvé, à ma grande surprise, que les lois qui président à la formation de la substance animale, sont les mêmes que celles qui président à la formation des végétaux, et que les conditions économiques qui rendent la culture rémunératrice, s'appliquent pareillement à l'élève du bétail. Les êtres sur lesquels on opère sont différents, les substances qui servent à leur production différentes aussi, mais je le répète, les lois qui règlent l'accroissement des plantes et des animaux sont les mêmes.

Lorsque j'ai tenté pour la première fois de définir dans ses effets et dans sa cause le travail si complexe de la végétation, j'ai pris comme terme de comparaison la formation des minéraux où les phénomènes sont plus simples, me fondant autant sur les contrastes que sur les analogies pour fixer le jeu des actions multiples dont les végétaux sont le résultat.

Je suivrai aujourd'hui la même méthode. J'ai senti vibrer trop longtemps sous ma main les activités de la vie végétale pour ne pas utiliser ce puissant moyen de contrôle et d'investigation. Sachant comment les végétaux naissent, vivent et meurent, je me servirai des végétaux comme d'une pierre de touche pour définir, à l'aide d'un perpétuel parallèle, les conditions qui président à la formation de la substance animale.

Mais laissez-moi, Messieurs, vous le répéter une fois encore, si, sur le domaine de la végétation, la théorie et la pratique marchent toujours chez moi de concert, et se prêtent un mutuel appui, à l'égard du bétail je ne suis plus qu'un homme de théorie. En paix avec moi-même par cette déclaration, je n'éprouve plus d'hésitation à vous livrer la première tentative de synthèse, qui me semble devoir ramener à des lois communes, l'élève du bétail et la production des végétaux.

Mais comme la pratique est le but suprême auquel tendent tous mes efforts, avant de pénétrer le jeu des conditions qui règlent la production de la substance animale, permettez que je fixe, à l'aide de quelques chiffres, la place que le bétail occupe dans une exploitation lorsqu'on n'y emploie que du fumier, quelle part de capital il immobilise, de quels aléas il est la source et quel profit il donne, si tant est qu'il en produise.

En d'autres termes, fixons exactement sa place et son rôle dans l'organisme d'une exploitation qu'il est appelé à pourvoir seul d'engrais.

Je prends comme exemple la ferme si souvent citée de Bechelbronn, à l'époque où M. Boussingault la dirigeait.

Sur 110 hectares dont se compose le domaine, la prairie entre pour 60 hectares.

Terre labourée............	50 hectares.
Prairie..................	60 —

Première conclusion : Si ce système a un mérite, ce n'est pas à coup sûr celui de la simplicité, puisque pour entretenir la fertilité de 50 hectares de terre il faut à titre d'impedimenta 60 hectares de prairie, sans parler des étables et du bétail.

Le système rachète-t-il du moins ce désavantage par les grands profits qu'il procure? non, car pour un capital engagé de 35 à 40,000 fr. c'est à peine si on obtient 3,333 fr. de bénéfice. C'est là vous en conviendrez un maigre résultat.

Ce bénéfice a lui-même pour origine la vente de 11,045 fr. 87 de denrées végétales. Mais pour assurer la continuité, la permanence de cette exportation, source présumée du profit, il faut produire parallèlement pour 14,269 fr. 09 de denrées animales qui ne figurent dans le budget de l'exploitation que pour compte d'ordre. Par conséquent, la plus grande partie du capital se trouve absorbée par cette partie des services qui ne donne pas de profit, attendu qu'à ce mouvement de 14,269 fr. 09 que je viens d'indiquer, il faut ajouter la valeur des animaux qui n'est pas inférieure à 13,000 fr.

Tout est trop grave ici, Messieurs, pour vous en tenir à ces affirmations générales; reprenez donc en sous-œuvre chacune de mes déclarations, et vérifiez l'un après l'autre tous les articles de cet important budget dont je place le détail sous vos yeux, et que pour la facilité de la discussion, je résume ensuite sous une forme plus sommaire.

On n'y employait comme engrais que le fumier de ferme. — Les

Débit.

LA CULTURE.			Pour 50
			fr. c.
Rente de la terre 90 fr. par hectare			4,500,00
Frais de culture			5,340,46
Fumier			3,702,61
Bénéfice			2,700,00
			16,243,07
LES ANIMAUX.			
Consommation :		fr. c.	
1837 quintaux de foin et de regain	à 3 fr. 60 c.	6,613,20	11,810,40
561,2 — trèfle fané	à 3 » 15 »	1,767,78	
325 hectolitres d'avoine	à 4 » 54 »	1,475,50	
293,6 quintaux de pommes de terre	à 2 » 14 »	628,30	
654,2 — betteraves	à 1 » 22 »	798,12	
422 — paille	à 1 » 25 »	527,50	
4 hectolitres et demi de pois (prix d'achat), à 20 » 00 »			90,00
Intérêt à 6 p. 100 du capital en bétail et porc (8,115 fr.)		486,90	6,071,30
Intérêt à 13 1/2 p. 100 du capital en chevaux (5,500 fr.)		433,15	
Gages du vacher		417,40	
— de la vachère		392,00	
— du porcher		448,00	
— de 3 garçons de charrue à 456 fr. 40 c.		1,369,20	
Intérêts pour 6 mois des dépenses en gages		73,85	
Travail du forgeron		401,15	
— charron		169,10	
— tonnelier		11,40	
— bourrelier		212,80	
Bottelage du foin et de la paille		233,65	
Intérêt pour 6 mois à 5 p. 100 des dépenses mentionnées		25,70	
Solde du vétérinaire et médicaments		109,30	
Pour châtrer 33 porcs et 5 taureaux		15,60	
Fournitures diverses : huiles, sel, cuir, etc		542,10	
Valeur des voitures, charrues, harnais, machines, outils, évalués suivant inventaire à 7,300 fr., intérêt à 10 p. 100		730,00	
			17,971,70
LA PRAIRIE.			
Rente de la terre			5,410,00
Frais de culture			2,415,45
Bénéfice			633,00
			8,458,45

Résumé : Bénéfice par la culture : 2,700 fr. — Par les ani-

rendements étaient précaires. — Le bénéfice de 3,333 fr. par an.

CRÉDIT.

hectares.

LA CULTURE.

		fr. c.	fr. c.
	PRODUITS VÉGÉTAUX EXPORTÉS :		
56,270 kil.	Pommes de terre, à 4 fr. 50 c.	2,532,15	11,045,87
13,620 »	Betteraves....... à 1 » 60 »	217,92	
1,960 »	Trèfle........... à 5 » 50 »	107,80	
371 h. 60	Froment........ à 19 » 50 »	7,246,20	
22,680 kil.	Paille de froment, à 2 » 50 »	567,00	
18,740 »	Paille d'avoine... à 2 » 00 »	374,80	
	PRODUITS VÉGÉTAUX CONSOMMÉS :		
29,360 kil.	Pommes de terre, à 2 fr. 14 c.	628,30	5,197,20
65,420 »	Betteraves....... à 1 » 22 »	798,12	
56,120 »	Trèfle........... à 3 » 15 »	1,767,78	
42,200 »	Paille de froment, à 1 » 25 »	527,50	
325 hect.	Avoine......... à 4 » 54 »	1,475,50	
			16,243,07

LES ANIMAUX.

	Quintaux.		
Poids vivant acquis par l'étable à 42 fr. 50 c. les 100 kil..	135	5,737,50	12,961,50
Lait qui n'a pas été consommé pour l'élève à 12 fr. le quintal (97 litres)	282	3,384,00	
Poids acquis par la porcherie, à 60 fr. les 100 kilos....	21	1,260,00	
1290 journées de chevaux disponibles à 2 fr. par jour.......		2,580,00	
Journées de travail, 1504 de chevaux et 345 de vaches			1,307,59
710 *tonnes de fumier à* 5 *fr.* 20 *c., pour balance*			3,702,61
			17,971,70

LA PRAIRIE.

1,837 quintaux de foin consommé à 3 fr. 60 c.	6,613,20	8,458,45
335 — 50 de foin exporté... à 5 » 50 »	1,845,25	
		8,4 8,45

maux : 0,000 fr. — Par la prairie : 633 fr. — TOTAL : 3,333 francs.

13.

Dans tout ce qui va suivre j'aurai constamment recours à des budgets résumés, conçus sur ce modèle et dans lesquels les résultats généraux sont plus faciles à suivre et à discuter.

1er BUDGET RÉSUMÉ DE LA FERME DE BECHELBRONN.

L'EXPLOITATION EST SOUMISE AU RÉGIME EXCLUSIF DU FUMIER ;

LES DENRÉES DE CONSOMMATION SONT COMPTÉES AU PRIX DE REVIENT.

Chapitre Ier. — La culture.

DÉBIT.			CRÉDIT.		
Rente de la terre.	4,500 fr.	00	Produits végétaux exportés......	11,045 fr.	87
Frais de culture..	5,340	46	Produits végétaux consommés....	5,197	20
710 tonnes de fumier à 5 fr. 20.	3,702	61			
Bénéfice pour balance....	2,700	00			
	16,243 fr.	07		16,243 fr.	07

Chapitre II. — Le détail.

Nourriture......	11,900 fr.	40	Produits animaux.	12,961	50
Frais de toute nature........	6,071	30	Journées de travail...........	1,307	59
			710 tonnes de fumier à 5 fr. 20 pour balance..	3,702	61
	17,971 fr.	70		17,971 fr.	70

Chapitre III. — LA PRAIRIE.

Rente de la terre.	5,410 fr.	00	1837 quintaux métriques de foin consommé à 3 fr. 60 (prix de revient).	6,613 fr.	20
Frais de culture...	2,415	45	325 quint. métr. de foin exporté à 5 fr. 50........	1,845	25
BÉNÉFICE POUR BALANCE....	633	00			
	8,458 fr.	45		8,458 fr.	45

SOURCES DU PROFIT.

LA CULTURE...........................	2,700 fr.	00
LA PRAIRIE PAR UNE EXPORTATION DE FOIN.	633	00
TOTAL...............	3,333 fr.	00

J'avais admis que la totalité du bénéfice provenait de la culture, pour donner plus de simplicité à mon exposition, mais vous voyez que la prairie y contribue pour un cinquième environ par une exportation de foin, ce qui réduit d'autant le bénéfice attribué à la culture et donne un surcroît de force aux critiques qu'on a pu adresser au système.

Mais ce n'est pas tout. Ce compte, exact dans sa généralité, est néanmoins un tissu d'illusions. Les pailles et les fourrages sont livrés aux animaux au prix de revient. Or c'est là une affectation à la fois arbitraire et défectueuse, contre laquelle je n'ai cessé de protester avec la plus grande énergie depuis 1867. A l'appui de mon opinion j'ai invoqué l'exemple des distilleries et des fabriques de sucre. Leur compte-t-on les betteraves au prix de revient? Non. Pourquoi procéder autrement à l'égard des étables?

Si vous faites cette rectification à laquelle on ne peut se soustraire, au lieu de se solder par un bénéfice de 2,700 fr., le compte de la culture accuse au contraire une perte de 530 fr., et par un renversement facile à prévoir, la prairie devient la source de tout le profit. Quant au bétail, dans les conditions de nourriture précaire et mal pondérée qui lui sont faites, il continue à rester un impedimenta, et, chose qui ne peut vous échapper, le fumier qui était coté dans le premier compte à 5 fr. 20 la tonne, ressort maintenant à 14 fr. 90 c'est-à-dire à 3 fr. au moins au-dessus de sa valeur réelle.

Résumons dans un compte nouveau, rectifié comme je viens de l'indiquer, les résultats de l'exploitation. Nous verrons ensuite à en tirer les enseignements qui en découlent :

2e BUDGET. — LA FERME DE BECHELBRONN

EST SOUMISE AU RÉGIME EXCLUSIF DU FUMIER

LES DENRÉES DE CONSOMMATION SONT COMPTÉES AU PRIX DU MARCHÉ.

Chapitre Ier. — La culture.

DÉBIT.			CRÉDIT.		
Rente de la terre.	4,500 fr.	00	Produits végétaux exportés.......	11,045 fr.	87
Frais de culture..	6,084	07	Produits végétaux consommés....	9,597	02
710 tonnes de fumier à 14 fr. 90.	10,588	82	Perte.....	530	00
	21,172 fr.	89		21,172 fr.	89

Chapitre II. — Le détail.

Nourriture.......	19,790 fr.	52	Produits animaux.	12,961	50
Frais de toute nature...........	6,071	30	Journées de travail...........	2,311	50
			710 tonnes de fumier à 14 fr. 90 pour balance...	10,588	82
	25,861 fr.	82		25,861 fr.	82

Chapitre III. — La prairie.

Rente de la terre.	5,410 fr.	00	1,837 quint. métr. de foin consommé à 5 fr. 50...	10,103 fr.	50
Frais de culture..	2,675	75	335 quint. métr. de foin exporté à 5 fr. 50........	1,845	25
Bénéfice..	3,863	00			
	11,948 fr.	75		11,948 fr.	75

RÉSULTAT FINAL.

Bénéfice sur la prairie....	3,863 fr.
Perte sur la culture.......	530 fr.
Bénéfice net.........	3,333 fr.

Je le répète, le compte de la culture se balance par une perte de 530 fr.; ce qui est tout simple, puisque le fumier y figure à 15 fr. la tonne, et qu'il en vaut à peine 10 à 12.

Mais outre que le fumier est trop cher, la quantité produite est trop faible, pour obtenir de fortes récoltes.

Or, ne savons-nous pas que les récoltes intensives seules sont rémunératrices?

Fumure insuffisante.

Prix du fumier trop élevé. — Pas de bénéfice.

Mais du moment que la prairie donne du profit, et qu'elle ne reçoit pas de fumier, n'est-il pas évident que cette forme spéciale de l'engrais n'est pas la condition impérative du succès?

D'autre part, puisqu'il y a profit, n'est-ce pas le témoignage que la prairie reçoit par l'irrigation plus d'engrais que les terres labourées n'en reçoivent elles-mêmes par le fumier qu'on leur donne?

La conclusion est donc forcée. Pour avoir du profit il faut mieux fumer la terre et pour cela recourir comme pour la prairie à des engrais tirés du dehors.

Revenons à l'examen des éléments du compte.

Vous ne pouvez manquer de remarquer, Messieurs, que dans ce nouveau compte les frais de toute nature ont éprouvé un notable accroissement. C'était inévitable. Du moment que sortant du domaine de l'arbitraire et de la fantaisie, on compte aux étables le fourrage et la paille à leur prix réel, le prix du fumier passe de 5 fr. 20 la tonne à 14 fr. 90, et la dépense de ce chef de 3,702 à 10,588 francs : c'est l'explication de la perte que j'ai déjà signalée.

Les frais de culture ont subi eux-mêmes un notable accroissement, mais cette fois le surcroît de dépense se trouve balancé par la surélévation du prix des journées des attelages dont le compte des animaux est crédité.

Cette manière rigoureuse d'établir les comptes n'est guère conforme aux habitudes du monde agricole, mais outre le mérite de bannir les fictions, elle a l'avantage de mettre le budget du domaine en harmonie avec la réalité économique du milieu qui lui sert de cadre.

Cependant, malgré leur intérêt, ces rectifications n'ont qu'une importance secondaire. Le fait capital et inattendu qui ressort de ce deuxième budget, nous est offert par la prairie.

Au lieu de continuer à y figurer à titre de simple compte d'ordre, la prairie devient au contraire la source de tout le profit. Et pourtant le foin n'est compté qu'au prix de 55 fr. les 1,000 kilog.

Toutes ces rectifications opérées, le résultat final

n'est pas changé, le profit obtenu est toujours de 3,333 fr. Devant cette fixité, seriez-vous tenté de m'objecter que mes raisonnements vous trouvent en somme assez indifférents, parce qu'à vos yeux, il n'y a en tout ceci que des jeux d'écriture? Gardez-vous, Messieurs, de céder à cette tentation.

Que dit en effet le premièr compte? Que la culture fait des profits. — D'où cette conclusion que la terre est suffisamment fumée. Vous voilà sans inquiétude, rien ne vous convie, rien ne vous sollicite à faire mieux. Accroître le bétail? On n'y saurait songer. La prairie absorbe plus de terre que la culture elle-même, qui est la source de tout le profit. Sous le mirage d'une illusion qui vous trompe, vous continuerez donc les traditions qu'on vous a léguées.

Vous continuerez donc à produire:

18 hectol. de froment par hectare.
12,000 kilogr. de pommes de terre.
26,000 kilogr. de betteraves!

Que dit le second compte? Que le fumier coûte plus cher à produire qu'il ne vaut, il dit de plus que la terre n'est pas suffisamment fumée. Une telle situation est-elle sans remède? Non. Une prescription est là toute prête pour la faire cesser. Importez des engrais; fumez plus abondamment à la fois les terres labourées et la prairie; élevez le produit de toutes les cultures indistinctement.

Le premier compte est un sédatif qui vous donne une fausse sécurité.

Le second compte est au contraire un aiguillon qui vous tient en haleine et vous excite à faire mieux.

Lequel devez-vous préférer ? Vous n'hésitez plus, vous vous ralliez au second. Mais en pareille matière, votre adhésion ne peut se borner à une décision de paralytique — le compte signale un vice constitutionnel dans les rouages de l'exploitation — pas d'hésitation, vous vous hâtez de remédier au mal. Mettant à profit les enseignements de la science sur l'emploi des engrais chimiques, vous donnez à la prairie, pour 100 fr. par hectare de superphosphate de chaux et d'azote, à la culture pour 120 fr. de superphosphate, d'azote, de potasse et de chaux. Le résultat est immédiat, soudain et presque magique, car tout gagne désormais, culture et prairie. Jugez-en vous-même par ce 3e budget :

3e BUDGET. — LA FERME DE BECHELBRONN

EST SOUMISE AU RÉGIME MIXTE DU FUMIER ET DES ENGRAIS CHIMIQUES. LES DENRÉES DE CONSOMMATION SONT COMPTÉES AU PRIX DU MARCHÉ. LE BÉTAIL EST MAL RATIONNÉ.

Chapitre Ier. — LA CULTURE.

DÉBIT.			CRÉDIT.		
Rente de la terre.	4,500 fr.	00	Produits végétaux exportés.......	16,568 fr.	80
Frais de culture..	7,098	01	Produits végétaux consommés....	9,597	02
710 tonnes de fumier à 14 fr. 90.	10,588	82	Produits végétaux pour le bétail et pour l'exportat.	4,798	51
Engrais chimiques.	6,000	00			
BÉNÉFICE..	2,777	50			
	30,964 fr.	33		30,964 fr.	33

Chapitre II. — Le bétail.

Nourriture.......	19,790 fr.	52	Produits animaux.	12,961 fr.	50
Frais de toute nature...........	6,071	30	Journées de travail...........	2,311	50
			710 tonnes de fumier à 14 fr. 90 pour balance...	10,588	82
	25,861 fr.	82		25,861 fr.	82

Chapitre III. — La prairie.

Rente de la terre.	5,410 fr.	00	1,837 quint. métr. de foin pour la consommation..	10,103 fr.	50
Frais de culture..	3,121	50			
Engrais chimiques.	5,000	00			
Bénéfice ..	10,360	50	2,507 quint. métr. pour l'export. à 5 fr. 50.	13,788	50
	23,892 fr.	00		23,892 fr.	00

RÉSULTAT FINAL.

Bénéfice par la culture............	2,777 fr.	50
Bénéfice par la prairie.............	10,360	50
Bénéfice total..............	13,138 fr.	00

L'amélioration est considérable. En effet, malgré un accroissement de dépense de 6,000 fr., cette dépense ayant porté uniquement sur des achats d'engrais d'une efficacité certaine, le compte de la culture se solde non plus par une perte de 530 fr., mais par un bénéfice de 2,777 fr., ce qui prouve une fois de plus jusqu'à la dernière évidence, la vérité de cette proposition qu'il faut élever au rang d'un axiome, à savoir, que pour être rémunératrice la culture exige au-dessus de toute autre prescription, qu'on donne à la terre, toute la somme des agents de fertilité que les plantes peuvent utiliser.

A ce prix seulement les récoltes sont abondantes. A ce prix seulement elles sont la source d'un profit assuré.

Mais à côté de ce premier enseignement, l'examen approfondi du compte, nous dévoile un vice dans l'exploitation auquel il est urgent de remédier.

Le fumier revient décidément trop cher. Au taux de 14 fr. 90 la tonne, il est de 3 fr., au moins au-dessus de sa valeur réelle. Quelle peut être la cause de ce prix excessif? Il n'y en a qu'une seule. Le bétail est imparfaitement rationné. Des éleveurs du plus grand mérite affirment qu'en fixant d'après certaines règles l'alimentation des animaux[1], les opérations sur le bétail laissent le fumier comme bénéfice, ce qui porterait le profit annuel à Bechelbronn à 13,921 fr. au lieu de 3,333 fr. (1)

---

(1) Compte d'une opération d'engraissement effectués à Haningen, près Cologne sous la direction de M. Eisben.

	fr.
Achat de 240 bœufs à 397 fr. 073	95,297,50
Frais d'écurie et soins	1,575,00
Vétérinaire, pharmacien	83,50
A reporter	96,956,00

Sans nier la possibilité d'un tel résultat, je crois prudent d'y mettre plus de réserve. Au dire de M. Kühn dont l'autorité ne peut être contestée, lorsqu'on applique au rationnement des animaux les préceptes dont je vous entretiendrai bientôt, on gagne sur les résultats obtenus par les anciennes méthodes 1 f. 50 par quintal métrique de foin consommé. Or cette consommation étant à Bechelbronn de 1,837 quintaux métriques, il ré-

---

Report		96,956,00
Frais généraux		1,187,50
Frais de conduite		645,00
19,200 rations journalières, renfermant sans la paille et les résidus centrifuges :		
Tourteau	24,000 kil.	3,738,75
Foin de trèfle, luzerne	48,000 »	3,600,00
Grains égrugés et son	22,350 »	8,974,62
Sel		209,62
Huile brute de colza		264,40
Résidus centrifuges par jour et par tête, 50 kil. frais, ou 40 kilogr. aigres à 0 fr. 50, soit pour 19,200 rations		9,600,00
Paille et balles à 10 kilogr. par jour et par tête à 1 fr.875 les 50 kilogr, soit pour 19,200 rations.		7,200,00
		132,375,89
Les 240 bœufs engraissés dans une période de 80 jours, vendus en moyenne 563 fr. 18		135,166,81
Bénéfice		2,790,92

Soit 11 fr. 63 de bénéfice par tête de bœuf avec le fumier en plus. (Kühn, *Engraissement des bêtes à l'engrais*, page 289)

Il est bien regrettable que ce compte ne soit pas plus détaillé.

G. V.

sulterait de ce chef un surcroît de produit sur les animaux de 2,755, fr. 50, ce qui ferait descendre le prix du fumier de 14 fr. 90 à 11 fr. qui est sa valeur réelle — mais par une réaction facile à prévoir, le compte de la culture se trouverait lui-même affecté par cette réduction, à ce point que le bénéfice passe de 2,777 fr., à 5,533 fr. ce qui conduit à ce quatrième budget :

4e BUDGET. — LA FERME DE BECHELBRONN

EST SOUMISE AU RÉGIME MIXTE DU FUMIER ET DES ENGRAIS CHIMIQUES.

LES DENRÉES DE CONSOMMATION SONT COMPTÉES AU PRIX DU MARCHÉ.

LE BÉTAIL EST BIEN RATIONNÉ.

Chapitre Ier. — LA CULTURE.

DEBIT.			CRÉDIT.		
Rente de la terre..	4,500 fr.	00	Produits végétaux exportés.......	21,367 fr.	31
Frais de culture..	7,098	01	Produits végétaux consommés....	9,597	02
710 tonnes de fumier à 11 fr. 03.	7,833	32			
Engrais chimiques.	6,000	00			
BÉNÉFICE.....	5,533	00			
	30,964 fr.	33		30,964 fr.	33

Chapitre II. — LE BÉTAIL.

Nourriture.......	19,790 fr.	52	Produits animaux.	15,717 fr.	00
Frais de toute nature..........	6,071	30	Journées de travail..........	2,311	50
			710 tonnes de fumier à 11 fr. 03 pour balance...	7,833	32
	25,861 fr.	82		25,861 fr.	82

Chapitre III. — La prairie.

Rente de la terre.	5,410	00	1,837 quint. métr. de foin pour la consommation..	10,103 fr. 50
Frais de culture..	3,121	50	2,507 quint. métr. pour l'export. à 5 fr. 50.	13,788 50
Engrais chimiques.	5,000	00		
Bénéfice.....	10,360	50		
	23,89 fr.	200		23,892 fr. 00

RÉSULTAT FINAL.

Bénéfice par la culture.........	5,533 fr. 00
Bénéfice par la prairie.........	10,360 50
Bénéfice total...........	15,893 fr. 50

Vous voyez que le compte des animaux se balance sans perte, ni profit. Dans ces conditions il y a cependant avantage à développer l'industrie du bétail, parce que les étables payent les fourrages au taux du marché, et que malgré ce haut prix, le fumier ne ressort qu'à 11 fr. la tonne, qui est, je le répète, l'expression de sa valeur réelle.

Ici se présente une nouvelle éventualité. Si le surcroît du produit donné par le bétail, au lieu de s'élever à 2,756 fr., atteignait 4,756 fr., comment faudrait-il établir le compte? Conviendrait-il de réduire le prix du fumier d'une valeur correspondante? non, il faudrait maintenir pour le fumier le prix de 11 fr., la tonne qui correspond à sa richesse, et porter l'excédent du produit en bénéfice.

De cette manière le compte deviendrait :

Chapitre II. — LE BÉTAIL.

DÉBIT.			CRÉDIT.		
Nourriture.......	19,790 fr.	50	Produits animaux.	17,717 fr.	00
Frais de toute nature..........	6,071	30	Journées de travail..........	2,311	50
Profit pour balance..........	2,000	00	702 tonnes de fumier à 11 fr. 15.	7,833	32
	27,861 fr.	80		27,861 fr.	82

Pour être conséquent avec ces principes : J'aurais dû dans le deuxième budget de Bechelbronn où le fumier est coté à 14 fr. 90 la tonne, procéder de la même manière : compter à la culture le fumier au prix de 11 fr. et imputer à titre de perte le surplus au chapitre des animaux. Ainsi :

Chapitre II. — LE BÉTAIL.

DÉBIT.			CRÉDIT.		
Nourriture.......	19,790 fr.	52	Produits animaux.	12,961 fr.	50
Frais de toute nature..........	6,071	30	Journées de travail..........	2,311	50
			710 tonnes de fumier à 11 fr...	7,833	32
			PERTE..........	2,755	50
	25,861 fr.	82		25,861 fr.	82

Je ne l'ai pas fait, pour mieux vous faire apercevoir comment dans l'esprit des agriculteurs, les pertes sur le bétail, se repercutent à leur insu sur le résultat de la culture.

Au surplus, pour mieux vous faire apercevoir la portée des transformations que ces divers comptes accusent, et traduire d'une manière plus saisissante les progrès qui leur correspondent, il me suffira d'en replacer les résultats sous vos yeux :

	PROFIT ANNUEL de l'exploitation.	
Culture au fumier seul, le bétail mal rationné.............................	3,333 fr.	00
Culture au régime mixte du fumier et des engrais chimiques, le bétail mal rationné.	13,138	00
Culture au régime mixte du fumier et des engrais chimiques, le bétail bien rationné.	15,893	50

Enfin comme les questions agricoles comprennent deux termes, l'intérêt du producteur qui demande un profit, et l'intérêt public qui réclame des récoltes abondantes pour obtenir la vie à bon marché, mettons en regard de la progression du profit celle de la valeur des récoltes elles-mêmes :

	VALEUR BRUTE des récoltes y compris les produits animaux.	
Culture au fumier seul, le bétail mal rationné.............................	47,864 fr.	64
Culture au régime mixte du fumier et des engrais chimiques, le bétail mal rationné.	70,129	33
Culture au régime mixte du fumier et des engrais chimiques, le bétail bien rationné.	72,884	83

Vous voyez par ce rapprochement que si les rendements intensifs sont les plus rémunérateurs, en somme le bénéfice produit par la culture l'emporte de beaucoup sur celui que donne le bétail, et par là combien il est peu judicieux de subordonner dans une exploitation agricole la culture aux animaux.

L'effet d'une importation d'engrais présente

dans la pratique de si grands avantages, que pour passer du régime sans profit, au régime à bénéfice il m'a suffi, non pas d'admettre la réalisation de rendements excessifs, mais de m'en tenir à la moyenne qui a été consacrée par plus de six mille témoignages venus de tous les pays.

Qu'ai-je supposé en effet ?

Que le rendement du froment passait de 18 hect. par hectare à 27 hect.
Celui de la pomme de terre de 12,000 kilogr. à 18,000 kilogr.
Celui de la betterave de..... 26,000 — à 40,000.

Mais là ne s'arrête point encore les enseignements que porte avec lui le dernier compte. Outre l'accroissement de profit, il se produit dans l'organisme du domaine un fait nouveau, une grande surabondance de fourrages et de paille. Qu'en fera-t-on ?

Vous avez sur ce point le choix entre trois solutions différentes :

Êtes-vous à proximité d'une grande ville ? Aucune solution ne peut soutenir le parallèle avec la vente pure et simple.

Ne pouvez-vous écouler vos fourrages, et ne disposez-vous que d'un capital restreint ? — Réduisez la surface consacrée à la prairie et faites aux cultures industrielles, au moyen des engrais chimiques, une part plus étendue.

Enfin se présente une troisième solution, qui dans certaines conditions peut l'emporter sur les deux premières : accroître le bétail.

De ces trois solutions quelle est la meilleure? Il est impossible de le dire *a priori*. La situation du domaine, la proximité ou l'éloignement des grands centres populeux, les moyens de transport, sont autant de conditions qu'il faut prendre en considération, car ils suffisent souvent pour donner la prééminence à l'une ou à l'autre de ces trois solutions.

Il ne peut vous échapper cependant quelles ressources inespérées la prairie, mise au régime intensif par une importation d'engrais, apporterait à l'exploitation où l'industrie du bétail serait rémunératrice.

La production du fourrage à Bechelbronn, abandonne à ses seules ressources, est de 1,837 (1) quintaux métriques par an, dont la consommation produit 710 tonnes de fumier : soumise au régime des engrais chimiques, la prairie passe de ce rendement à 4,344 quintaux métriques, qui donneraient 1,600 tonnes de fumier par an au prix de 11 fr. la tonne et 3,761 fr. de bénéfice sur les animaux grâce au rationnement.

Il y aurait lieu de présenter ici un 5e budjet pour résumer cette dernière transformation du domaine. Je ne le ferai pas, parce que je ne possède pas des données assez précises sur le produit des récoltes dans ces nouvelles conditions, et que sur des ques-

(1) La production réelle des fourrages à Bechelbronn est 2,162 quintaux métriques sur lesquels 325 sont exportés et vendus. La quantité consommée est donc de 1,837.

tions aussi graves il faut, de parti pris, bannir les hypothèses. Ce que j'en ai dit suffit pour fixer les questions de principe et montrer notamment que ne pas fumer la prairie est une faute aussi grave que de ne pas fumer les céréales. Voulez-vous du fumier à bas prix, importez d'abord des engrais, et dites-vous à satiété que la culture intensive n'est avantageuse qu'à ce prix. Seriez-vous tenté, pour combattre cette prescription qui est à mon sens absolue, d'invoquer l'exemple des industries qui donnent des pulpes et de vous prévaloir des avantages qui leur sont inhérents? Mais ce cas, loin d'infirmer la règle que je viens de poser, la consacre au contraire, attendu qu'un accroissement de nourriture né d'un travail industriel est, sous le rapport pratique, l'équivalent d'une importation d'engrais.

Et maintenant, Messieurs, que nous avons mis le bétail à son rang, maintenant que nous avons fixé la condition qui le fait entrer dans le concert des opérations à bénéfice, maintenant surtout que vous savez dans quel esprit j'aborde ce nouveau sujet, allons droit devant nous et sans plus de retard au vif de la question.

LA SUBSTANCE ANIMALE.

Le nombre des animaux connus n'est pas moins grand que celui des végétaux.

Si l'on tient compte des types inférieurs, des infusoires, des espèces microscopiques, c'est par centaines de mille qu'il faut les compter. Eh bien! faites sur les animaux, le travail que nous avons accompli sur les plantes; analysez, isolez les éléments qui les composent et ce sous les formes les plus variées, vous trouverez comme pour les végétaux, l'unité de substance exprimée par 14 éléments invariables, constants, et qui sont précisément ceux que les végétaux contiennent eux-mêmes.

Ces éléments sont, disons-nous, au nombre de 14, et forment deux séries parallèles, les éléments organiques, et les éléments minéraux.

Éléments de la production animale.

ORGANIQUES.	MINÉRAUX.
Carbone.	Phosphore.
Hydrogène.	Soufre.
Oxigène.	Chlore.
Azote.	Silicium.
	Fer.
	Manganèse.
	Calcium.
	Magnésium.
	Sodium.
	Potassium.

Par conséquent, à ne considérer les animaux et les végétaux que dans leur substance, on peut dire qu'ils relèvent d'un fond commun. Les rapports d'après lesquels ces éléments sont associés dans les deux règnes changent, mais leur nature intrinsèque reste la même.

Vous savez qu'entre les végétaux parvenus au terme de leur perfection évolutive et les substances qui ont servi à leur formation, viennent se placer deux séries remarquables de produits, non encore organisés mais en voie de le devenir.

Ces produits de transition ont pour destination principale de servir de trame à l'organisation des tissus ; on pourrait les appeler les éléments physiologiques de la vie végétale. Les chimistes les appellent des principes immédiats ; ils forment deux séries bien distinctes, les hydrates de carbone et les matières albuminoïdes.

Eh bien ! chose aussi remarquable qu'inattendue, il y a dans les animaux les mêmes principes immédiats. Ce tableau, qui vous a déjà été présenté, n'est pas spécial aux végétaux, il est commun aux deux règnes.

PRODUITS TRANSITOIRES

DE LA NATURE VIVANTE.

HYDRATES de carbone.	ALBUMINOÏDES.
Cellulose.	Albumine.
Gommes.	Caséine.
Amidon ou fécule.	Fibrine.
Sucres.	

Poussez plus loin le parallèle. Analysez les principes immédiats communs aux plantes et aux animaux, et vous leur trouvez la même composition et les mêmes propriétés. Pas de différence appréciable, identité complète, amidon, glucoses, albumine, fibrine, d'origine animale ou végétale se confondent à s'y méprendre. Jugez-en vous-même par ce rapprochement :

PRINCIPES IMMÉDIATS

COMMUNS AUX ANIMAUX ET AUX PLANTES.

	ALBUMINE.		CASÉINE.		FIBRINE.	
	animale.	végétale.	animale.	végétale.	animale.	végétale.
Carbone....	53,5	53,5	53,5	53,7	52,8	53,2
Hydrogène..	7,0	7,1	7,1	7,1	7,0	7,0
Oxygène....	23,7	23,3	23,6	23,5	23,7	23,4
Azote......	16,5	16,5	15,8	15,7	15,8	16,0

Poussez plus loin la comparaison, étendez-la au système organique où se produisent les premières manifestations de la vie, l'œuf et la graine.

Composition élémentaire : — elle est la même.

Composition immédiate : — encore la même.

Mieux qu'une longue énumération, ce tableau vous édifiera sur ce point.

COMPOSITION COMPARÉE DE L'OEUF ET DE LA GRAINE.

OEUF.	GRAINE.
Albumine.	Albumine.
Matières grasses.	Matières grasses.
Sucre de lait, glucose.	Amidon, dextrine congénère du sucre.
Soufre. Phosphore entrant dans les composés organiques.	Soufre. Phosphore entrant dans les composés organiques.
Sels divers. Phosphates.	Sels divers. Phosphates.
Eau 65 à 90 %.	Eau 10 à 12 %.

Des deux côtés, la composition est semblable. A part la dose d'humidité plus forte dans l'œuf que dans la graine, tout est pareil. Mais ce qui est plus inattendu peut-être, c'est que la condition qui imprime au germe végétal sa première impulsion, est celle qui détermine le premier essor du germe animal. Que faut-il aux deux? de l'humidité et de la chaleur. L'humidité, l'œuf la possède naturellement. Donnez-la à la graine, en la déposant sur une éponge mouillée, élevez la température et, dans les deux cas, la vie jusque-là latente, manifeste son activité.

La graine absorbe de l'eau, ses tissus se gonflent, se tuméfient. L'amidon contenu dans les cotylédons se dissout; il passe à l'état de dextrine et de glucose; une partie de la matière azotée, fibrine et légumine se dissout elle-même et passe à l'état d'albumine; enfin, la graine absorbe de l'oxygène et dégage de l'acide carbonique; elle respire et l'embryon assimilant les principes ainsi modifiés de la graine, émet, ce que les botanistes appellent les deux systèmes axiles, la tige munie de feuilles, les racines pourvues de leurs filaments capillaires qui sont par excellence les canaux d'absorption du végétal.

Ainsi naît, et se forme par une transformation de la substance même de la graine, le végétal qui possède à des degrés variables l'irritabilité organique, mais qui privé de la faculté de se mouvoir reste fixé au sol même où la graine a germé.

Dans l'œuf, l'œuf de poule, par exemple, une élévation de température suffit pour déterminer aussi l'évolution du germe et lui faire parcourir toutes les phases de la vie embryonnaire; mais pour avoir lieu, cette évolution exige le concours de l'oxygène. L'œuf respire comme la graine ; comme elle il dégage de l'acide carbonique. Son contenu éprouve une transformation chimique et organique extraordinaires. Une partie du vitellus se change en glucose, en même temps qu'il devient le siége d'un travail de segmentation, prélude de la formation des organes dont l'assemblage formera le poulet, qui sortira à jour fixe de la coquille, comme la plante était sortie de la graine, doué comme elle, mais à un plus haut degré, de l'irritabilité organique et doté en plus de la faculté de locomotion.

D'où vient la plante ? toute entière de la substance de la graine ; et le poulet? tout entier de la substance de l'œuf, et dans les deux cas, qu'a-t-il fallu? une élévation de température et la présence de l'oxygène. De là, deux conclusions légitimes d'une importance capitale :

1° Les plantes et les animaux procèdent d'un fond substantiel commun ;

2° Ils naissent d'actions semblables, déterminées par une cause commune : la chaleur (1).

Mais à partir du moment où les feuilles, sorties

(1) Il est bien entendu qu'en disant ils naissent, j'entends que leur activité vitale entre en fonction.

des téguments de la graine, reçoivent l'action des rayons du soleil, à partir du moment où le poulet, sorti de la coquille, commence à subsister à la faveur d'aliments puisés hors de lui, s'ils traduisent encore leur activité par une série d'effets communs, il s'en produit d'autres dont le contraste et l'opposition font, des plantes et des animaux, si on n'a égard qu'au résultat final, deux systèmes essentiellement différents.

Appliquons-nous à définir les contrastes, et lorsque nous aurons fixé, par cette étude, les conditions de la vie, tant de la plante que de l'animal, des hauteurs de la théorie, nous descendrons dans le domaine de l'application ; car, ne le perdons pas de vue, le but que nous poursuivons, c'est de retirer du bétail la plus grande somme de profit possible.

Au moment où les premières feuilles sortent de la graine, elles sont étiolées; mais à peine ont-elles subi l'influence de la lumière, qu'une transformation soudaine s'accomplit dans leur organisation : du blanc jaunâtre, elles passent au vert foncé; s'aide-t-on du microscope pour observer leurs tissus, on les trouve gorgés de granulations vertes. Or ces granulations, répandues à profusion dans le parenchyme des feuilles, sont l'instrument par excellence de l'activité végétale. Chaque granule est à vrai dire un atome végétal, possédant à l'état d'unité presque infinitésimale tout ce que le végétal possède lui-même par essence de puissance et d'activité.

Voici en effet de quelles actions remarquables chacun de ces granules est le siége.

Au moment où le soleil apparaît à l'horizon et où ses rayons émergent sur la surface des feuilles, on voit les granules de chlorophylle grossir et se multiplier et autour d'eux se former d'autres granules blancs qui sont tout simplement de la fécule, de l'amidon, et lorsque dans des cas très-rares, les granules d'amidon font défaut, alors le tissu de la feuille est gorgé de sucre, de glucose. Mais l'amidon ou le glucose, formés de carbone, d'hydrogène et d'oxygène, d'où viennent-ils? de l'acide carbonique de l'air et de l'eau de la pluie dont la terre est le réservoir naturel; de l'acide carbonique de l'air, que les granules de chlorophyle absorbent d'abord et décomposent ensuite, au point d'en séparer la totalité de l'oxygène. Cet acte extraordinaire de réduction est lui-même suivi de la combinaison du carbone avec les éléments de l'eau.

A vrai dire, ces deux actes sont simultanés. Il est donc avéré que les feuilles, dont le tissu possède souvent la délicatesse de la plus fine dentelle, dépassent, comme puissance, tous les appareils de réduction dont nos laboratoires sont dotés.

Mais pour manifester leur activité, les grains de chlorophylle ont besoin que les rayons du soleil les vivifient, les animent.

En effet, lorsque le soleil disparaît de l'horizon, il se produit soudain un changement dans les fonctions des feuilles.

L'absorption de l'acide carbonique cesse. L'absorption de l'oxygène, bornée jusque-là à de très-faibles proportions, et seulement pour conserver aux tissus leur irritabilité, devient l'acte dominant de leur activité. A la suite de cette absorption une transformation s'accomplit dans la composition des feuilles. Les grains de chlorophylle persistent, mais les grains d'amidon disparaissent; ils sont dissous. Une fois dissous, ils entrent dans la circulation générale du végétal et là, rencontrant de l'azote, des composés ammoniacaux et des nitrates, par un acte de synthèse encore inexpliqué, que détermine le retour de la lumière, ils se transforme en partie en matières protéiques.

Pendant que cette transformation a lieu, le végétal pousse des feuilles nouvelles, qui trouvent dans l'amidón dissous ou dans le glucose et les substances protéiques dont nous venons d'expliquer l'origine, les premiers linéaments de leurs tissus, comme l'embryon l'avait lui-même trouvé dans la substance de la graine, et ainsi de formations anciennes en formations nouvelles, le végétal gagne chaque jour de la substance. Les organes venus les derniers étant le produit composé d'une partie de la substance de ceux qui les ont précédés, accrue des agents puisés au dehors. Cette succession d'effets remarquables se poursuit sans interruption, mais avec une intensité variable jusqu'au moment de la floraison. A ce moment un ordre de choses nouveau commence. La vie végétale entre dans un cours différent qui la ramène par gradations aux actes de la vie animale.

Dès que la fleur est épanouie et que les graines se développent, l'accroissement de la plante se ralentit d'abord et bientôt s'arrête complétement, et la fleur, au lieu d'absorber dans sa substance de l'acide carbonique et d'aspirer pour l'éteindre de la lumière et de la chaleur comme les feuilles, absorbe au contraire de l'oxygène, dégage de l'acide carbonique et rayonne de la chaleur. Il y a des fleurs, certains *Arums*, dont la température s'élève de 10, 20, 30 et jusqu'à 40 degrés au-dessus de la température ambiante. Une partie importante de la substance de la plante se porte vers la graine dont elle assure la formation. Alors la plante n'absorbe plus rien du dehors, elle vit sur elle-même pour assurer l'organisation de l'embryon et de la graine qui doit la reproduire et qui reste l'expression synthétique de tous les efforts antérieurs.

Il y a donc dans la vie du végétal trois phases bien distinctes.

Au début et à la fin, la plante absorbe de l'oxygène et dans la période intermédiaire, de l'acide carbonique.

Le contraste de ces trois périodes va plus loin. Au début, la plante, lorsqu'elle germe, produit de la chaleur, à la fin de son évolution, lorsqu'elle fleurit, elle produit encore de la chaleur. Dans la période intermédiaire, elle absorbe au contraire de la chaleur, et cette chaleur qu'elle reçoit du soleil, elle la change en affinité chimique qui réside à l'état latent dans toutes ses productions. Or comme cette période l'emporte de beaucoup sur les deux autres, par son intensité et l'importance pondérale des produits qui en naissent, on peut dire, en toute assurance, que le végétal est un grand consommateur de chaleur.

Ajoutons enfin comme dernier trait de la vie végétale, que la plante procède de composés relativement simples, acide carbonique, eau, nitrates, sels ammoniacaux, azote, sels minéraux, toutes substances dont les affinités sont satisfaites et que par une absorption de chaleur, elle fusionne en composés plus complexes dont les affinités sont à l'état de haute tension, tels sont l'amidon, les sucres, la cellulose, les albuminoïdes, que les moindres actions modifient dans leur texture, leur composition et leur propriété. Répétons-le donc à satiété, le moteur de l'activité végétale, c'est le soleil, et le caractère culminant de la végétation, c'est la faculté de puiser sa puissance de production dans la lumière et la chaleur du soleil.

Maintenant, Messieurs, passons à l'animal. Tout autres vont être les conditions de son activité. Faisons abstraction de la vie fœtale dont nous connaissons le mécanisme et les effets. Prenons le poulet au sortir de la coquille. Tant qu'il vivra il absorbera de l'oxygène; il consommera des produits à affinités instables pour en former d'autres dont les affinités sont satisfaites; il dégagera de la chaleur;

cette chaleur il la puisera dans la combustion d'une partie de ses aliments, ou de sa propre substance qui en provient; tant qu'il vivra, il absorbera de l'oxygène et le résultat final de son activité se résoudra dans une série d'actes de combustion. Si parallèlement à ces effets, il s'en produit d'autres, se traduisant par la formation de composés spéciaux, sucres, graisses, albuminoïdes, tissus musculaires ou nerveux, accomplie par des procédés de synthèse analogues à ceux qui sont mis en œuvre par les végétaux, ne perdez pas de vue que ces effets ont pour cause déterminante et régulatrice, des actes de combustion permanents et parallèles, source de la chaleur qui anime la machine animale et sans laquelle, elle cesserait de fonctionner.

Toujours des actes de combustion comme première condition des formations physiologiques.

L'animal a besoin d'air et d'eau, mais il ne s'en nourrit pas. Soumis à ce régime, il maigrit, s'étiole, s'affaiblit et meurt.

Son activité découle de ses aliments dont une partie est assimilée et l'autre directement ou indirectement détruite.

Entre les deux règnes, la vie accuse une multitude de traits communs et d'effets semblables; mais si l'on ne considère que le résultat final, le travail prépondérant et caractéristique, on trouve que les uns tirent leur activité du soleil, par des actes de réduction, alors que les autres la puisent dans la combustion de leurs aliments ou des tissus qui en naissent, épuisés par l'acte de rénovation du travail vital.

Un homme qui gravit le Mont-Blanc consomme environ 300 grammes de carbone, alors que la machine à vapeur la plus parfaite et de même force en consommerait 1,200 grammes. La machine animale l'emporte en économie et en perfection, mais l'effet utile obtenu est dû à la même cause.

Au contraire une plante qui fixe dans ses tissus 300 grammes de carbone y refoule parallèlement 2,880 calories qui équivalent à 1/2 journée de cheval vapeur.

Sur ce point l'opposition est radicale.

Mais où le contraste apparaît sous la forme la plus saisissante entre les deux règnes, c'est que le végétal qui reçoit par l'intermédiaire du sol 10 d'agents de fertilité rend 100 de récolte, tandis que l'animal auquel on livre 100 d'aliments rend à grand'peine 10 de produits organisés. Et voici pourquoi. Le soleil est le moteur de l'activité végétale : l'air et l'eau, les sources où il puise les 9 dixièmes de sa substance, tandis que l'animal doit tirer de ses aliments, à la fois la chaleur qui l'anime et la substance qui le nourrit. Or vous le savez, pour dégager la chaleur des composés qui la contiennent à l'état d'affinité chimique, il faut de toute nécessité les brûler, les détruire.

Recueillons-nous un instant, Messieurs, pour nous résumer.

Compare-t-on les animaux et les plantes sous le rapport de la substance? Il y a entre eux une complète identité.

La comparaison porte-t-elle sur les principes immédiats? L'identité se maintient.

A l'égard des actes dans lesquels leur activité se résout, la similitude continue à subsister souvent, sans être absolument constante.

Mais étend-on le parallèle aux forces qui animent les deux règnes? L'opposition est radicale : les végétaux absorbent la lumière et la chaleur qu'ils changent en affinité chimique, les animaux ramènent au contraire l'affinité chimique à l'état de chaleur.

L'opposition se maintient si l'on compare l'origine substantielle des uns et des autres. — La plante procède de composés minéraux à affinité satisfaite, et les animaux de produits organiques où l'affinité n'est pas satisfaite, c'est-à-dire dans lesquels elle est à l'état instable ou de haute tension, comme dans les composés fulminants quoique à un moindre degré.

Enfin parvenu au terme de ce parallèle, si on fait abstraction des notions théoriques que je viens de vous présenter, pour ne voir désormais que le résultat utile et pratique, un nouveau trait commun aux deux règnes nous apparaît. On trouve qu'en agriculture le rôle des plantes et des animaux se réduit en définitive à celui de simples machines. A-t-on intérêt à produire du pain, on sème du froment; du sucre, on a recours à la betterave; au colza ou à l'œillette si c'est de l'huile que l'on veut obtenir. Le colon de l'Australie qui expédie en Europe du suif et de la laine, que fait-il? Il livre la terre à la prairie et la prairie aux moutons. Deux actes de transformations successives s'accomplissent, actes que nous pouvons régler, maîtriser et dont les effets, à travers des contrastes aussi variés que profonds, relèvent en définitive des mêmes lois.

Tout l'art de rationner le bétail repose, en effet, sur le principe des *forces collectives* et la notion *des dominantes;* la production économique du bétail, sur *le principe de la nutrition intensive.* On ne dira plus désormais les lois de la végétation, on dira les lois de la vie, et c'est à vous fournir la preuve pratique de cette démonstration que la prochaine séance sera tout entière consacrée. Par là je justifierai, je l'espère, à vos yeux la résolution que j'ai prise après bien des hésitations, de vous entretenir du bétail et des moyens de lui faire perdre la qualification de mal nécessaire qu'on lui a donnée jusqu'ici, et qui sera abandonnée comme les méthodes empiriques d'élevage qui l'avaient motivée, le seront certainement elles-mêmes.

HUITIÈME ENTRETIEN.

LE BÉTAIL. — SON RATIONNEMENT.

Messieurs,

Pour obtenir de belles et fructueuses récoltes, vous savez qu'il faut donner à la terre, par les engrais, quatre substances différentes :

du phosphate de chaux,
de la potasse,
de la chaux,
de la matière azotée.

Pour vivre, grandir, se développer et donner de la chair, du lait, de la laine ou de la force, les animaux ont besoin de recevoir aussi par leurs aliments quatre substances.

des matières albuminoïdes,
des matières grasses.
des hydrates de carbone,
des sels ou minéraux.

Au point de vue pratique, l'analogie est remarquable. Les produits sont différents, le nombre est le même.

Vous savez encore que les quatre substances dont il faut composer les engrais, ne produisent tout leur effet qu'autant qu'elles sont réunies toutes les quatre; l'association est si essentielle que la suppression d'une seule suffit pour réduire considérablement, si ce n'est pour annuler même, l'effet des trois autres.

Pour ne rien laisser dans le vague, je vous rappelle l'exemple déjà cité de la culture de colza, où tout étant semblable, exposition, terre, labour, la suppression de la matière azotée a suffi pour faire descendre la récolte de 39 hectolitres à 15.

A l'égard des animaux les choses se passent exactement de la même manière. La suppression de l'un des quatre termes de la ration : matières albuminoïdes, matières grasses, hydrates de carbone ou minéraux, porte une telle atteinte au travail de la nutrition qu'après une succession de troubles plus ou moins profonds, la mort de l'animal en est presque toujours la conséquence.

Un chien soumis au régime exclusif de la viande soigneusement lavée, pour la ramener autant que faire se peut à l'état de fibrine, éprouve d'abord une répugnance invincible à s'en nourrir, suivie de troubles intestinaux auxquels il finit par succomber. Les hydrates de carbone ne réussissent pas mieux. Magendie nous a laissé là-dessus des expériences classiques : un âne, nourri exclusivement de riz, ne put résister plus de trois semaines.

Une ration formée de matière grasse est plus défectueuse encore. Un canard nourri uniquement de beurre, est mort d'inanition au bout de trois semaines. Le beurre suintait de toutes les parties de son corps. Il s'en exalait une odeur infecte qui rappelait l'acide butyrique. Les déjections elles-mêmes étaient presque entièrement formées de graisse.

La suppression des minéraux frappe le reste de la ration de neutralité, et parmi les minéraux, la suppression du sel commun (chlorure de sodium) tout seul, provoque des troubles dont la mort devient à la longue le dénoûment inévitable.

Pour réaliser les conditions d'une nutrition régulière, se traduisant, non-seulement par un état satisfaisant de santé, mais encore par un accroissement de poids non interrompu, il faut, je le répète, l'association des quatre termes.

Matières albuminoïdes,
Matières grasses,
Hydrates de carbone,
Minéraux.

L'effet de chacune de ces quatre classes de substances s'accroît non-seulement de son association avec les trois autres, mais encore du rapport pondéral dans lequel se fait l'association.

En effet, si vous variez l'une après l'autre les doses de chacun des quatre termes de la ration, vous trouvez que les matières albuminoïdes et les matières grasses ont plus d'influence sur le produit du bétail que les hydrates de carbone.

Démontrons par un exemple simple ces deux propositions fondamentales.

Le lait, cet aliment par excellence, va nous en donner les moyens.

Sa composition justifie la nécessité des quatre termes. Il contient en effet (1) :

de la caséine.......	MATIÈRE ALBUMINOÏDE.
du beurre.........	MATIÈRE GRASSE.
du sucre de lait....	HYDRATE DE CARBONE.
des sels...........	MINÉRAUX.

Je passe à ma seconde proposition : De l'action prépondérante des matières grasses et des matières albuminoïdes.

Pour l'établir, il suffit de faire trois expériences parallèles :

Donner à un veau du lait écrémé ;

---

(1) Composition moyenne du lait de vache.

Eau .... 87 %
Matières solides . 13.

	DANS 100 de lait.	DANS 100 de lait sec.
Caséine...........	3,60	28,00
Beurre	4,03	31,00
Sucre de lait......	5,50	42,00
Sels....	0,40	3,00

COMPOSITION DES SELS.

	DANS 100 de lait.
Phosphate de chaux......	0,231
— de magnésie...	0,042
— de fer........	0,007
Chlorure de potassium...	0,144
— de sodium.....	0,024
Bicarbonate de soude....	0,042

A un autre, la même quantité de lait écrémé, avec addition de petit lait;

Enfin à un troisième la même quantité de lait additionné de crème.

Voyez combien les résultats sont différents.

Dans le cours d'une semaine, le premier veau a augmenté de 6 kilog., le second de 12, et le troisième de 22.

Qu'avait reçu le deuxième veau de plus que le premier? du sucre de lait, hydrate de carbone; et le troisième? un surcroît de matière grasse et de matières albuminoïdes.

Voici au surplus les termes exacts de cette expérience capitale :

POUR 100 DE POIDS VIF

ON A DONNÉ PAR SEMAINE A CHACUN DES TROIS VEAUX

	CASÉINE. kil.	MATIÈRES grasses. kil.	SUCRE de lait. kil.	ACCROISSEMENT obtenu. kil.
1. Lait écrémé.......	4.6	1.2	5.5	5
2. Lait et petit lait...	4.6	2.0	7.7	12
3. Lait et crème.....	5.1	7.5	6.3	22

Suivez la progression :

	ACCROISSEMENT de poids vif.
1. Ration précaire........................	6 kilogr.
2. Avec plus d'hydrate de carbone..........	12
3. Avec plus de protéine et de matière grasse.	22

Rapprochez de ces résultats ceux obtenus sur le colza, à l'aide de l'engrais minéral et de l'engrais complet.

	RENDEMENT DU GRAIN à l'hectare.
Terre sans aucun engrais	7 hectol.
Engrais minéral, sans azote	15
Engrais minéral, avec 40 kilogr. d'azote en plus	25
Engrais minéral, avec 80 kilogr. d'azote en plus	39

Ici l'engrais minéral correspond à la ration avec addition d'hydrate de carbone et l'engrais complet avec 40 et 80 kil. d'azote, à la ration avec excès de protéine et de matière grasse. Devant ces témoignages, peut-on nier l'action prépondérante de la protéine et des matières grasses, comme dans l'engrais, l'action prépondérante de la matière azotée?

La notion des dominantes et le principe des forces collectives, s'applique donc aux animaux, comme aux plantes, et ramène aux mêmes lois les conditions de la production par les deux règnes.

La grande supériorité des matières grasses sur les hydrates de carbone, s'explique par leur puissance calorifique plus grande. A poids égaux, la combustion des matières grasses produit deux fois et demi autant de chaleur. Dans les hautes latitudes, la quantité de matières grasses que l'on peut consommer dépasse toute croyance. Les Lapons boivent l'huile de poisson à plein verre, comme nous buvons nous-mêmes le vin et la bière.

La rigueur du climat contre laquelle l'activité de la respiration doit les défendre, explique à la fois ce besoin et cette faculté.

A l'aide des matières grasses, l'animal utilise avec

moins d'efforts la partie de la ration qu'il doit s'assimiler et convertir en produits animaux. Ne perdez jamais de vue ce fait capital, que dans la ration il faut faire deux parts, celle qui anime la machine, et celle que la machine transforme.

Comme aliments producteurs de chaleur, les matières grasses occupent le premier rang, puis viennent les hydrates de carbone, et en dernier lieu, les matières albuminoïdes, qui reprennent au contraire la prééminence, comme éléments physiologiques de la formation des tissus, et généralement de toutes les productions animales.

Ces distinctions que des expériences récentes ont consacrées, justifient-elles l'opinion qui a régné un moment, que les animaux sont incapables de rien produire par eux-mêmes et que leur rôle se borne simplement, à accumuler dans leurs tissus en les isolant, les diverses substances contenues dans leurs aliments?

Rien ne serait plus contraire à la réalité des phénomènes qu'une telle opinion. La vérité c'est que les animaux créent leur substance comme les plantes elles-mêmes. Avant de concourir à ce travail de création, les aliments éprouvent des modifications profondes qui en changent complétement la nature. Pour ne citer qu'un exemple que j'emprunte à M. Chevreul, la viande cuite se décuit, et repasse en partie, au sein de l'organisme animal, à l'état de chair, de graisse et de tissus vivants.

L'idée que les matières albuminoïdes ne prennent aucune part à la production de la chaleur animale n'est pas mieux fondée.

La formation incessante de l'urée qui en dérive par voie d'oxydation est la preuve du contraire. Mais ce qui est vrai aussi, c'est que dans cette partie du travail physiologique les matières grasses et les hydrates de carbone l'emportent sur les matières albuminoïdes, tout en concourant par eux-mêmes, mais pour une part plus restreinte, au travail nutritif.

En un mot, un peu plus tôt ou un peu plus tard, tout nourrit et tout brûle, mais dans un rapport différent.

Dans les deux règnes, le travail nutritif se traduit par une foule d'actes analogues, quelquefois identiques. Mais au-dessus des analogies, il y a un contraste qui les domine toutes, et assigne finalement au règne végétal et au règne animal, une fonction différente dans l'économie de la nature animée.

Rappelons-le une fois encore : le végétal procède de composés minéraux à affinités satisfaites. Il absorbe la lumière et la chaleur du soleil qu'il éteint dans sa substance, où elle passe à l'état d'affinité chimique incomplétement neutralisée.

L'animal au contraire, procède de composés organiques dans lesquels les affinités incomplétement satisfaites sont à l'état de haute tension, d'où il tire à la fois la chaleur qui l'anime et la substance qui le nourrit. — Là est la grande opposition.

Mais revenons aux faits pratiques de l'élevage; raffermissons par un autre exemple les règles que je viens de vous indiquer, et à ces notions ajoutons la preuve que, si la culture intensive est seule rémunératrice, l'alimentation abondante, judicieusement pondérée, peut seule faire du bétail un consommateur à bénéfice.

Les éléments de cette démonstration nouvelle, je les puiserai dans une expérience déjà ancienne de M. Boussingault.

Soumettez un jeune porc de 60 kilogrammes à une ration composée exclusivement de pommes de terre. Après 93 jours de ce régime, le porc aura formé 7 kilogrammes de chair. Il pesait 60 kilogrammes au début de l'expérience, à la fin il en pèse 67. Pour produire ces 7 kil., on a dû lui faire consommer 533 kilogr. de pommes de terre.

Voilà assurément un pauvre résultat. Que l'on fasse une deuxième expérience sur un autre porc pesant aussi 60 kil. Seulement au lieu de pommes de terre sans autre addition, on lui donnera en plus de la farine de seigle, des pois écrasés et des eaux grasses, où viennent se réunir tous les déchets de la table et de la laiterie.

La pomme de terre riche en hydrate de carbone, contient très-peu de matières grasses et fort peu d'éléments protéiques. Par une addition de pois, de farine de seigle et d'eaux grasses, d'une ration incomplète et insuffisante, on passe à une ration complète, intensive et bien pondérée. On se rapproche, sans les atteindre, des conditions où l'animal est placé pendant la période de l'allaitement.

Avec la seconde ration, l'accroissement est plus rapide et plus considérable. En 93 jours, il s'élève à 46 kilogr. au lieu de 7 kilogr. (1).

Combien le porc soumis au régime exclusif de la pomme de terre, avait-il consommé d'aliments? 533 kilogr. qui correspondent à 130 kilogr. de matière sèche.

Dans la seconde expérience la somme des aliments consommés atteint 1,666 kilogr. représentés par 256 kilogr. de matière sèche. Deux fois plus que dans la première ration. Mais d'un autre côté en doublant la ration, on a sextuplé le produit.

	ALIMENTS consommés.	ACCROISSEMENT obtenu.
A la ration exclusive de la pomme de terre.	130 kil.	7 kil.
A la ration complète et intensive	256	46

RATION DU PORC

SOUMIS AU RÉGIME DE LA POMME DE TERRE (jaune).

POMMES de terre humides.	POMMES de terre sèches.	MATIÈRES protéiques.	MATIÈRES grasses.	MATIÈRES hydrocarbonées.	SELS.
5k.800	1k.397	0k.145	0k.011	1k.171	0k.046
Dans 93 jours, durée de l'expérience, la consommation a été :					
539k4	130k015	13k485	1k078	108k958	4k315

(1) L'accroissement constaté se rapporte au poids mort.

Dans cette période de 93 jours, le porc a acquis : 7 KILOGR.

Au début de l'expérience, il pesait...... 60 kilogr.
A la fin de l'expérience, il pesait....... 67 kilogr.

RATION DU PORC

SOUMIS A UNE ALIMENTATION COMPLÈTE ET INTENSIVE.

PAR JOUR.	MATIÈRES solides.	MATIÈRES sèches.	MATIÈRES protéiques.	MATIÈRES grasses.	MATIÈRES hydrocarbonées.	SELS.
	kil.	kil.	kil.	kil.	kil.	kil.
Pommes de terre.	4,870	1,173	0,113	0,009	0,984	0,048
Seigle moulu.....	0,450	0,387	0,056	0,009	0,293	0,011
Farine de seigle..	0,320	0,273	0,050	0,011	0,218	0,006
Pois crus........	0,340	0,309	0,085	0,007	0,193	0,011
Eaux grasses.....	10,000	0,472	0,088	0,040	0,280	0,062
	15,980	2,614	0,392	0,076	1,968	0,138
En 98 jours......	1,566,040	256,172	38,416	7,448	192,864	13,524

Dans cette période de 98 jours le porc a acquis.. 47 kil.

Au début de l'expérience il pesait............ 65 —
A la fin.................................. 112 —

Supposons une spéculation sur la production de la viande de porc.

Les animaux sont pauvrement nourris. Pour produire 100 kilogr. de viande en 93 jours, il faut 14 porcs.

Les animaux sont alimentés avec abondance.

(1) BOUSSINGAULT. — *Économie rurale*, tome II, page 603.

Pour obtenir le même résultat, c'est-à-dire 100 kilogr. de viande, il faut 2 porcs seulement.

Or lequel des deux procédés est le meilleur, économiquement le plus avantageux? Vaut-il mieux élever 14 porcs ou 2 porcs seulement?

Avec 14 porcs il faut des étables plus vastes, plus de personnel, etc.

Les frais généraux, la main-d'œuvre, les constructions, l'intérêt du capital sont les mêmes que l'animal soit bien ou mal nourri.

Or la somme de la dépense par kilog. de viande est d'autant plus faible que l'accroissement a été plus considérable.

Toujours la théorie de la culture intensive.

Porc nourri abondamment, — culture intensive et rémunératrice.

On a appelé le bétail un mal nécessaire. Comment en serait-il autrement, s'il est mal nourri. Que voulez-vous qu'un animal nourri de paille ou de bruyère puisse donner? et dites-moi quel est aujourd'hui encore le régime du bétail dans les 3/4 de nos départements du Midi, dans les pays de landes, et dans les montagnes du Puy-du-Dôme et du Vivarais?

Insistons encore :

Lorsque la ration est précaire et mal pondérée, à poids égal, son effet utile est moindre, que lorsqu'elle est surabondante, et qu'elle contient dans le rapport voulu les quatre termes que vous savez.

Ne donne-t-on au porc que de la pomme de terre?

100 kilogr. de ration produisent 6 kilogr. d'accroissement.

Le porc est-il soumis à une alimentation abondante et complète ?

100 kilogr. de ration déterminent un accroissement de 18 kilogr.

Le même fait nous est offert sous une forme plus tranchée par les trois veaux soumis au régime du lait écrémé et du lait additionné tour à tour de petit lait et de crême, parce que dans ce dernier cas la ration est plus riche, et que pendant la période de la lactation, l'accroissement est lui-même plus rapide.

100 kilogr.	de lait écrémé produisent.....	53 kilogr.	de poids vif.
100 —	de lait additionné de petit lait.	90 —	—
100 —	de lait additionné de crême....	116 —	—

M. Kühn rapporte que six bœufs pesant en moyenne 552 kilogr. chacun, soumis à une alimentation très-riche en matières grasses, se sont accrus de 635 kilogr. Alors que six autres bœufs, qui pesaient en moyenne 580 kilogr., soumis à une alimentation moins riche, n'ont gagné dans le même temps que 430 kilogr. Toujours la même conclusion : l'engraissement le plus rapide et le plus intensif, est le plus économique et le plus rémunérateur (1).

Convenez, Messieurs, que ces analogies sont singulièrement instructives, qu'elles jettent une lumière bien inattendue sur les règles qu'il faut ap-

(1) Kühn a traité de l'alimentation des races bovines, page 290.

pliquer à l'élève du bétail; nourrir abondamment et pondérer convenablement la ration, les voilà toutes les deux.

Une ration contient-elle trop d'hydrate de carbone à l'état de fécule, et manque-t-elle par conséquent de matière grasse et de matière azotée, une partie de la fécule et de la cellulose se retrouve dans les déjections sans avoir subi la moindre altération. Mais la fécule dans le fumier n'est d'aucune utilité. Elle ne contient que du carbone, de l'hydrogène et de l'oxygène, c'est-à-dire les éléments que la plante puise dans l'air et dans l'eau.

Au contraire, la dose de la matière azotée est-elle trop forte et celle de la matière grasse trop faible, une partie de la matière azotée passe à son tour dans les déjections. Mais cette fois tout n'est pas perdu, car nous savons que les matières azotées d'origine animale ou végétale sont des engrais puissants, seulement les matières azotées n'ont pas comme engrais autant de valeur que comme aliment, il y a encore perte.

Enfin, la quantité de matière grasse est-elle trop forte, on provoque des troubles encore plus profonds dans le travail digestif et vous retrouvez dans les déjections à la fois des matières azotées et des hydrates de carbone.

On a cru pendant longtemps que la cellulose était dépourvue de toute faculté alimentaire, mais des expériences en grand nombre, faites avec le plus grand soin, ont démontré que cette opinion était mal fondée et qu'en réalité 50 0/0 de la cellulose contenue dans les fourrages, concourrait au travail de nutrition, avec moins d'efficacité sans doute, mais au même titre que les fécules et les matières sucrées (1).

L'intervention des matières salines n'est pas moins essentielle.

En l'absence de la potasse, on détermine en moins d'un mois, chez un chien d'ailleurs bien nourri, tous les phénomènes de l'inanition. Je vous ai dit, que la suppression du sel, produisait des troubles aussi graves.

Sous le rapport pratique, on n'a besoin de se préoccuper que des phosphates et du sel, car par l'eau et les aliments, les animaux reçoivent plus des autres minéraux qu'ils ne peuvent en utiliser.

La conclusion de tout ceci, c'est qu'il y a un juste équilibre à établir ; équilibre qui doit porter sur deux termes : le rapport de la ration au poids de l'animal vivant, la composition de la ration elle-même.

---

(1) Voici quelles seraient d'après M. Kühn, pour les principaux fourrages, les quantités de cellulose dissoute et digérée, page 138 :

Paille d'avoine........	55 %
— de blé.........	55
— de fèves........	36
Foin de trèfle.........	39
— de pré..........	60

Pour arriver sur ces deux points à des notions simples et pratiques, il faut éviter dans la formule des rations, la substitution d'aliments trop disparates, ne comparer et ne substituer les uns aux autres que des aliments analogues, c'est-à-dire, dont le degré de digestibilité, le volume, et la richesse soit à peu près le même.

Il est bien manifeste, qu'à quantité égale, la protéine dans le froment, les pois ou le maïs, a plus de valeur que la protéine dans la bruyère ou la paille de sarrasin ; et la matière grasse dans le tourteau de lin une valeur plus grande aussi, que la matière verte que l'on peut extraire des feuilles sèches au moyen de l'éther.

Vouloir opérer des substitutions déduites de la théorie, sur des substances aussi dissemblables, et fonder l'établissement de tables d'équivalents nutritifs sur de pareilles données, c'est aller volontairement au-devant des déceptions, que la comparaison entre aliments voisins et analogues permet d'éviter.

Alors les notions que nous possédons peuvent être ramenées à des termes précis d'une haute valeur pratique.

Toute réserve faite, sur le volume que les rations doivent présenter, pour être en harmonie avec l'appareil digestif des divers animaux domestiques, si l'on n'a égard qu'au poids, on peut le fixer ainsi :

POUR 100 DE POIDS VIF.

	POIDS de la ration sèche.
Vache	2 à 2,50
Bœuf de trait	2 à 2,50
Bœuf à l'engrais	3
Mouton	2 à 2,50
Porc	3 à 4,00

Le poids moyen d'une vache et d'un bœuf étant de 500 kilogr., si l'on prend ce poids comme unité et qu'on y rapporte les divers animaux, on obtient en nombre rond comme expression du poids de la ration, pour 24 heures.

	RATION SÈCHE pour 500 kilogr. de poids vivant.
Vache	12 kilogr.
Bœuf de trait	12 —
Bœuf à l'engrais	15 —
Mouton	12 —
Porc	18 à 20

Quelle doit être dans ces diverses rations la part faite aux trois termes : protéine, matières grasses, albuminoïdes et sels ?

Les indications qui suivent, empruntées à M. Émile Wolf, ont reçu le double suffrage de la science et de la pratique.

POUR 500 KILOGR. DE POIDS VIF ET PAR JOUR DE 24 HEURES.

	PROTÉINE.	MATIÈRES grasses.	HYDRATE de carbone.
	kil.	kil.	kil.
Vache laitière	1,600	0,350	8,00
Bœuf de trait	1,800	0,500	7,20

	PROTÉINE. kil.	MATIÈRES grasses. kil.	HYDRATE de carbone. kil.
Bœuf à l'engrais	2,100	0,750	6,40
Mouton au régime d'entretien	1,500	0,300	7,50
Mouton à l'engrais	1,800	0,500	6,80
Porc	3,250	0,500	16,00
Porc à l'engrais, dernière période	4,500	1,000	13,50

Je ne dis rien des matières salines, parce que à part le sel dont tout le monde sait régler l'usage, avec un tel régime, les animaux en sont surabondamment pourvus.

Vous voyez que dans ces diverses rations, les matières grasses sont à peu près le tiers des matières albuminoïdes, et qu'à leur tour les matières albuminoïdes oscillent entre le tiers et le cinquième de la somme des matières grasses et des hydrates de carbone.

On a coutume d'exprimer ainsi ces deux relations :

Rapport des matières grasses à la protéine	1 : 3
Relation nutritive de la ration	1 : 5

Tout en reconnaissant l'utilité de ces expressions sommaires, pour avoir une idée exacte du régime vous ferez bien de vous reporter aux quantités respectives des trois termes de la ration, attendu que lorsqu'on élève la dose de la matière grasse par une addition de tourteau, ou celle de la protéine par une addition de farine ou de pois, les hydrates de carbone que ces aliments apportent en même temps, atténuent dans l'expression de la formule une partie de l'amélioration que le régime en a reçu.

Dans le lait, qui correspond à la période la plus active de la vie animale, on trouve que la matière grasse y figure pour la même quantité que la protéine, et que cette dernière est presque la moitié de la somme réunie des matières grasses et des hydrates de carbone :

	0/0 de lait.	THÉORIE	RELATION nutritive.
Caséine	3,60	PROTÉINE	1,00
Beurre	4,03	MATIÈRES GRASSES	1,00
Sucre de lait	5,50		
Beurre et sucre de lait	9,50	MATIÈRES HYDROCARBONÉES	2,60

La pratique des éleveurs est unanime pour reconnaître que dans la ration d'entretien, il suffit que la matière grasse soit le tiers de la protéine 1 : 3., et la protéine à son tour, le cinquième de la somme de la matière grasse et des hydrates de carbone 1:5; mais dans les rations d'engraissement il faut élever d'un tiers la matière grasse, de façon à passer du rapport 1:3 à l'expression 2:3 et dans le rapport de la protéine à la somme de la matière grasse et des hydrates de carbone, de l'expression 1:5 à l'expression 1:3. On se rapproche ainsi de la composition du lait, sans en atteindre la richesse.

Comme application des règles qui précèdent, voici deux exemples de rations pour les vaches laitières, et les bœufs à l'engrais. A l'égard des vaches laitières, je rapporte, d'après M. Kühn, la progression qu'il convient de suivre pour obtenir le maximum de lait.

RATIONS EFFECTIVES EMPLOYÉES.

DANS UNE ÉTABLE DE 20 VACHES.

RATION PAR JOUR et par tête.	SUBSTANCES sèches. kil.	MATIÈRES protéiques. kil.	MATIÈRES grasses. kil.	SUBSTANCES extractives non azotées. kil.
2^{k} de foin de trèfle..	1,665	0,280	0,070	0,760
$1^{k}500$ foin de pré..	1,285	0,125	0,045	0,575
$0^{k}500$ foin.........	0,430	0,040	0,008	0,120
$3^{k}500$ paille d'orge..	3,000	0,225	0.070	1,145
$2^{k}500$ paille de blé..	2,145	0,050	0,037	0,715
$1^{k}000$ balles........	0,855	0,045	0,015	0,320
$25^{k}000$ betteraves ...	3,650	0,375	0,088	2,260
	13,030	1,140	0,333	5,895

PROGRESSION DES RATIONS.

	SUBSTANCES sèches. kil.	MATIÈRES protéiques. kil.	MATIÈRES grasses. kil.	SUBSTANCES extractives. kil.
1.				
Ration primitive. .	13,03	1,14	3,333	6,235
$1^{k}.75$ seigle égrugé.	1,50	0,19	0,035	1,175
	14,53	1,33	0,368	7,41
2.				
Ration primitive..	13,03	1,14	0,333	6,235
$2^{k}.08$ de son.....	1,82	0,285	0,065	1,05
	14,85	1,425	0,398	7,285
3.				
Ration primitive.	13,03	1,14	0,333	6,235
$1^{k}.005$ tourteau .	0,833	0,283	0,095	0,245
	13,863	1,423	0,430	6,480
4.				
Ration primitive.	13,03	1,14	0,333	6,235
$1^{k},200$ tourteau..	1,02	0,335	0,125	0,290
	14,05	1,475	0,458	6,525

Dans ces rations, la quantité de protéine est un peu plus faible que dans les formules de Wolf, mais par contre, la dose de la matière grasse est un peu plus forte.

Voici d'après le même auteur trois formules applicables à l'engraissement des bœufs et se rapportant aux trois périodes de l'opération : le début, le milieu et la fin :

1re période. — L'ENGRAISSEMENT COMMENCE.

Ration par jour et par tête de 500 kil.	Substances sèches.	Matières protéiques.	Matières grasses.	Substances extractives non azotées.
25k de betteraves......	3k 000	k 275	00k 025	2k 250
2k paille d'avoine hachée. 2k 500 paille d'avoine donnée à la fin du repas du soir..............	3 856	0 112	0 090	1 602
4k foin de trèfle rouge...	3 360	0 536	0 128	1 140
1k 500 son de seigle.....	1 312	0 205	0 046	0 756
2k tourteaux de colza...	1 700	0 566	0 190	0 486
0k 250 farine de lin.....	0 220	0 564	0 092	0 043
0k 050 sel..............	0 050	»	»	»
	13k 498	1k 748	0k 571	6k 277

2e période. — L'ENGRAISSEMENT EST EN PLEINE ACTIVITÉ.

Ration par jour et par tête de 500 kil.	Substances sèches.	Matières protéiques.	Matières grasses.	Substances extractives non azotées.
30k de betteraves......	3k 600	0k 330	0k 030	2k 700
2k paille d'avoine hachée. 2k paille d'avoine donnée à la fin du repas du soir.	3 428	0 100	0 080	1 424
4k foin de trèfle rouge..	3 360	0 536	0 128	1 140
1k 500 son de seigle....	1 312	0 205	0 046	0 756
3k tourteaux de colza...	2 550	0 849	0 285	0 729
0k 500 farine de lin.....	0 441	0 108	0 185	0 087
0k 067 sel.............	0 067	»	»	»
	14k 758	2k 128	0k 754	6k 836

3e période. — L'ENGRAISSEMENT ARRIVE A SON TERME.

Ration par jour et par tête de 500 kil.	Substances sèches.	Matières protéiques.	Matières grasses.	Substances extractives non azotées.
25k betteraves.........	3k 000	0k 275	0k 025	2k 250
1k 500 paille d'avoine hachée................ 1k 500 paille d'avoine donnée à la fin du repas du soir.............	2 571	0 075	0 060	1 068
4k foin de trèfle rouge...	3 360	0 536	0 128	1 140
2k orge égrugée........	1 714	0 200	0 046	1 282
2k 500 tourteaux de colza.	2 125	0 707	0 237	0 607
0k 750 farine de lin.....	0 661	0 163	0 277	0 130
0k 083 sel............	0 083	»	»	»
	13k 514	1k 956	0k 773	6k 477

Si ces règles n'ont ni la simplicité, ni la rigueur, ni la certitude de celles que je vous ai présentées à l'égard des plantes ; si les faits sur lesquels elles reposent sont moins nombreux, elles n'en constituent pas moins des indications extrêmement précieuses.

Un bœuf engraissé d'après les anciens errements, augmente à peine de 900 grammes de poids vif par jour, tandis que le même bœuf soumis à un rationnement raisonné, gagne chaque jour 1,800 grammes, juste le double.

Une recommandation sur laquelle on ne saurait trop insister, c'est de procéder avec mesure, lorsqu'on fait passer les animaux de la ration d'entretien, à la ration d'engraissement, et c'est surtout lorsqu'on commence à substituer les rations sèches de l'hiver, aux rations vertes du printemps.

Mais là ne se bornent pas nos moyens d'action à l'égard des animaux.

Toutes les espèces domestiques ne possèdent pas la même puissance assimilatrice. Pour une consommation égale d'aliments, elles ne donnent ni le même produit, ni le même travail.

Avec 1100 kil. d'aliments,	le bœuf donne	100 de poids vif (1).	
—	—	le mouton....	120 —
—	—	le porc......	260 —

Cette différence s'accuse sous une autre forme : Le temps. Dans une semaine, à nourriture équivalente.

Le porc s'accroit de..........	6 %
Le mouton de..............	1.75
Le bœuf de................	1.00

Eh bien ! on peut obtenir sur la même espèce des effets analogues par le choix des reproducteurs et la création de races perfectionnées.

Un bœuf de Durham a acquis tout son développement à quatre ans, alors qu'il en faut au moins six à la plupart de nos races indigènes. Par le croisement du mouton mérinos et du Dishley on peut obtenir à la fois la finesse de la laine unie à un grand développement des parties charnues. Même observation à l'égard des vaches laitières chez lesquelles on peut prévoir et prolonger même la durée de la sécrétion du lait.

Mais ce qu'il y a de plus remarquable dans les

(1) Lawes.

races perfectionnées, outre la précocité plus grande, qui permet de dégager son capital plus tôt et de multiplier les opérations, c'est le développement vraiment extraordinaire qu'acquièrent les parties charnues, les morceaux de choix, comme on dit dans la boucherie, au préjudice des parties basses et des morceaux de rebut.

Dans un bœuf de la race de Durham par exemple, la tête et les os sont réduits aux plus petites dimensions, les jambes sont courtes, la panse étroite, la peau fine et souple, tandis que la poitrine est vaste, l'intervalle qui sépare les hanches largement développé, et les masses musculaires si considérables, qu'elles forment à elles seules, les deux tiers du poids total de l'animal.

Même caractère à l'égard des moutons Dishley chez lesquels, outre une grande finesse de laine, la graisse concentrée dans les parties charnues, s'y ramasse sous forme de pelotes serrées, qui communiquent à la viande une saveur très-appréciée.

Enfin n'est-ce pas encore un fait bien digne de remarque, que la chair des animaux bien nourris, en bonne condition lorsqu'ils sont abattus, contienne à parité de morceaux, un quart de parties nutritives de plus que celle des animaux maigres ou élevés avec parcimonie. Quel argument en faveur d'un régime abondant et rationnel !

COMPOSITION DE LA VIANDE GRASSE
COMPARÉE A LA VIANDE MAIGRE.

	Substance musculaire.	Graisse.	Cendres.	Eau.
Viande de bœuf gras contient :	356	239	15	390
id. maigre id.	308	81	14	597
Différence en faveur du bœuf gras..............	+ 48	+ 158	+ 1	— 207

	BOEUF MAIGRE.			BOEUF GRAS.		
	Cou.	Travers.	3 premières côtes.	Cou.	Travers.	3 premières côtes.
Eau...............	77,5	77,4	76,5	73,5	63,4	50,5
Graisse............	0,9	1,1	1,3	5,8	16,7	34,0
Cendres............	1,2	1,2	1,2	1,2	1,1	1,0
Substance musculaire.	20,4	20,3	21,0	19,5	18,8	14,5
Substances sèches....	22,5	22,6	23,5	26,5	36,6	49,5

Ah certes ! personne n'admire plus que moi les merveilles de l'art et ses impérissables créations, mais, dites-moi, n'est-ce pas aussi un grand art celui qui sculpte la vie, qui manie, non pas la matière morte, inerte, sans réaction, ni résistance, mais des marbres animés, qu'il faut tailler dans le vif, qu'il faut modeler jusque dans le sang, dans les nerfs, dans le mouvement et la volonté !

A l'époque où vivait Bakewel, on a cru que le choix des reproducteurs avait plus d'importance que le régime, mais on a reconnu depuis que c'était là une erreur, et que de ces deux moyens, le régime est en somme le plus efficace, pour retirer les meilleurs résultats des opérations sur le bétail. La nutrition, a dit excellemment notre vieux

Descartes, est une génération qui se continue. Les premières améliorations dans l'organisation des espèces sont le fruit du régime. L'influence des reproducteurs venant s'ajouter à celui du régime, n'est en réalité qu'un degré de perfection de plus dans le rationnement, parce que les qualités transmises par le reproducteur à sa descendance, ajoutent par l'hérédité, l'influence du régime passé aux bons effets du régime présent.

Qui ne sait que la forme sexuelle, dépend chez les abeilles de l'alimentation qu'elles reçoivent, et que c'est à la surabondance de la nourriture que les reines ou femelles fécondes doivent les attributs de leur sexe. Dans le même ordre d'idées, on peut citer les têtards que Williams Edwards a empêché de passer à l'état de grenouilles, en les privant de lumière et les forçant de respirer dans l'eau.

Que de faits intéressants, l'étude de l'entraînement qui fait partie du régime, ne nous offrirait-elle pas, si du cheval nous voulions l'étendre à l'homme lui-même, dans les situations si variées que lui font le climat, les mœurs, la fortune et les professions.

Pour ne citer que quelques exemples :

Le rachitisme est chez les enfants, la conséquence d'une alimentation trop pauvre ou trop riche en matières azotées à l'exclusion des hydrates de carbone?

Comment passer sous silence les résultats extraordinaires, mais dans un sens opposé, produit par le régime sur les boxeurs, pour donner à leurs membres en les débarrassant des parties graisseuses, une fermeté, une souplesse, une puissance de choc et de contraction, qui les rend insensibles aux coups.

Tous ces effets rentrent sous la même loi, et relèvent de la même cause : le régime, ce grand modificateur des constitutions, des individus et des espèces elles-mêmes, et si je me borne à ces simples aperçus, c'est qu'après vous avoir signalé les lois extrêmement simples qui règlent la production de la substance animale, et vous les avoir montrées dans leur rapport avec l'intérêt agricole, je sens que je serais entraîné hors de mon domaine, si je voulais en suivre l'application dans le détail des faits pratiques, que je n'ai pu personnellement contrôler.

Au lieu de m'exposer aux écueils d'une telle entreprise, je m'empresse donc de revenir à la question agricole, et pour cela je terminerai ce qui se rapporte à l'industrie des animaux par une dernière remarque, c'est que, tout bien défini, les opérations sur le bétail peuvent être ramenées à deux conditions bien différentes :

1° Elles sont à l'état de tentatives indépendantes d'une exploitation agricole, comme cela se présente généralement dans le voisinage des grandes villes.

Dans ce cas, les principes que nous avons posés sur le rationnement répondent à tous les besoins de l'entreprise.

2° Au contraire, et c'est le cas le plus général, le

bétail entre dans le cheptel d'une exploitation et fait en quelque sorte partie du régime du sol.

Alors au-dessus de toutes les prescriptions sur le régime, il y a un fait qui domine, c'est la nécessité de fumer abondamment la prairie et généralement toutes les cultures fourragères.

Du moment qu'il est démontré que la culture ne donne du profit qu'en s'aidant d'une importation d'engrais, pourquoi ne pas soumettre la prairie au même régime que les céréales?

Voilà une prairie qui rend à grand'peine 4,000 kilogr. de foin par hectare. A l'aide d'un supplément d'engrais de 100 à 120 fr., il dépend de vous d'obtenir 8,000 kilogr., et vous hésiteriez à le faire? Mais ne voyez-vous pas que là est la première condition du succès, et le moyen assuré d'avoir du profit?

Après cela, n'avais-je pas raison de vous dire que l'élève du bétail devrait, comme la culture elle-même, son plus grand progrès à la doctrine des engrais chimiques, et que le fumier ne commencerait à ressortir au prix que lui assigne sa richesse, que le jour où le régime intensif serait étendu à la prairie! Voilà ma réponse à ceux qui m'accusent de proscrire l'usage du fumier!

On aura beau faire et beau dire, on ne changera pas la nature des choses. Les faits sont là, impérieux, inflexibles dans leurs affirmations.

Lorsque la culture veut tout tirer du sol, et les engrais et les récoltes, tous les rendements sont faibles, et il n'y a pas de profit; et lorsque les rendements sont faibles, le bétail mal nourri est une source inévitable de perte. Comment en serait-il autrement?

Avec les engrais chimiques, tout change. Lorsque, fanatiques béats d'une formule que la pratique éclairée doit proscrire, vous dites : prairie, bétail, céréales, vous vous condamnez volontairement à l'impuissance, vous abdiquez votre liberté, vous renoncez à toute initiative; le bétail devient fatalement une source de perte puisqu'il n'est pas suffisamment nourri, la terre pas assez fumée.

Si au contraire vous prenez pour règle les prescriptions que je ne cesse de recommander, importer des engrais, du même coup le prix du fourrage diminue, le prix de revient des céréales diminue, les récoltes livrées à l'exportation sont plus considérables, les animaux étant mieux nourris, le fumier est de meilleure qualité, et son prix descend au taux que sa richesse lui assigne.

La progression que le prix de la viande a subi depuis trente ans, jointe à la progression de la demande devront, ce me semble, favoriser l'extension de sa production.

Le jour où le bétail devenu rémunérateur, occupera plus de place dans la répartition des produits de la ferme, un immense bienfait sera obtenu. La somme d'activité que chacun de nous doit fournir est triple au moins de celle que dépensaient nos pères, or pour soutenir cette vie relativement enfiévrée il faut que le régime lui-même s'améliore.

Pour apprécier combien les besoins sont pressants, il vous suffira de constater que de **1847** à **1862** le prix de la viande s'est élevé de **25** à **45 0/0** et de **1847** à **1873** de **40** à **70 0/0**.

Pesez les données de cette curieuse enquête.

PROGRESSION DU PRIX DE LA VIANDE DEPUIS 1847.

	PRIX DU KILOGR. SUR PIED.			PRIX DU KILOGR. de viande fourni aux hospices.
	Bœuf.	Veau.	Mouton.	
1847	1f40	1f50	1f25	1f02
1848	0 »	» »	1 »	1 »
1849	0 91	1 20	1 07	1 01
1850	0 87	1 07	1 02	0 98
1851	0 83	1 05	1 »	0 93
1852	0 86	1 17	1 04	0 93
1853	1 05	1 29	1 20	1 04
1854	1 23	1 40	1 32	1 14
1855	1 31	1 50	1 51	1 15
1856	1 34	1 51	1 44	1 20
1857	1 30	1 62	1 52	1 18
1858	1 23	1 53	1 30	1 14
1859	1 22	1 58	1 45	1 »
1860	1 25	1 53	1 47	1 11
1861	1 28	1 62	1 47	1 16
1862	1 29	1 55	1 42	1 14

	PRIX DU KILOGR. SUR LES MARCHÉS D'APPROVISIONNEMENTS DE PARIS.				PRIX du kilogr. de viande fourni aux hospices
	Bœuf.	Vache.	Veau.	Mouton.	
1863	1f29	1f18	1f59	1f42	1f19
1864	1 29	1 18	1 59	1 45	1 20
1865	1 27	1 12	1 62	1 42	1 20
1866	1 31	1 18	1 54	1 49	1 24
1867	1 39	1 29	1 75	1 55	1 29

	PRIX DU KILOGR. SUR LES MARCHÉS D'APPROVISIONNEMENT DE PARIS.				PRIX du kilogr. de viande fourni aux hospices.
	Bœuf.	Vache.	Veau.	Mouton.	
1868	1f38	1f25	1f74	1f53	1f26
1869	1 39	1 24	1 67	1 44	1 26
1870 (1)	1 40	1 28	1 74	1 51	1 27
1871 (2)	1 47	1 34	1 97	1 65	1 58
1872	1 58	1 47	1 »	1 75	1 42
1873	1 79	1 65	1 83	1 85	1 80

En résumé de 1847 à 1853 et 1862. L'augmentation a été de :

Viande fournie aux établissements hospitaliers de Paris......	12 %
Viande sur pied dans les marchés d'approvisionnement de Paris.	25 %
Viande — — départementaux............	35 %
Viande évaluée au lieu de production (Enquête agricole).....	45 %

Mais de 1847 à 1873 la progression a été :

	Taux de l'augmentation.
Bœuf......................	70 p. %
Vache......................	80
Veau......................	40
Mouton......................	55
Viande fournie aux hospices...	70

N'y a-t-il pas là la preuve manifeste que notre production est insuffisante? le nombre de notre population qui rétrograde dans quarante départements le dit aussi. Or avec les vieux errements comment ferait-on pour accroître l'élevage, si la production fourragère n'augmente pas elle-même dans la

(1) Les sept premiers mois.
(2) Les sept derniers mois.

même proportion? Ce qui vous attend, c'est un renchérissement continu, pour la population, un surcroît de malaise, pour l'avenir, l'incertitude. Méditez les chiffres que je viens de rapporter, et demandez-vous comment l'ouvrier pourra se nourrir, si, dans les dix années qui vont s'écouler, le prix de la viande éprouve la progression que nous venons de subir.

Mais il ne faut pas que cette excursion dans ce nouveau domaine prête aux fausses interprétations. Je ne change rien, entendez-le, à mes déclarations antérieures, que je rappelle et résume d'un mot.

Le bétail est-il une nécessité imposée à la culture? non... La part qui doit lui être faite n'est pas une question de principe, mais simplement une question de convenance, réglée toute entière par le profit qu'elle donne. Rien de plus, rien de moins.

Avant de nous séparer, Messieurs, faisons encore un effort. Je tiens en effet à ce que cette séance, à laquelle j'attache une importance particulière, ait pour couronnement la preuve, et la preuve sans appel, que la culture par le fumier, d'après les anciens errements, non-seulement ne donne ni profit, ni sécurité, mais encore qu'elle épuise la terre.

J'ai dit qu'elle épuise la terre. L'épuisement est lent, mais il est réel et continu, et après un siècle ou deux, il se traduit en faits inflexibles. Triste et redoutable explication des changements survenus dans certaines régions autrefois florissantes, aujourd'hui désolées! Cette déclaration est trop grave pour que je veuille en puiser la preuve dans des circonstances exceptionnelles ; je n'invoquerai donc pas l'exemple de la petite culture qui ne fume pas, et dont l'action dévastatrice est manifeste.

Non, je demanderai mes preuves à une exploitation privilégiée et à un auteur qui certes ne peut être suspect de partialité à l'égard du fumier, à M. Wolf qui a consacré de longues études et d'estimables recherches à définir les conditions les plus fructueuses de la production et de l'emploi du fumier.

Je prends après lui comme exemple une ferme située de l'autre côté du Rhin, d'une superficie de 117 hectares, sur lesquels 47 sont voués aux récoltes d'exportation, 40 affectés à la prairie permanente et 30 aux fourrages artificiels. Si je prouve que dans une telle exploitation, on porte atteinte à la fertilité du sol, de bonne foi, trouverez-vous ma démonstration décisive? De l'aveu de M. Wolf, ce domaine perd chaque année :

PERTES OCCASIONNÉES
PAR L'EXPORTATION (1)

	DES PRODUITS végétaux.	DES PRODUITS animaux.	TOTAL des pertes.
Azote..............	1,037 kilogr.	320 kilogr.	1,327 kilogr.
Acide phosphorique.	456 —	120 —	576 —
Potasse............	299 —	72 —	371 —
Chaux.............	66 —	110 —	176 —

(1) Voir la note à la page suivante.

Ce qui, réparti sur les 77 hectares, donne comme expression de la perte subie par le sol par hectare et par an.

18 kilogr. d'azote.
8 kilogr. d'acide phosphorique.
5 kilogr. de potasse.
3 kilogr. de chaux.

Pour contrebalancer les effets de cette perte, quelles sont les ressources? 40 hectares de prairie irriguée qui donnent en moyenne 4,000 kilogr. de foin, dans lesquels il y a :

---

(1) PERTES ANNUELLES

SUBIES PAR UN DOMAINE DE 117 HECTARES DANS LA CONSTITUTION DUQUEL LA PRAIRIE ENTRE POUR 40 HECTARES ET LES PRAIRIES ARTIFICIELLES POUR 30.

	Azote.	Cendres.	Potasse.	Chaux.	Magnésie.	Acide phosphorique.
kil.	kil.	kil.	kil.	kil.	kil.	kil.
12,000 froment.	262	223	69.5	7.5	27.5	103.5
13,123 seigle...	231	227	71.0	6.5	25.0	107.1
11,250 orge....	171	245.5	54.0	5.5	20.5	81.0
8,000 colza....	248	297.5	70.5	42.5	37.0	133.0
3,500 pois....	125	84.5	34.5	4.0	6.5	31.0
4,000 lait.....	256	280	68.0	60.0	8.0	76.0
2,400 bétail vivant.......	64	112	4.0	50.0	1.0	41.5
Total....	1357	1469.5	371.5	176.0	125.5	576.4

Cette perte, répartie sur toute l'étendue des terres arables, donne par hectare et par an.

17.7	19.1	4.85	2.29	1.64	7.5

(Émile Wolf. — *Études pratiques sur le fumier de ferme,* page 108.)

		POUR LES 40 hectares.
Azote	51 kilogr.	2,040 kilogr.
Acide phosphorique	16 —	640 —
Potasse	66 —	2,640 —
Chaux	53 —	2,120 —

ce qui, réparti sur les 77 hectares de culture, donne à son tour, par hectare et par an, pour neutraliser la perte due à l'exportation :

Azote	27 kilogr.
Acide phosphorique	8
Potasse	34
Chaux	28

Si l'azote du foin profitait en entier à la terre, la culture gagnerait chaque année 9 kilogr. par hectare. Mais en réalité il est loin d'en être ainsi. Le foin sert d'abord de nourriture au bétail, or un tiers de l'azote est perdu dans l'acte du travail digestif et cette perte n'est pas la seule ; les deux tiers restants subissent à leur tour une réduction, née de la décomposition que les déjections animales éprouvent dans la fosse à fumier, cette dernière perte n'est pas inférieure à un tiers de la quantité primitive.

Il résulte de là que la terre reçoit à peine 9 kilogr. d'azote par hectare de culture et par an.

Nous savons, par expérience, qu'en donnant à la terre la moitié de l'azote contenu dans les récoltes, le sol n'est pas appauvri. La perte étant de 18 kilogr. et la restitution de 9, on peut, à la rigueur, admettre qu'il y a balance; ni perte, ni gain, stagnation. Pour l'acide phosphorique, il n'en est plus de même, la terre perd 8 kilogr. par hectare, la prairie ramène 8 kilogr. ; mais les pertes que l'entraînement par les eaux pluviales déterminent, l'aliquote de l'acide phosphorique qui passe à l'état de phosphate de fer et de phosphate d'alumine, inactifs tous deux, constituent une perte réelle dont les effets à la longue ne peuvent manquer de se faire sentir.

Il est vrai que la terre reçoit notablement plus de potasse et de chaux qu'elle n'en a perdu, mais faute d'une quantité corrélative d'azote et d'acide phosphorique, le surcroît de ces deux produits est comme non avenu.

Pas de contestation possible. Avec le fumier seul, la culture se trouve fatalement arrêtée dans son essor, et si les récoltes qui correspondent à ce système sont si loin du régime intensif, l'explication vous est maintenant donnée.

Et remarquez bien avec quel soin j'ai évité les exagérations. Il ne s'agit pas ici d'une exploitation deshéritée, mais d'un domaine remarquable par la puissance de sa constitution. Or n'est-ce pas un fait bien grave que l'azote et l'acide phosphorique fassent défaut, lorsqu'on sait qu'ils sont par essence les régulateurs de la production des céréales?

Pour rester fidèles à notre parti pris de modération, supposez que la part faite à la prairie soit un peu plus faible, ou que sur les 40 hectares, il y en ait 10 ou 12 non irrigués, appartenant à ce que l'on appelle les prairies hautes, et ayant besoin d'être fumées, ce qui est le cas le plus général, l'atteinte subie par le domaine se traduirait à bref délai par un abaissement de toutes les récoltes.

Si j'avais voulu donner à cette démonstration un caractère plus saisissant il m'aurait suffi de prendre la petite culture pour exemple; je ne l'ai pas fait. J'ai préféré vous citer un domaine où l'on pourrait dire à la rigueur que les pertes ne sont qu'à l'état de menace et vous inviter à méditer cet exemple : voyez combien la constitution de ce domaine est bien équilibrée et pourtant le présent y est précaire et l'avenir gros d'inévitables déceptions.

Résumons-nous sur ce point capital. On peut dire, d'une manière générale, que ce qui manque aux terres de notre vieux continent européen, c'est l'acide phosphorique et l'azote. De là l'explication du succès obtenu par le guano. 9 fois sur 10 une importation d'acide phosphorique et d'azote suffit pour élever le rendement des céréales et de la plupart des cultures industrielles, mais, ne le perdez pas de vue, ce succès n'aura qu'un temps, et pour peu qu'on veuille se livrer à la culture de la betterave, de la pomme de terre ou étendre les prairies artificielles, aussitôt la nécessité de la potasse et de la chaux se fera sentir et malheur à l'imprudent qui fermera les yeux à l'évidence.

Voulez-vous renforcer vos moyens d'action par une importation d'engrais, commencez par l'azote et l'acide phosphorique. L'azote à l'état de sulfate d'ammoniaque ou de nitrate de soude. L'acide phosphorique à l'état de superphosphate, puis en second lieu la potasse à l'état de nitrate ou de chlorure de potassium et la chaux à celui de plâtre.

Avant de nous séparer, Messieurs, qu'il me soit permis de jeter un dernier regard en arrière et de résumer en quelques traits rapides le chemin que nous avons parcouru.

A ceux qui reprochent à la doctrine des engrais chimiques d'être l'ennemie du bétail, qu'elle condamne, qu'elle proscrit disent-ils, vous pouvez répondre désormais que c'est par elle et par elle seule qu'on peut produire du bétail avec bénéfice et du fumier à bas prix, car sans une importation d'engrais ces deux opérations sont évidemment onéreuses.

Vous savez de plus, maintenant, que les lois qui commandent aux plantes sont pratiquement les mêmes qui commandent aux animaux; que plantes et animaux sont au même degré de véritables machines, auxquelles il faut livrer toute la matière première qu'elles sont aptes à utiliser; que se montrer parcimonieux à cet égard c'est la pire des économies, puisque c'est la méconnaissance de la loi qui fait le profit : grande production avec peu de frais généraux.

Or à quelles conditions ce résultat peut-il être obtenu? A une seule. Nourrir abondamment le bétail, fumer abondamment la terre en suivant les règles que vous connaissez. Or cette condition ne peut être réalisée qu'à l'aide d'une importation d'engrais, appliqués indistinctement aux céréales et aux fourrages, aux récoltes livrées aux étables aussi bien qu'aux récoltes destinées au marché, et cette prescription, vous le savez, elle est par essence, l'une des données fondamentales de la doctrine des engrais chimiques.

NEUVIÈME ENTRETIEN.

LES INDUSTRIES AGRICOLES.

Messieurs,

Pour remplir le cadre que je me suis tracé, et éclairer le problème agricole sous tous ses aspects, j'ai besoin d'expliquer ce qu'on doit entendre par les industries agricoles, ne fût-ce que pour prévenir la confusion que l'on fait trop souvent, entre les industries qui intéressent l'agriculture, et celles qui se rattachent au régime même du sol.

Ici la pratique, guidée par sa merveilleuse intuition, a devancé la théorie, et c'est même là ce qui donne aux résultats qu'elle a obtenus un surcroît d'intérêt, attendu que les faits qu'elle a mis en lumière consacrent, en le généralisant, tout ce que je vous ai dit de l'emploi des engrais.

Vous savez, Messieurs, que Mathieu de Dombasle avait annexé à l'institut de Roville une fabrique d'instruments aratoires, dont il retira même d'importants profits.

Était-ce là une industrie agricole dans toute l'acception du mot? Évidemment non, attendu qu'une fabrique de cette nature n'avait et ne pouvait avoir aucun rapport avec le régime de l'exploitation.

Quelles sont donc les industries qui méritent la qualification d'agricoles?

Celles qui opèrent sur un produit de la ferme, et sont pour elle une source indirecte d'engrais?

Par exemple, les fabriques de sucre, les distilleries, les fabriques de fécule, les rouissages industriels pour le chanvre et le lin, et, ce qui pourra vous surprendre, la culture du pin maritime.

Or, si distinctes que ces industries vous paraissent, par la nature de leurs produits ou leurs moyens d'action, elles ont cependant un caractère commun qui en fait une véritable famille industrielle : toutes en effet, tendent, bien que par des voies différentes, au même but : *Restreindre l'exportation aux produits végétaux, qui ne font rien perdre à la terre.*

Et, répétons-le, cette distinction capitale entre les denrées dont l'exportation épuise le sol, et celles dont l'exportation ne l'épuise pas, c'est la pratique qui l'a faite à une époque où elle n'aurait pu la justifier par la théorie. Eh bien! notre rôle à nous, c'est de définir le caractère de ces industries remarquables; notre mission, c'est de vous dévoiler le caractère commun qui les fait rentrer toutes sous la même loi, cette étude, je vous l'ai dit, devant consacrer la doctrine des engrais chimiques dans l'une de ses données les plus essentielles.

Je prends comme premier exemple les distilleries.

Au point de vue agricole, à quoi se réduit leur fonction? A consommer de la betterave, à exporter de l'alcool, et à livrer aux étables de la pulpe, c'est-à-dire qu'une distillerie équivaut pour la culture à un accroissement de prairie, puisqu'elle procure un surcroît de nourriture pour les animaux.

D'autre part, le produit industriel que l'on exporte c'est l'alcool. Or, j'ajoute qu'une telle exportation, si étendue qu'on la suppose, ne porte aucune atteinte à la fertilité du sol.

Quoi! une exportation considérable sans perte réelle? cela est-il possible? Oui, exportation sans aucune perte.

Un mot suffit pour expliquer cette apparente contradiction. L'eau de la pluie et l'acide carbonique de l'air font tous les frais de l'exportation. Qu'y a-t-il dans l'alcool? du carbone, de l'hydrogène et de l'oxygène.

La pratique agricole affirme que les distilleries contribuent à l'amélioration du sol — la science explique pourquoi. Le fait est certain, l'explication ne l'est pas moins, et ce que nous venons de dire de l'alcool s'applique au même degré au sucre d'où l'alcool dérive par voie de fermentation; le produit exporté est différent, sa nature chimique est analogue.

J'étends la même explication aux féculeries. Ici le point de départ de la fabrication n'est plus la betterave, mais la pomme de terre; le produit exporté n'est ni le sucre, ni l'alcool, mais la fécule. Mais qu'importe la différence si la composition est analogue sinon identique.

Dans la fécule, comme dans le sucre et l'alcool, il n'y a que du carbone, de l'hydrogène et de l'oxygène. Donc pas d'atteinte à la terre, et comme résidu une pulpe inférieure comme valeur nutritive à celle de la betterave, mais qui peut cependant encore être employée à la nourriture du bétail.

Les grands rouissages industriels, dont l'Irlande et l'Angleterre possèdent de si beaux types, rentrent dans le même cadre. Chimiquement parlant, le chanvre et le lin se composent de trois parties bien distinctes : la fibre textile, la tige proprement dite dont le textile forme l'enveloppe extérieure, et une matière gommo-résineuse qui l'y tient adhérente.

L'opération du rouissage a pour but à la fois de détacher la fibre textile de la tige proprement dite et de la dépouiller de la matière gommo-résineuse qui la souille et en altère la qualité.

Eh bien ! si on utilise les eaux du rouissage pour la nourriture des porcs, ou simplement comme un surcroît de purin, pour arroser la prairie ou augmenter la production du fumier, et que l'exportation soit réduite à la fibre textile rouie et teillée, ici encore la terre ne perd rien, attendu que la cellulose de la fibre textile n'admet, elle aussi, dans sa composition, que du carbone, de l'hydrogène et de l'oxygène.

Puiser dans l'air le plus possible pour enrichir le sol, voilà ce que la pratique a su réaliser avec une merveilleuse pénétration, à une époque où l'on ignorait ce que l'air donne aux plantes.

Mais à ce point de vue la science nous a signalé depuis longtemps une solution plus simple et plus complète que les précédentes, fondée sur la culture des plantes oléagineuses.

Malgré la différence de leur état physique et de leurs propriétés usuelles, les huiles n'admettent dans leur composition, comme le sucre, l'alcool, la fécule et les fibres textiles, que du carbone, de l'hydrogène et de l'oxygène.

Il suit de là que si au lieu de vendre les graines oléagineuses, on extrayait dans la ferme même l'huile qu'elles contiennent et qu'on se bornât à exporter l'huile, il suffirait de rendre à la terre les autres parties des plantes, pour maintenir le sol dans un état croissant de fertilité.

Dans ce système, les tourteaux que les graines laissent après l'extraction de l'huile seraient l'engrais principal. Les tourteaux sont en effet très-riches en azote, en phosphate et en potasse. Délayés dans l'eau on peut à leur aide préparer une sorte d'urine artificielle pour opérer la désagrégation, dans la fosse à fumier, des tiges et des gousses, capsules ou siliques et à plus forte raison de la paille elle-même.

Mais pour que ce système réalise dans la pratique tous les avantages indiqués par la théorie, il faut retirer de la graine la totalité de l'huile qui s'y trouve.

Au sortir de la presse hydraulique les tourteaux contiennent de 6 à 8 0/0 d'huile qu'on peut extraire au moyen du chloroforme, du sulfure de carbone ou des huiles légères de houille. Cette extraction n'offre aucune difficulté. Les appareils ne sont pas eux-mêmes d'un grand prix. Je ne puis entrer dans plus de détail. Il me suffit de vous avoir signalé le résultat. J'ajouterai seulement qu'au lieu de traiter la graine dans son intégrité, les agriculteurs pourraient se borner à acheter des tourteaux dont ils extrairaient l'huile au moyen du sulfure de carbone. Ainsi traités les tourteaux employés comme engrais procureraient sous la forme d'une économie, un bénéfice d'au moins 150 fr. par hectare.

Voici quelques chiffres fondés sur la culture du colza à l'appui de cette assertion.

PRODUITS PAR HECTARE.

1° VENTE DE LA GRAINE EN NATURE.

35 hectolitres ou 2310 kilogr. à 46 fr. les 100 kilogr..... 1062 fr.

2° EXTRACTION DE L'HUILE

PAR LA PRESSE (ancien système).

2,310 kilogr. de graines à 35 p. % d'huile = 808 kilogr. d'huile.

D'autre part :

808 kilogr. d'huile à 120 fr. les 100 kilogr......	969 fr.
1,432 kilogr. de tourteaux à 15 fr. 50 les 100 kilogr.	222
PRODUIT TOTAL......	1191

3° EXTRACTION DE L'HUILE

AU MOYEN DU CHLOROFORME OU DU SULFURE DE CARBONE

(nouveau système.)

1039 kilogr. d'huile à 120 fr..................	1246 fr.
1201 kilogr. de tourteaux à 15 fr. 50...........	186
PRODUIT TOTAL......	1432 fr.

RÉSULTATS COMPARÉS.

	PRODUIT à l'hectare.
1° Vente de la graine en nature................	1062 fr.
2° Extraction de l'huile par la presse...........	1191
3° Extraction de l'huile par le sulfure de carbone.	1432
Différence en faveur de l'extraction de l'huile au moyen du sulfure de carbone sur la vente de la graine en nature.................	370 fr. (1)

(1) Dès 1860, j'avais fixé les termes de la théorie que je viens d'exposer, on en jugera par cet extrait d'un brevet d'invention pris le 10 novembre 1860.

« POURQUOI JE PRENDS DES BREVETS?

« Par mon brevet sur la production en grand du chloroforme, et par mon brevet d'aujourd'hui sur l'extraction des huiles, j'ai l'ambition de créer un ordre de cultures nouveau, les cultures industrielles se suffisant à elles-mêmes, entretenant la terre dans un état croissant de fertilité, sans autre engrais que le résidu de la fabrication dont la récolte est la matière première.

« Je m'explique plus clairement : A l'aide de l'emploi du chloroforme appliqué à l'extraction des corps gras, je veux donner aux agriculteurs le moyen d'extraire l'huile de leurs graines oléagineuses

Les plantations de pins résineux entrent dans le cadre des cultures qui nous occupe.

Ceux d'entre vous, Messieurs, qui ont parcouru les landes de Gascogne, savent combien est saisissant le contraste de la végétation des arbres comparée à celle des herbes. Les plantes y sont maigres et rabougries, la végétation a pour représentants des ajoncs et de la bruyère, hôtes habituels des sols déshérités. Mais tout à côté s'étalent, riches de verdure et dans un état de luxuriante prospérité, de magnifiques forêts de pins résineux, dont la cime atteint jusqu'à 8 ou 10 mètres de hauteur.

Pourquoi les arbres prospèrent-ils là où les plantes viennent si mal? Parce que les arbres et

---

plus complétement et plus économiquement que ne le fait actuellement l'industrie. A l'avenir, l'agriculteur exportera de l'huile, et non des graines ou fruits oléagineux. Après l'extraction de l'huile, les tourteaux et les pailles lui serviront à rendre au sol les agents de production qu'il avait perdus. La totalité des agents utiles retournera à la terre, il ne sera exporté qu'un produit sans influence sur la végétation : l'huile ne possède, en effet, aucune propriété fertilisante. Grâce à ce système, la culture du colza et du pavot, qui sont des cultures de grand rapport mais qui épuisent beaucoup la terre, deviendront, comme la betterave, des cultures améliorantes. Dans le cas des plantes oléagineuses, l'amélioration du sol sera bien plus complète que dans le cas de la betterave.

« Avec la betterave, le sol ne reçoit qu'une partie de l'azote de la récolte, celle que les déjections des animaux retiennent ; l'azote que les animaux s'assimilent, celui que leur respiration déverse dans l'atmosphère sont perdus pour le sol de l'exploitation. Soit qu'on travaille la betterave pour en extraire le sucre ou pour le transformer en alcool, la plus grande partie de la potasse contenue dans la récolte est encore perdue pour le sol. Dans le cas des plantes oléagineuses, aucune

le pin maritime en particulier vivent plus que les plantes aux dépens de l'air et de la pluie. Mais ce n'est pas tout.

Lorsque le pin est parvenu à l'âge de quinze ans, on l'exploite pour la résine.

A cet effet, on pratique de profondes entailles à la partie inférieure du tronc et on recueille, dans une cavité creusée au pied de l'arbre, la résine qui en découle.

---

de ces pertes ne se produit; le tourteau, délayé dans l'eau, contient la presque totalité de l'azote, des phosphates, de la potasse et de la chaux prélevée sur le sol par la récolte. Cet engrais contient les éléments d'une nouvelle récolte sous la forme la plus favorable à l'assimilation par les végétaux; on n'a pas besoin de recourir à la digestion animale pour préparer l'engrais : la facilité avec laquelle les tourteaux, délayés dans l'eau se décomposent, rend cet organe intermédiaire, dont l'emploi est si onéreux absolument inutile.

« Si, au lieu d'employer les tourteaux seulement, on utilise en même temps les fanes des récoltes, par leur immersion dans l'eau avec addition d'une partie du tourteau pour favoriser leur désagrégation et leur décomposition, la culture des plantes oléagineuses deviendra une des plus améliorantes que la théorie conçoive et que l'art puisse réaliser, car la terre bénéficiera, chaque année, de l'azote prélevé sur l'air par les cultures antérieures, en même temps que des minéraux utiles rendus accessibles à la végétation par la désagrégation des roches constitutives du sol.

« Ce 10 novembre, 1860.

Signé : G. VILLE, 43 *bis*, rue de Buffon. »

« Vu pour être annexé au brevet de quinze ans, pris le 10 novembre 1860 par le sieur Ville,

Paris, le 18 décembre 1860.

« *Pour le Ministre et par délégation*,

« Le Directeur du Commerce intérieur,

Signé : E. JULIEN. »

Chaque année on exporte ainsi de 6 à 700 kilogr. de résine, et l'expérience atteste que, loin de s'épuiser, la terre va toujours s'améliorant.

Pourquoi ? Parce que la résine, comme le sucre, l'alcool, les huiles, n'est composée que de carbone, d'hydrogène et d'oxygène.

Pour extraire le sucre de la betterave, il faut une installation industrielle qui ne coûte pas moins de 2 à 3,000 fr. par hectare. Pour utiliser la pulpe, il faut de plus un nombreux bétail, c'est-à-dire, une grande avance de capital.

Avec les huileries agricoles, l'appareil industriel est grandement simplifié ; l'intervention du bétail n'est plus nécessaire ; on peut employer les tourteaux directement comme engrais.

Dans les Landes, le procédé industriel est encore plus simple, il n'exige plus qu'une hache, une pelle et une racloire, la résine coule spontanément de l'arbre.

Ici, c'est l'industrie à son plus haut degré de puissance, et là, l'industrie rudimentaire et presque pastorale.

Un hectare de terre, cultivé en betteraves, rapporte en moyenne 40,000 kilogr. de racines, d'où l'industrie extrait 2,400 kilogr. de sucre valant au moins 1,500 fr., et rapportant à l'État, un droit au moins égal à sa valeur.

Un hectare planté en pins maritimes rapporte, année moyenne, de 5 à 600 kilogr. de résine, valant de 150 à 200 fr.

1° Gemme.....	350 à 500	kilogr.
2° Barrus......	160 à 200	»
Total.....	510 à 700	kilogr.

Mais ne dédaignons pas les plantations de pins. C'est l'industrie des terres pauvres et des régions où la population est clair semée.

Les pins poussent sans aucun secours étranger, les feuilles qui tombent rendent à la terre tout ce que l'arbre lui avait emprunté. Elles l'enrichissent même de composés azotés dont l'air a fait tous les frais, et il n'y a pas jusqu'à la substance des feuilles dont la décomposition ne produise une sorte de ciment organique, qui remplace dans une certaine mesure l'argile dont la terre est dépourvue.

Malgré leur dissemblance, toutes ces industries rentrent donc sous une loi commune, elles procèdent toutes du même fait. Elles n'exportent que des matières hydro-carbonées. Mais si la pratique unanime dans ses affirmations atteste que l'exportation de ces matières ne porte aucune atteinte à la fertilité du sol, du même coup elle justifie et consacre l'une des données les plus essentielles de la doctrine des engrais chimiques.

Que vous ai-je dit dans nos séances précédentes? Qu'il était inutile de donner à la terre des matières hydro-carbonées, que c'était une erreur de croire qu'il fallait lui rendre, pour la fumer, tout ce que les récoltes contiennent, qu'on pouvait supprimer cette partie de la substance des plantes qui a l'air et la pluie pour origine.

Et la pratique que cette proposition avait un moment heurtée, et qui s'insurgeait contre elle, que dit-elle cependant? qu'on peut exporter impunément ce que l'air et la pluie donnent à la plante, c'est-à-dire le carbone, l'hydrogène et l'oxygène. Ces deux propositions disent donc exactement la même chose, sous deux formes différentes, donnant aux principes que nous défendons ce degré de généralité, qui est l'apanage des lois naturelles.

Voilà pourquoi j'attachais une importance particulière à fixer une fois pour toutes le caractère des industries agricoles.

Culture, prairie, bétail, industrie, sont définis maintenant, et mis chacun à leur place. Vous voyez comment ils se rattachent les uns aux autres, comment ils réagissent les uns sur les autres, et pour quelle part chacun concourt au résultat final : le profit.

Pour compléter ce tableau et lui donner tout son relief, je ferai de l'une de ces industries une étude décidément complète, ne fût-ce que pour montrer comment la culture et l'industrie ont des intérêts faciles à concilier, mais aussi combien, faute de s'entendre, il peut naître des conflits préjudiciables aux deux.

Je prendrai naturellement pour exemple la plus importante de toutes les industries agricoles, autant par les grands capitaux qu'elle exige, que par l'action sans rivale qu'elle exerce sur le progrès de la culture.

A tous ces titres, vous l'avez compris, Messieurs, c'est de l'industrie sucrière ou plutôt de la betterave que je compte vous entretenir.

La betterave! que de souvenirs cette plante éveille en nous! le blocus continental, la lutte du vieux monde avec les idées nouvelles, la machine à vapeur à ses débuts, la grande industrie faisant timidement appel à l'association anonyme des capitaux, qui devait en faire à si bref délai la souveraine de la fortune publique et de la fortune privée.

Mais éloignons ces souvenirs qui nous feraient perdre de vue les questions pratiques qui seules nous touchent et doivent nous occuper.

Sur la betterave, que savons-nous, Messieurs, qu'ignorons-nous? qu'avons-nous intérêt à connaître et besoin de savoir?

Pourquoi ne pas vous le dire : sûr de mes affirmations sur certains points, je suis encore dans le doute sur certains autres.

J'ai réuni depuis quelques années des faits d'une grande valeur pratique; je suis en possession de résultats très-importants, mais il y a bon nombre de questions théoriques qui m'embarrassent et sur lesquelles j'hésite encore.

Si je voulais vous présenter une théorie complète et inattaquable de la production économique du sucre par les végétaux, j'attendrais encore, et si je me préoccupais de moi, je passerais sous silence certains résultats qui ont une grande valeur pratique à mes yeux, bien qu'ils soient encore incomplets. Mais pourquoi ne pas vous en faire l'aveu? Je ne m'inquiète aucunement de ce que veut la théorie dans ses exigences inflexibles. Mon ambition est, avant tout, de porter à la connaissance de tous ce que je crois bon et utile, et voilà pourquoi je n'hésite pas à vous livrer en toute occasion le fond de ma pensée.

Dans la question de la betterave, il y a deux intérêts également respectables qu'il faut s'attacher à concilier : l'intérêt de l'agriculteur et l'intérêt de l'industriel. Sacrifier l'un de ces intérêts à l'autre ne serait pas seulement injuste, ce serait rendre toute solution durable impossible.

A l'agriculteur, il faut de grands rendements. Au-dessous de 35,000 kilogrammes de racines par hectare, la culture de la betterave n'est pas rémunératrice.

Le second intérêt, celui de l'industriel, n'est pas moins impérieux. A l'industriel, il faut des betteraves titrant au moins 12 0/0 de sucre; au-dessous de ce titre, le rendement à l'usine n'est guère que de 4 0/0, et à ce taux, il n'y a pas de profit; il est évident que celui qui travaille la betterave a besoin d'en retirer une quantité de sucre qui laisse un profit. Si ce résultat n'est pas atteint, l'usine qu'on a montée à grands frais ne peut subsister; sa fermeture est inévitable, et le cultivateur qui l'alimente perd du même coup son marché.

D'un autre côté, si le cultivateur, pour obtenir

les betteraves de bonne qualité, que lui réclame l'industriel, doit sacrifier le rendement, ne produire que de faibles récoltes, il est manifeste qu'il n'a pas intérêt à porter des betteraves à l'usine.

Pour concilier ces deux intérêts, il faut arriver à une entente sur le domaine de l'équité; au lieu de s'inspirer de ces questions d'habileté, où chacun tire de son côté les avantages, on doit définir scientifiquement le problème et se dire : — Nous faisons une opération à deux; tout le monde peut et doit y gagner.

C'est en me pénétrant de ces idées que je suis arrivé, par la voie de l'expérience, d'une expérience persévérante et rigoureuse, à ce résultat d'obtenir des betteraves d'un titre élevé et dont la récolte soit cependant très-belle. La théorie de ce résultat, je ne la possède qu'en partie; mais à côté de la théorie il y a le fait, et ce fait, je vous l'apporte. Si parmi vous, Messieurs, quelqu'un peut m'aider à compléter la théorie, je serai le plus heureux des deux; s'il m'apporte des observations qui ajoutent quelques données nouvelles aux résultats de mes propres études, je le remercierai; s'il m'oppose des objections auxquelles je ne puisse répondre, je m'en consolerai; je n'ai pas la prétention de posséder le dernier mot de la question; je vous soumets simplement les résultats positifs que je possède.

J'entre donc, sans un plus long préambule, dans le vif de la question.

Pour obtenir de grands rendements de betteraves, que faut-il ?

En premier lieu, un engrais contenant une grande quantité de matière azotée ; c'est là une condition de rigueur.

Or au point de vue de la matière azotée il y a deux cas bien différents à considérer.

Celui où la matière azotée est immédiatement assimilable parce qu'elle est tout entière soluble, et le cas où elle est à l'état de matière animale, qui n'est pas assimilable sous sa forme native, et n'agit que par le produit de sa décomposition.

Dans le premier cas, on obtient des betteraves de qualité supérieure, et dans le second des betteraves généralement pauvres en sucre.

Pour obtenir une forte récolte de betteraves, il faut à peu près 80 kilogrammes d'azote immédiatement assimilable par hectare. Si, au lieu de remplir cette condition, on donne à la terre 200 kilogr. d'azote à l'état de fumier de ferme, d'engrais flamand ou de tourteaux, cet azote, qui est insoluble et dont une partie seulement agit à bref délai, a l'inconvénient de continuer son action lorsque la betterave est parvenue au terme de son développement, et de provoquer, à la dernière heure, la formation de feuilles qui, au lieu d'enrichir la racine, lui empruntent, au contraire, une partie du sucre qu'elle contenait et l'appauvrissent.

Je le répète, la betterave pousse-t-elle des feuilles à l'arrière-saison, la proportion de sucre diminue.

Par conséquent, premier résultat dont nous sommes redevables à l'expérience : *Pour avoir un grand rendement de betteraves, il faut une dose élevée de matière azotée, et pour être de bonne qualité, la betterave exige que l'azote soit sous une forme soluble.* Alors la betterave en absorbe la plus grande partie six semaines ou deux mois avant le terme de son développement, et on évite, à l'arrière-saison, la formation de feuilles nouvelles qui, au lieu d'enrichir la racine, lui font perdre, au contraire, une partie du sucre qu'elle contenait.

Remarquez, Messieurs, que je ne fais pas de théorie en tout ceci; non, je me tiens simplement dans le domaine des faits. Aussi ajouterai-je, pour compléter cette première indication, employez de préférence pour la betterave les engrais chimiques; comme matières azotées : le nitrate de potasse, le nitrate de soude ou le sulfate d'ammoniaque, dont on règle à volonté les effets, parce qu'ils sont entièrement solubles, et lorsque vous devrez recourir au fumier de ferme, ne dépassez pas, autant que faire se peut, 20,000 kilogrammes par hectare, enfouis à l'automne au fond du sillon, et donnez, comme complément de fumure, de l'engrais chimique au printemps.

Je le répéterai donc une fois encore, pour que la betterave soit de bonne qualité, il faut qu'au moment de l'arrachage elle ait acquis tout son développement, il faut que les feuilles commencent à jaunir et pour cela, il faut, ne cessons de le répéter, que les huit dixièmes de l'azote de l'engrais aient été absorbés.

La nature de l'engrais, le rapport réciproque des substances qui le composent, leur degré de solubilité ont donc une influence considérable à la fois sur le rendement des récoltes et sur la richesse saccharine des racines.

Lorsque j'ai commencé mes expériences à Vincennes, le terrain sur lequel le champ a été établi provenait d'une prairie retournée. La première année, j'ai obtenu de très-belles récoltes de betteraves, mais les betteraves titraient, en moyenne, de 8 à 9 0/0 de sucre.

Les années suivantes, les rendements se sont maintenus entre 35 et 50,000 kilogr. par hectare, mais la qualité a subi une amélioration progressive qui ne s'est pas arrêtée, à ce point qu'aujourd'hui les racines de mes récoltes titrent, en moyenne, de 14 à 16 0/0 de sucre.

Voilà une betterave du poids de 1,100 gr., qui titre 14 0/0 de sucre. Je l'ai analysée hier. Cette autre, qui pèse 1,200 grammes, titre 12,5 0/0, mais nous sommes le 9 mars; celles dont le poids est inférieur à 1,000 gr. titreront de 16 à 18 0/0.

Ce résultat est-il une exception? bien loin de là, c'est le fait général. Les fabricants de sucre, qui suivent de près leur fabrication, savent tous qu'avec les engrais chimiques les betteraves l'emportent par leur richesse sur celles venues avec le fumier de ferme.

Un témoignage, entre beaucoup d'autres, dont la valeur s'accroît de la position de l'homme distingué à qui je l'emprunte. L'un des directeurs de Fives-Lille, a obtenu, avec les engrais chimiques, dans une ferme de la Normandie, des betteraves qui titraient 15 0/0 de sucre, alors qu'avec le fumier de ferme leur richesse n'a été que de 10 à 11 0/0. L'expérience a été faite pendant les années 1871 et 1872.

J'ai reçu, il y a sept à huit jours, d'un savant des plus estimables, M. Pagnoul, professeur de chimie à Arras, cette brochure, où il rend compte d'expériences de culture faites parallèlement avec le fumier et les engrais chimiques. Ici, tout est net, précis, comparable.

D'un côté, du fumier qui apporte 200 kilogrammes d'azote à l'état insoluble, et dont l'action, fondée sur la décomposition lente, mais continue, des substances qu'il contient, se prolonge jusqu'au moment de la récolte. De l'autre côté, au contraire, les engrais chimiques, qui peuvent être absorbés tout de suite, agissent beaucoup au début et très-peu à la fin.

Quel a été le résultat de cette expérience, à tous égards excellente?

Avec le fumier, on a obtenu des betteraves titrant 9 0/0 de sucre.

Avec les engrais chimiques, leur titre s'est élevé à 14 0/0 (13,7).

Ainsi, deux ordres de faits établissent la supériorité des engrais chimiques pour la culture de la betterave. D'un côté, la pratique du champ d'expériences de Vincennes, qui embrasse une période de quatorze années, et de l'autre — le témoignage de la grande culture, qui consacre, en les généralisant, les résultats qu'on y a obtenus.

Serrons de plus près la question. Quel est, au juste, l'accroissement de richesse qu'on peut produire par le choix des engrais et la juste pondération des substances qui les composent?

Je ne la crois pas inférieure à 3 ou 4 0/0 du poids des racines. Pour une récolte de 40,000 kilogr., un accroissement de richesse de 3 0/0 équivaut à 1,200 kilogr. de sucre, valant de 6 à 700 francs.

N'utilisât-on à l'usine que la moitié de cet excédant, le résultat serait encore fort beau.

Mais ce n'est pas tout. Le choix des engrais épuise-t-il nos moyens d'action? Non. Il y a encore à notre portée un autre moyen, non moins efficace que le premier, consacré, lui aussi, par la pratique : c'est le choix de la graine.

Un industriel, qui a fait des recherches de très-longue haleine et fort estimables sur le perfectionnement des races végétales par le choix des porte-graines, est arrivé à obtenir des betteraves qui titrent 14, 15, 16 et 18 0/0 de sucre. Mais ces betteraves, si riches en sucre, ont un inconvénient : elles ne donnent que des récoltes médiocres. En outre, ces betteraves sont fourchues, c'est-à-dire que l'extrémité se termine par quatre à cinq racines indépendantes qui retiennent beaucoup de terre. Ces racines fourchues présentent au lavage, dans les usines, des difficultés telles que les fabricants de sucre, malgré leur richesse exceptionnelle, les refusent presque. D'un autre côté, l'agriculteur ne peut consentir à produire de telles betteraves, à cause de la faiblesse des rendements, qui ne dépassent guère 25,000 kilogr. par hectare, si tant est qu'ils les atteignent. Supposons que sur un hectare vous obteniez 20,000 kilogr. de ces betteraves : a raison de 20 fr., cela fait 400 fr. Si vous avez dépensé 300 fr. d'engrais, il ne vous reste rien.

Mais, dit-on, le blé qui succède à la betterave est la véritable source du profit; pour rester dans le vrai, il faut reporter sur la céréale de la deuxième année une partie du prix de l'engrais. Cet amendement, qui est fondé, ne lève cependant pas la difficulté, et nous ne saurions l'admettre à titre de solution. Si la qualité de la betterave n'est obtenue qu'au prix d'une récolte insuffisante, pour être rémunératrice, il y a un intérêt lésé : c'est celui du pauvre agriculteur. Or, s'il est un intérêt que je ne consente jamais à sacrifier, c'est certainement celui-là. Il faut donc arriver, de toute nécessité, à obtenir des rendements de 40,000 à 45,000 kilogr. et parallèlement des betteraves riches, afin de pouvoir dire à l'usinier : la betterave que nous vous apportons est parfaite, la forme en est irréprochable, elle contient 15 0/0 de sucre; dès lors, vous devez nous en payer la valeur réelle.

Dans ces conditions, l'usinier fera ses affaires et vous les vôtres; il faut tendre à la satisfaction de ces deux intérêts, sinon la solution est incomplète.

Disons donc comment il faut procéder à l'amélioration de la racine, pour compléter l'effet produit par les engrais.

Il faut, en premier lieu, choisir des betteraves bien faites, éviter les formes irrégulières; repousser à la fois les racines trop grosses et les racines trop petites. Entre 1,000 et 1,500 grammes on est dans de bonnes conditions.

Ce premier choix opéré, il faut analyser chaque betterave séparément. Pour cela, on enlève un morceau de racine de 20 à 30 grammes, à l'aide d'une sonde en acier, au tiers de la hauteur à partir du collet; la zone, à cet étage, possède la richesse moyenne de toute la racine. Au-dessous de 12 à 14 0/0 de sucre, une racine ne peut servir de porte-graines.

La petite lacération que les racines ont subie ne nuit ni à leur bonne conservation ni à la production de la graine, mais il faut la conserver dans un silo très-aéré, et éviter par-dessus tout la dessiccation.

La graine ainsi obtenue est affectée à la production d'une récolte, sur laquelle on opère une nouvelle sélection, ne portant cette fois que sur la forme et le poids des racines et la graine issue de cette deuxième génération est la graine industrielle.

Vous bornez-vous à semer toujours la même graine : à mesure que les générations se succèdent, le poids des récoltes diminue, et la racine, qui avait à l'origine une forme si parfaite, s'altère et devient fourchue. Cette variété que vous avez créée s'altère, et peu à peu l'avantage qu'elle vous avait procuré diminue et s'éteint. Vous vous trouvez ainsi arrêté. Mais il y a un moyen d'obvier à cet inconvénient : c'est de ne jamais arrêter la sélection.

Je le répète donc : voulez-vous des betteraves de qualité supérieure ? La condition est absolue; il faut renouveler tous les deux ans les porte-graines, souches de la race. A cette condition seulement, le poids, la forme et la richesse se maintiennent au degré voulu.

Répétons-le encore. — Lorsque le moment de la récolte est venu, choisissez les betteraves une à une, classez-les par degré de richesse, éliminez toutes les formes défectueuses, toutes les grosseurs insuffisantes, écartez les betteraves pauvres et ne gardez comme porte-graines que celles dont la richesse est élevée et dont le poids est compris entre 800 et 1,200 grammes.

Avec la graine de cette première génération, on procède à une culture exceptionnellement soignée, attendu que ce sont les racines de cette première récolte qui sont appelées à fournir la graine industrielle.

En premier lieu, il faut une terre défoncée profondément sur les éléments de laquelle on favorise l'action de l'air et de la gelée en lui laisant passer l'hiver en sillons ouverts. Au printemps on l'ameublit et on la nivelle par un hersage énergique.

Une précaution essentielle, si on emploie du fumier, c'est de le répandre au fond des sillons au moment des labours. Le contact immédiat du fumier avec les couches inférieures et l'absorption par ces couches des parties solubles, réalise les conditions si avantageuses des fumures sous-jacentes sur lesquelles je reviendrai dans un instant.

Quant à l'engrais chimique, il faut le répandre en couverture, au printemps, à la surface de la terre et herser immédiatement après.

Lorsque la couche inférieure du sol est compacte, et que l'engrais est inégalement réparti dans la couche supérieure, les racines deviennent irrégulières et fourchues. Je l'ai dit, les betteraves obtenues dans ces conditions, servent à la production de la graine industrielle, qui est par conséquent une graine de deuxième génération, mais parallèlement à la production de la graine industrielle, il faut par une sélection inflexible régénérer la graine type.

En procédant de cette manière, on arrive à d'excellents résultats. Voilà les types de racines que j'obtiens couramment. Leur richesse est exceptionnelle, leur forme irréprochable, tout cela est le fruit d'une sélection qui ne s'arrête jamais.

Ici se présente une question pratique très-importante.

Un pareil travail de sélection est-il à la portée des agriculteurs? peut-il se concilier avec les soins et la variété des services que comprend l'administration d'une ferme?

Je n'hésite pas à répondre, non. Pour que le résultat réponde à la dépense, il faut que la production de la graine incombe aux fabriques de sucre, qui sont les premières intéressées.

Pour cela que faut-il? annexer à chaque fabrique une culture de 10 à 12 hectares, pour perfectionner à la fois la formule des engrais et produire une graine de qualité supérieure.

A cet ensemble de mesures, ajoutez la proscription des matières animales comme engrais, ou du moins l'obligation de ne les employer qu'à dose modérée, et vous verrez se produire, à la commune satisfaction de l'industriel et du cultivateur, cette conciliation d'intérêt, objet de tous mes efforts depuis dix ans.

Voulez-vous qu'au point de vue pratique et financier nous précisions ce que l'on peut obtenir en agissant ainsi?

Si vous invoquez le témoignage des industriels, ils vous disent qu'ils ne retirent presque rien de la betterave. Mais si vous les prenez sur le côté de l'amour-propre, ils avouent qu'ils en retirent 6 à 7 0/0 de sucre, la vérité c'est que lorsque le rendement à l'usine a atteint 5 0/0, le résultat est avantageux.

Eh bien! faisons une supposition des plus modérées. Supposons une usine travaillant, année moyenne, la récolte de mille hectares, c'est à peu près aujourd'hui l'importance des usines établies. Supposons de plus qu'on lui livre des betteraves titrant 10 0/0 de sucre et rendant à l'usine 5 0/0. Substituez à ces betteraves des racines qui titrent au contraire 12 ou 13 0/0 et rendent 6 à la fabrique, c'est une bonification de 1 0/0. Pour une récolte de 40,000 kilogr. c'est un excédant de 400 kilogr. de sucre par hectare cultivé ou une valeur de 240 fr., et pour les 1,000 hectares qui alimentent l'usine un excédant de produit de 240,000 fr.

Et pour vous montrer sous tous les aspects, l'importance de la question qui nous occupe, au lieu d'une fabrique ordinaire supposez une usine centrale flanquée de sept à huit râperies, véritables forts détachés qui la protégent et l'alimentent de jus extrait dans un rayon de 5 à 6 kilomètres, comme cela a lieu dans les sucreries d'Abbeville, de Meaux et de Coulommiers, cette fois, ce n'est pas mille hectares de culture qu'il faut annexer à l'usine, mais trois mille hectares au moins, l'excédant de recette est alors de plus de 6 à 700 mille francs.

Réduisez ces chiffres autant que la prudence la plus méticuleuse peut le conseiller, le résultat n'en restera-t-il pas toujours très-important?

Et on hésiterait à suivre la voie qui doit le fournir?

Je le répète. A l'agriculteur il faut des récoltes d'au moins 45,000 kilogr. par hectare ; là est pour lui la garantie du profit. Au fabricant de sucre il faut des racines titrant au minimum 12 0/0 de sucre.

Or ce double résultat étant obtenu, comment se règleront les intérêts des parties?

Le fabricant de sucre devra-t-il s'astreindre à titrer tous les lots de betteraves qui lui sont livrées? Évidemment non, du moment qu'on aura employé la graine produite par lui-même, pour le protéger il lui suffira de repousser les racines qui pèseront plus de 1,500 grammes, parce qu'au delà de ce poids leur richesse diminue notablement. Ou s'il les reçoit, elles seront frappées d'une réduction convenue d'avance.

Mais pour que l'agriculteur ait confiance dans la graine qu'on lui livre, il faut que le fabricant élève ses prix d'achat. Dès que les betteraves atteignent 12 0/0 de sucre elles valent 20 francs les mille kilogrammes. Au-dessus de 12 0/0 elles en valent 22 au moins.

Mais pour obtenir cette graine de qualité supérieure, chaque fabrique de sucre, devra organiser un atelier spécial, et faire exécuter chaque année huit à dix mille analyses de betteraves.

Se laisserait-on effrayer par la perspective de ce travail? Que l'industrie ne s'en prenne alors qu'à elle-même, si on lui livre des racines de mauvaise qualité.

Mais ajoutons qu'avec les méthodes que l'on possède aujourd'hui, ce travail ne présente aucune difficulté sérieuse, que des enfants de dix à douze ans suffisent pour l'exécuter avec une rapidité et une sûreté incroyables. Vous comprenez que s'il s'agissait d'un mémoire académique, je ne vous proposerais pas tout à fait ce moyen. Mais si l'analyse accuse dans une racine 14, 14,5 ou même 15 0/0 de sucre, nous n'avons pas à nous inquiéter de toutes les finesses que la science réclame, que la théorie exige de ceux qui veulent formuler des lois ; au point de vue pratique, que nous importe la fraction, si le titre de 14 accusé par l'analyse est exact. Que veut le bon sens ? un juste rapport entre le but qu'on se propose et les moyens qu'on emploie pour y parvenir.

Que voulons-nous? que l'industrie reçoive des betteraves au titre de 13 à 14 0/0. Arrivons à ce résultat et la critique aux infiniment petits, fût-elle fondée, n'aura rien à y voir.

Voilà, Messieurs, la voie dans laquelle il faut selon moi s'engager. Ne reculons pas devant les difficultés, le point capital c'est la sélection : il faut chaque année préparer la graine de la campagne suivante, et dans ce choix préserver la pureté de la forme, assurer la richesse, proscrire les doses trop fortes d'azote à l'état de matière animale, se prémunir contre les causes perturbatrices dont je vous ai signalé les dangers, lesquels sont attestés par la pratique de tous les départements où l'on abuse des tourteaux, de l'engrais flamand, et des matières animales.

J'arrive enfin au côté le plus délicat de la question : quelle est la fumure qui convient le mieux à la betterave.

A cet égard il y a deux cas bien différents à considérer, celui où les engrais chimiques sont employés seuls à l'exclusion de tout autre, et celui où on les associe au fumier de ferme.

Dans le premier cas, pas d'hésitation, l'engrais complet intensif n° 2, et l'engrais complet intensif n° 2', le dernier surtout possède au plus haut degré toutes les qualités requises : je vous en rappelle les formules :

	A l'hectare.			
	Quantité.		Prix.	Dépense.
ENGRAIS COMPLET INTENSIF N° 2.........	1.300 kil.		les 100 kil.	
Soit :				
Superphosphate de chaux..............	400	—	12 fr.	317 fr.
Nitrate de potasse....................	200	—	60 fr.	
Nitrate de soude......................	450	—	32 fr.	
Sulfate de chaux......................	250	—	2 fr.	

la quantité d'azote est à peu près de 85 kilogr.

Cet engrais est excellent.

On lit dans tous les traités de chimie industrielle que certains sels nuisent à la qualité des betteraves et que les chlorures alcalins, notamment, sont dans ce cas. Vous comprenez, Messieurs, que lorsqu'on cherche à dégager une théorie de la production végétale, d'une multitude d'expériences instituées dans les conditions les plus variées, dans des sols artificiels formés de sable calciné, dans des terres naturellement pauvres, comme je le fais depuis quinze ans à Vincennes, on est bien forcé d'admettre, au moins pendant un temps, les opinions qui ont cours dans la science comme des vérités démontrées.

Les chlorures étant réputés nuisibles, j'ai commencé par les proscrire de mes formules d'engrais. C'était une concession aux idées régnantes. Mais les derniers tremblements de terre survenus au Pérou, ayant détruit le stock des nitrates, le prix de ce sel s'étant élevé outre mesure, celui du nitrate de potasse, notamment, ayant passé de 65 fr. à 80 fr. et même à 90 fr. les 100 kilogr., l'idée me vint, pour échapper à cette élévation de prix, d'essayer l'emploi du chlorure de potassium dans les engrais. Un premier fait m'avait frappé : Scheele et Berthollet ont reconnu que les chlorures alcalins mêlés au carbonate de chaux dans un milieu poreux, se décomposent et passent à l'état de carbonate. C'est même en se fondant sur cette réaction que Berthollet avait expliqué la formation du natron dans certains lacs de la basse Égypte.

Sous l'empire de ces préoccupations, j'essayai donc parallèlement à l'engrais intensif n° 2 dont je viens de rapporter la formule, quelques engrais au chlorure de potassium et notamment le suivant :

	A l'hectare.		
	Quantité.	Prix.	Dépense.
ENGRAIS COMPLET INTENSIF N° 2' (1).....	1.300 kil.	les 100 k.	
Soit :			
Superphosphate de chaux...............	400	— 12 fr.	308 fr.
Chlorure de potassium à 80°............	200	— 23	
Sulfate d'ammoniaque..................	200	— 45	
Nitrate de soude......................	350	— 32	
Sulfate de chaux......	150	— 2	
	1.300		

Comme le premier, cet engrais contient 85 kilogr. d'azote par hectare.

Mais il faut ici, Messieurs, faire une réserve. Lorsque la betterave est revenue trop souvent sur la même terre et que les récoltes y sont incertaines, précaires, et les racines de mauvaise qualité, cette fumure est insuffisante. Les couches profondes du sol ont reçu une atteinte à laquelle il faut remédier.

Dans ce cas particulier, il faut augmenter de 50 % la dose de l'engrais et en faire deux parts, l'une pour les couches profondes que l'on enfouit par un labour spécial, l'autre part étant réservée pour la surface et répandue à la manière ordinaire.

Pour les couches profondes :

	A l'hectare.
Superphosphate de chaux...............	200 kilogr.
Chlorure de potassium à 80°...........	200 —
Sulfate d'ammoniaque..................	100 —
Nitrate de soude......................	100 —
Sulfate de chaux......................	200 —

(1) Voyez mon opuscule sur les nouvelles formules d'engrais chimiques, in-8, 1871, à la librairie agricole, 26, rue Jacob, à Paris.

Pour la surface :

	A l'hectare.
Superphosphate de chaux...............	400 kilogr.
Chlorure de potassium à 80°.............	200 —
Sulfate d'ammoniaque..................	140 —
Nitrate de soude......................	300 —
Sulfate de chaux......................	160 —

Ces deux engrais réunis représentent une dépense de 400 à 500 fr. Mais l'année d'après, avec 100 kilogr. de sulfate d'ammoniaque au plus, on obtient un rendement de 30 à 40 hectolitres de froment.

En introduisant le chlorure de potassium dans les engrais de la betterave, j'étais *l'homme qui cherche*, et je fus, en vérité, bien inspiré, le jour où je pris cette décision ; car c'est avec les engrais au chlorure de potassium que j'ai obtenu les betteraves les plus riches en sucre.

Mais ce n'est pas tout. Quelle ne fut pas ma surprise lorsque, serrant la question de plus près, je constatai qu'à mesure que la richesse des betteraves augmente, la proportion des sels diminue. A mesure qu'on améliore la race, à mesure qu'on perfectionne les engrais, les sels disparaissent. Il n'y a presque plus de sels dans les racines, ou il n'en reste qu'une quantité insignifiante.

A ce sujet, je vous rapporterai un petit incident qui ne manque pas d'intérêt. J'aime beaucoup, lorsque je soutiens une thèse à laquelle je donne souvent, pour plus de clarté, une forme un peu absolue, j'aime beaucoup garder par devers moi des preuves qui préviennent ou défient la critique. Je vise toujours à substituer à mes affirmations des preuves que mes correspondants ou mes amis me fournissent, même à leur insu. L'année dernière, M. Pagnoul, dont je vous ai signalé les excellentes remarques sur les effets défavorables du fumier, m'écrivit : « Où en êtes-vous de vos recherches sur les betteraves, et à quels résultats êtes-vous arrivé ? »

M. Pagnoul était amené à me poser cette question, parce que la Société d'agriculture d'Arras m'avait demandé, en 1868, de faire une conférence sur la culture de la betterave, et que j'avais rapporté, à cette occasion, le résultat d'une expérience très-décisive, faite en Belgique, chez M. Verlat-Carlier, sur des terres qui refusaient de produire la betterave et où j'avais réussi à en produire à raison de 40,000 kilogr. par hectare, titrant 13 0/0 de sucre. J'avais indiqué bien timidement alors, et sous des formes moins affirmatives que je ne puis le faire aujourd'hui, les faits dont je viens de vous entretenir.

Au lieu de répondre à M. Pagnoul où j'en étais, je lui envoyai trois paniers de betteraves en lui disant : « Examinez vous-même, dosez les sels, dosez le sucre, appréciez la qualité ; procurez-vous enfin des betteraves chez les cultivateurs réputés les plus habiles, analysez et tirez vous-même les les conclusions. »

Quel fut le résultat de cette étude comparative à laquelle M. Pagnoul consentit à se livrer?

Mieux que de longues explications, ce petit tableau va vous l'apprendre :

BETTERAVES DE LA LOCALITÉ.

	Poids des racines.	Sucre p. 100.
Nos 1	3,977 gr.	7,3
— 2	1,500	9,2
— 3	1,240	8,0
— 4	1,197	8,8
— 5	1,195	6,0
— 6	804	6,6
— 7	758	8,8

MOYENNE : 7,8 % DE SUCRE.

BETTERAVES DU CHAMP D'EXPÉRIENCES DE VINCENNES.

LOT N° 1.

	Poids des racines.	Sucre p. 100.
Nos 1	1,629 gr.	10,1
— 2	1,354	11,9
— 3	1,107	14,3
— 4	702	15,2
— 5	552	15,0

MOYENNE : 13,3 % DE SUCRE.

LOT N° 2.

	Poids des racines.	Sucre p. 100.
Nos 1	1,705 gr.	11,4
— 2	1,288	16,4
— 3	1,129	16,3
— 4	798	15,3
— 5	309	17,9

MOYENNE : 15,1 % DE SUCRE.

LOT N° 3.

	Poids des racines.	Sucre p. 100.
Nos 1	1,803 gr.	12,5
— 2	1,121	13,8
— 3	685	15,4
— 4	612	17,2

MOYENNE : 14,4 % DE SUCRE.

Ajoutons, comme dernier trait, que ces titres ont été pris au mois de janvier, c'est-à-dire lorsque la betterave commence à perdre une partie de sa richesse.

Je vous ai dit, il y a un moment, qu'à mesure que la qualité des betteraves s'améliore la proportion des sels solubles diminue.

Jugez encore par ces exemples :

BETTERAVES DE LA LOCALITÉ.

	Sels p. 100 de sucre.
Nos 1	11,6
— 2	9,6
— 3	11,5
— 4	10,8
— 5	21,8
— 6	19,6
— 7	10,8

MOYENNE : 13,6 DE SELS % DE SUCRE.

BETTERAVES DU CHAMP D'EXPÉRIENCES.

LOT N° 3.

Nos 1	4,3
— 2	3,3
— 3	1,3
— 4	1,4

MOYENNE : 2,6 DE SELS

Bref, la moyenne de tous les résultats se résume ainsi, sous le double rapport du sucre et des sels :

	Lots.	Sucre p. 100. de la racine.	Sels p. 100 de sucre.
Betteraves de Vincennes.	Nos 1	13,3	3,9
	— 2	15,4	3,6
	— 3	14,5	2,6
Betteraves de l'industrie		7,8	17,6

Mes expériences de cette année, à Vincennes, m'ont permis de pousser plus loin encore la constatation du rapport de dépendance qui existe entre la richesse en sucre et la pauvreté en sels.

On peut presque juger de la richesse des betteraves en sucre par la quantité de cendres qu'elles laissent après leur combustion.

Voici quelques exemples classés par ordre de richesse en sucre :

Sucre p. 100 dans les betteraves fraîches.	Cendres p. 100 dans les betteraves desséchées.
20 p. %	2,8
15	3,6
10	5,1
5	10,0

Mais ce n'est pas tout. A l'analyse on trouve que plus les betteraves sont riches et moins sont abondants les sels alcalins. Dans ces betteraves la proportion de la chaux augmente tandis que celle de la potasse diminue. Jugez encore par ce tableau qui fait suite au précédent :

SUCRE p. 100 dans les betteraves fraîches.	DANS 100 de cendres.	
	Potasse.	Chaux.
20 p. %.	»	»
15	21	8
10	31	4
5	38	4

Et de toutes les betteraves, les plus pauvres en sels

et en chlore, ont été celles venues avec l'engrais au chlorure de potassium.

Je vous confesse que ce fait m'a longtemps embarrasé. C'est à lui que je faisais allusion, lorsque je disais qu'à côté de résultats pratiques d'une grande importance, la théorie présentait des lacunes qu'il m'était impossible de combler.

Aujourd'hui la lumière est faite. Elle nous est venue de M. Violette et de M. Pagnoul. Les chlorures alcalins ne se localisent pas dans les tissus de la racine. Par une sorte de dyalise naturelle, ils se concentrent dans le collet, et dans le limbe des feuilles. Ainsi se trouve donc expliquée la pauvreté exceptionnelle, sous le rapport des sels alcalins, que m'avaient présentée les betteraves obtenues avec l'engrais au chlorure de potassium.

Tant que j'ai ignoré le fait signalé par M. Violette, je n'ai préconisé ces engrais qu'avec une certaine réserve. Sur les bons résultats qu'ils m'avaient donnés, je me suis borné à en recommander l'essai, tant qu'il m'a été impossible d'expliquer la pauvreté des racines en sels alcalins. Aujourd'hui cette réserve serait presque une faute : je n'hésite donc plus à les placer au rang que la pratique, d'accord avec mes propres expériences, n'a cessé de leur assigner.

Mais de ce que les engrais au chlorure de potassium ont une supériorité maintenant consacrée, sous le double rapport du rendement et de la richesse des racines, s'ensuit-il que je proscrive les engrais dont le nitrate de potasse fait partie? Rien ne serait plus loin de ma pensée. Ces engrais sont eux-mêmes excellents.

Je ne propose, en général, de nouvelles formules d'engrais qu'avec une extrême circonspection. Je les essaie pendant plusieurs années avant de les publier. Aussi ai-je la satisfaction de les voir toujours consacrées par l'expérience.

On se livre en ce moment, dans les départements du Nord, à deux pratiques extrêmement dangereuses. On abuse du sulfate d'ammoniaque et du nitrate de soude à l'état de produits isolés.

Il est certain que huit fois sur dix on obtiendra, à leur aide, un surcroît important de rendement, mais au préjudice de la qualité et du maintien de la fertilité du sol. Double faute, contre lesquelles je voudrais vous prémunir.

Sans revenir sur la préparation du sol dont je vous ai entretenu en parlant des porte-graines, je dois vous signaler une méthode de culture, excellente s'il en fût, que l'on commence à suivre dans la Brie, où M. Belin, l'un des meilleurs agriculteurs du département de Seine-et-Marne en a fait l'essai sur mes indications.

La première année, on donne à la terre un labour profond, et on répand au fond des sillons 40,000 kilogr. de fumier par hectare, on fait plus : on laisse la terre en sillons abruptes pendant tout l'hiver, et le printemps venu on se borne à la herser, sans la labourer de nouveau, après avoir répandu à la surface du sol, 600 kilogr. d'engrais intensif n° 2'.

La deuxième année, on cultive encore de la betterave. Mais avec une dose entière d'engrais intensif n° 2', toujours avec la précaution de laisser la terre en sillons pendant toute la durée de l'hiver.

La troisième année on sème du blé.

Les deux betteraves successives, ont pour résultat d'amener la terre à un degré excessif de propreté. Ce qui reste de matière azotée des deux fumures antérieures, suffit amplement aux besoins du froment, et son extrême division dans le sol, en permettant d'éviter les impulsions soudaines d'une action trop brusque, donne à la progression du blé une régularité admirable, ce qui détermine un rendement excessif de grains.

Cette année, chez M. Belin, le blé venu après la première betterave, avec un supplément de sulfate d'ammoniaque a produit 31 hectolitres de grains par hectare; la même variété de blé, venue après la deuxième betterave, sans le secours de sulfate d'ammoniaque en a produit 42.

Permettez-moi, Messieurs, de me résumer et de conclure :

Quatre propositions résument les notions que je viens de vous présenter. Rappelons-les succinctement :

1° Éviter l'emploi des matières animales, ou du moins ne les employer qu'à doses modérées, et les associer alors aux engrais chimiques;

2° Avec les engrais chimiques complets, les betteraves sont plus riches en sucre qu'avec le fumier. Il faut, dans la formule des engrais chimiques, porter la dose de l'azote de 80 à 100 kilogr. par hectare ;

3° Veut-on associer les engrais chimiques au fumier? — ne pas dépasser 40,000 kilog. de fumier par hectare répandus à l'automne et enfouis dans les couches profondes du sol ; laisser pendant tout l'hiver la terre en sillons, se borner au printemps à un simple hersage, et répandre en couverture 600 kilogr. de l'un des deux engrais chimiques que j'ai indiqués ;

4° Donner à la production de la graine une attention particulière. Éloigner des porte-graines, par une sélection inflexible, les racines mal faites, trop grosses et généralement toutes celles qui titrent moins de 14 p. 100 de sucre.

Renouveler tous les deux ans les porte-graines.

L'observation de ces quatre règles vous procurera des rendements de 45,000 à 50,000 kilogrammes de racines par hectare, et des betteraves titrant en moyenne de 12 à 15 p. 100.

Alors sera obtenue, par les voies de la science et de l'équité, cette conciliation si désirable dont je parlais en commençant, entre l'industriel et l'agriculteur, qui doit tourner au profit des deux. A quoi bon monter à grands frais des usines où l'on réunit les machines les plus perfectionnées, si la racine qu'on leur livre est de mauvaise qualité?

Voulez-vous que l'industrie sucrière soit florissante, faites cesser l'antagonisme qui existe aujourd'hui entre l'usine et la ferme.

Mettant à profit les grands moyens de centralisation dont elle dispose, que l'usine répande parmi ses adhérents la connaissance des meilleurs engrais, qu'elle fasse de la production de la graine le point de départ de sa fabrication, et en moins de trois ans, malgré le surcroît d'impôts qui la grève, les obstacles que lui crée une législation compliquée, vous verrez l'industrie sucrière atteindre un degré de prospérité dont rien dans le passé ne peut vous donner l'idée.

Parvenu au terme de nos études, recueillons-nous, Messieurs, et jetons un regard en arrière pour mesurer le chemin que nous avons parcouru.

A la pratique qui se prévaut de son long passé, pour affirmer qu'il n'y a de véritable engrais que celui qui contient tout ce que les plantes contiennent elles-mêmes, et dont le fumier de ferme est le type le plus parfait, sur la foi d'une expérience moins ancienne, mais dont la science est à la fois le guide et l'inspiration, nous avons répondu que, pour entretenir la fertilité du sol, il suffisait de lui donner du phosphate de chaux, de la potasse, de la chaux et une matière azotée, quatre substances dont le poids réuni égale à peine un dixième du poids des récoltes.

A la pratique qui affirme que le fumier de ferme convient au même degré à toutes les plantes indistinctement, une expérience sans rivale par le nombre de faits qu'elle peut invoquer, nous a permis d'établir, que c'était là une erreur dangereuse au premier chef, et que pour avoir de belles récoltes avec économie il fallait au contraire varier la nature et la composition des engrais. — Qu'ajouterai-je pour justifier cette prescription après ce que vous savez de l'opposition qui existe entre les légumineuses et les céréales.

A la pratique qui voit la perfection de l'art dans la culture par le bétail, nous avons demandé des comptes, et ces comptes à la main, il est devenu manifeste, pour vous comme pour moi, que ce système ne donne pas de bénéfices en rapport avec la valeur actuelle de l'argent, et ne livre pas au marché une somme de produits en rapport avec nos besoins. — Depuis vingt ans la France soumise à ce régime ne suffit plus à sa subsistance.

A la pratique qui appelle le bétail un mal nécessaire, nous avons répondu que le bétail peut devenir dans la ferme un consommateur à bénéfice, mais pour cela et contrairement à toutes les traditions, nous avons prescrit de fumer la prairie avec des engrais tirés du dehors, puis d'étendre à l'alimentation du bétail les lois qui rendent la culture rémunératrice, c'est-à-dire soumettre les animaux à un régime tout à la fois surabondant et judicieusement pondéré.

Enfin, pour couronner cet ensemble de notions où tout est nouveau, les faits et les idées, à la pratique qui préconise l'alliance de l'industrie à la culture pour avoir plus d'engrais, nous avons montré à la fois son inconséquence et sa haute raison. Son inconséquence, parce que l'aveu indirect et tacite que l'exportation des matières hydrocarbonées n'épuise pas la terre, est lanégation de la supériorité attribuée au fumier dont les neuf dixièmes sont formés de ces substances et la glorification des engrais chimiques qui en sont dépourvus : sa haute raison, parce qu'il est vraiment admirable que la pratique, sans autre guide que l'observation empirique des faits, ait su concevoir de pareils systèmes dont la science de nos jours a pu seule donner la théorie et expliquer les avantages.

Quel enseignement devons-nous tirer, Messieurs, de tous ces résultats incontestables et aujourd'hui incontestés? Un seul, mais il estconsidérable. C'est que la culture est aujourd'hui émancipée et que l'agriculture est devenue l'émule, sinon l'égale de l'industrie, sa sœur dans le domaine du travail humain, autant, par la sûreté de ces nouvelles méthodes, que par la haute valeur des aits scientifiques qui leur servent de base.

Culture et bétail, ont reçu maintenant leur qualification légitime. Nous savons dans quelle mesure on peut les associer, et à quelles conditions, le bétail devient un consommateur à bénéfice.

Quant à l'industrie, pour influer utilement sur le régime dusol la condition estabsolue, elledoit n'exporter que des produits composés de carbone, d'hydrogène et d'oxygène, dont l'air et la pluie ont fait tous les frais.

Là le cycle est clos, plus d'inconnu, plus de mystères, au-dessus des habiletés de métiers que la pratique peut seule enseigner, des lois naturelles, immuables comme la matière à laquelle elles commandent, et qui règlent les oscillations de cette mer organisée où vient aboutir et se fusionner tout ce que la vie anime depuis le cyron ou l'algue que leurs dimensions exiguës dérobent à nos regards, jusqu'à l'homme dont la réunion en société constitue des empires que le régime du sol affecte, plus qu'on ne l'a cru, dans leur prospérité ou leur décadence.

Quant à moi, Messieurs, fort d'une confiance lentement acquise et qui ne s'est jamais démentie, je demeure persuadé que le jour où ces méthodes nouvelles seront enseignées à l'école primaire, et auront passé dans les mœurs, elles produiront dans nos conditions d'existence publiques ou privées, des changements dont personne ne peut prévoir l'étendue, tant les progrès qui en seront le fruit dépasseront par leur importance ceux accomplis jusqu'à ce jour pour le bien et la force des états.

APPENDICE

L'Appendice se compose de trois chapitres

1° INSTRUCTION PRATIQUE POUR L'ÉTABLISSEMENT DES CHAMPS D'EXPÉRIENCES.

2° DU DOSAGE DES SUCRES.

3° TABLES POUR CALCULER L'ÉPUISEMENT DU SOL PAR LA CULTURE ET LE RATIONNEMENT DU BÉTAIL.

INSTRUCTION PRATIQUE

POUR

L'ÉTABLISSEMENT DES CHAMPS D'EXPÉRIENCES

ET L'INTERPRÉTATION DE LEURS RÉSULTATS.

L'analyse du sol, au point de vue des besoins agricoles, se trouvant fixée et résolue par ce que nous avons dit dans le quatrième entretien, reprenons en sous-œuvre, et par le côté pratique, la question des champs d'expériences; disons avec plus de détails comment on doit les établir, quel doit être le nombre des parcelles, suivant leur destination, et donnons enfin la composition des engrais qu'on doit y employer.

Je considérerai dans ce qui va suivre trois cas bien distincts :

1° Le cas d'une école primaire. Il s'agit ici de donner à l'enfant des notions simples et précises à l'égard des agents de fertilité, et de le mettre en face d'un petit nombre de faits décisifs.

2° Le cas d'une exploitation agricole. Il s'agit cette fois d'analyser la terre pour connaître exactement les agents de fertilité qu'on doit y employer, et en fixer les doses les plus convenables.

3° Enfin viendra le cas des champs d'expériences pour les établissements d'enseignement et pour les sociétés d'agriculture. Cette fois il faut que le champ d'expériences devienne, en quelque sorte, l'expression vivante des lois de la végétation.

CHAMP D'EXPÉRIENCES D'UNE ÉCOLE PRIMAIRE.

Des parcelles d'un are sont ici grandement suffisantes. Suivant les ressources de l'école on en porte le nombre à cinq ou à dix. Si l'on est forcé de le restreindre à cinq, on les dispose parallèlement sur la même ligne, chaque parcelle est séparée de celle qui la précède et de celle qui la suit par un chemin d'un mètre de large, on entoure enfin la bande des cinq parcelles d'un chemin de circonvallation de deux mètres de largeur.

Porte-t-on le nombre des parcelles à dix, on les répartit sur deux rangées superposées, que l'on sépare encore par un chemin de un mètre de large.

Dans ce cas le champ est ainsi disposé :

1	2	3	4	5
Fumier de ferme.	Engrais complet.	Engrais minéral.	Matière azotée.	Aucun engrais.
Fumier de ferme.	Engrais complet.	Engrais minéral.	Matière azotée.	Aucun engrais.

On cultive la première bande en froment et la seconde en pommes de terre.

Quelles notions un tel champ est-il destiné à fournir à la première enfance ? Quatre, toutes d'une importance capitale.

1° Par la comparaison des parcelles 1 et 2, on fournit la preuve que 10 à 12 kilogrammes d'une simple poudre produisent plus de récolte que 400 kilogr. de bon fumier de ferme, et que grâce à cette composition dite engrais chimique, qu'on peut se procurer à toute heure, comme le ciment, le plâtre ou le savon, la culture devient une industrie d'une extrême simplicité, réglée dans ses moyens, et assurée dans ses résultats.

2° Par la comparaison des parcelles 2 et 3, on démontre que la suppression d'une seule substance, la matière azotée, dans l'engrais complet qui en contient quatre, suffit pour réduire considérablement l'effet utile des trois autres qui composent alors l'engrais.

3° Que dans la grande généralité des terres, la matière azotée employée toute seule, produit plus d'effet que les trois minéraux réunis, phosphate, potasse et chaux de la parcelle n° 3.

4° Que très-efficace sur le froment, la matière azotée l'est beaucoup moins sur la pomme de terre, qu'ici, au contraire, les minéraux reprennent l'avantage, et l'emportent sur la matière azotée.

Mais si la matière azotée et la partie minérale de l'engrais, sont tour à tour la partie la plus active, suivant la nature des plantes, il devient évident, que lorsqu'on a recours au fumier, il y a avantage à lui donner comme complément de la matière azotée ou des minéraux suivant qu'on l'applique au froment ou à la pomme de terre, etc.

Conclusion :

On peut cultiver sans fumier ; composer un engrais qui le remplace avec avantage ; améliorer le fumier par un complément d'engrais chimique.

CHAMP D'EXPÉRIENCES D'UNE EXPLOITATION AGRICOLE.

Dans ce cas particulier, on se propose deux objets bien distincts : connaître la nature, la composition du sol; régler avec certitude l'emploi des agents de fertilité, dont l'importation est nécessaire pour obtenir du profit.

Le choix de l'emplacement est ici une condition d'une grande importance. Il faut autant que possible choisir une pièce de terre qui, par son exposition, sa nature physique et son degré de fertilité, représente la qualité moyenne de la terre de l'exploitation.

Le champ doit se composer de 20 parcelles de un are chacune, formant deux rangées parallèles de 10 parcelles.

La première bande doit être affectée à la culture du froment, et la seconde à la culture de la betterave ou de la pomme de terre, suivant le climat et les intérêts de la région.

Au moyen du froment on est renseigné sur le degré de richesse des couches superficielles; la betterave fournit les mêmes indications à l'égard des couches profondes. Toutes les fois qu'un champ d'expériences admet deux cultures différentes, le froment et une plante sarclée, il y a toutes sortes d'avantages à les faire alterner pour préserver le froment de l'envahissement des mauvaises herbes.

Voici au surplus le régime auquel chaque bande doit être soumise.

NATURE DES ENGRAIS.

N°s 1. Fumier de ferme, 60,000 kilogr. à l'hectare.
— 2. Fumier de ferme, 30,000 —
— 3. Engrais complet intensif.
— 4. Engrais complet.
— 5. Engrais sans azote.
— 6. Engrais sans phosphate.
— 7. Engrais sans potasse.
— 8. Engrais sans chaux.
— 9. Engrais sans minéraux.
— 10. Aucun engrais.

Lorsque l'exploitation a une certaine importance, il y a toutes sortes d'avantages à donner pour annexe au champ d'expériences principal, de petits essais répartis un peu partout : quelques mètres de surface affectés à la culture du froment et des pois suffisent le plus souvent, et nous verrons bientôt, comment on interprète leurs résultats; mais dès qu'il s'agit d'une exploitation dont le sol présente des variations un peu saillantes, il est préférable de recourir au système d'essai que j'ai prescrit pour les écoles primaires mais cette fois des parcelles d'un are, divisées en quatre parties, suffisent amplement.

Parlons plus en détail de ces petits champs d'investigations que l'on peut appeler, non sans quelque raison, les sentinelles avancées du champ d'expériences principal.

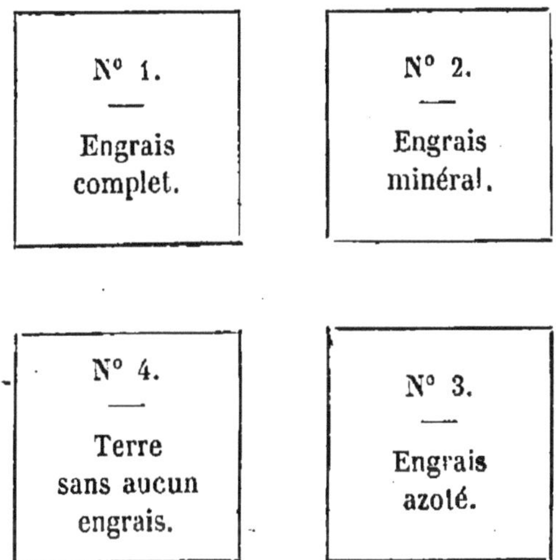

Ainsi trois combinaisons d'engrais, dont les effets sont comparés aux rendements obtenus sur la terre sans aucun engrais.

1° Aucun engrais.
2° Engrais complet.
3° Engrais minéral.
4° Engrais azoté.

Quelques petits coins de terre, consacrés à ces essais, ne troublent en rien la marche de l'exploitation, et ils font connaître le moment précis où il convient de recourir aux fumures minérales ou azotées, soit qu'on les emploie seules ou associées au fumier de ferme.

Ces petits essais sont, je le répète, de véritables vedette placées en observation, et que tout exploitant intelligent, fermier, régisseur ou propriétaire, doit consulter incessamment comme les officiers à la mer ont coutume de consulter le baromètre et la direction du vent; et, pour que ces modestes essais aient toute leur utilité, il suffit de les commencer un an avant l'emploi systématique des engrais chimiques; de cette façon, leur témoignage est toujours d'une année en avance sur les applications en grand.

A ceux qui n'envisageraient pas sans un certain effroi la perspective d'un si grand nombre d'essais, je répondrai par un argument de fait. Dans toutes les exploitations où l'on a introduit l'usage des engrais chimiques, on se fait honneur des champs d'expériences; le directeur aime à les montrer à ceux qui le visitent, les employés à tous les degrés en font l'objet d'incessantes dissertations, et un peu plus tôt ou un peu plus tard, on finit toujours par régler sur leurs indications les doses des agents dont on compose les engrais.

CHAMP D'EXPÉRIENCES DES ÉCOLES D'AGRICULTURE ET DES SOCIÉTÉS OU COMICES AGRICOLES.

Ici le but qu'on se propose est plus élevé. S'agit-il d'une école d'agriculture, les élèves doivent y trouver les éléments d'un enseignement complet, à la fois théorique et pratique. Le champ d'expériences est-il sous la dépendance d'une société ou d'un comice agricoles? son objet n'est pas moins important. Il faut qu'il éclaire les hommes pratiques sur les besoins des terres de la région, et leur fournisse la preuve que les plantes n'ont pas toutes les mêmes exigences, et que, pour retirer de leur culture les meilleurs résultats, il est nécessaire de varier la composition des engrais, non quant à la nature des substances qui les composent, mais sous le rapport de leur dosage respectif.

Le point sur lequel les directeurs des écoles doivent surtout insister, c'est le contraste, l'opposition qui existe entre les légumineuses et les céréales, sous le rapport de l'action des matières azotées. Quelque opinion que l'on se fasse de la forme sous laquelle les plantes tirent l'azote de l'atmosphère, un fait domine tout ici : les matières azotées, sulfate d'ammoniaque, nitrate de soude, n'ont pas d'action sur les légumineuses, alors que les mêmes matières sont les régulateurs par excellence de la production du froment, de la betterave et du chanvre, pour ne citer que les cultures principales dont la matière azotée est la dominante. Que l'on discute à perte de vue, pour nier l'interprétation donnée par M. Ville à ce contraste le fait est là, inflexible, immuable dans son expression, et bien fou serait l'homme pratique qui donnerait du sulfate d'ammoniaque à la luzerne et au trèfle, et un mélange de chaux et de chlorure de potassium au froment. Dans les deux cas l'effet serait nul, alors que l'emploi des mêmes agents étant renversé, le sulfate d'ammoniaque donné au froment, la chaux et la potasse rendues à la luzerne et au trèfle, l'abondance des récoltes succède à la pénurie des premiers rendements.

Il y a plus, si on multiplie les expériences sur un plus grand nombre de plantes, les effets produits par les matières azotées peuvent se classer ainsi :

ACTION DES MATIÈRES AZOTÉES.

Froment	très-favorable.
Pommes de terre. .	moindre.
Pois	nulle.
Trèfle	nuisible.

A qui persuadera-t-on que l'azote du trèfle a précisément pour origine les composés azotés, dont l'action se montre nuisible lorsqu'on en donne à la terre? (1)

(1) A l'appui de la thèse que je soutiens, je rapporterai des expériences de MM. Laws et Gilberts sur le trèfle, où la matière az tée se montre décidément nuisible.

	A L'HECTARE.	
	Engrais minéral sans azote.	Engrais minéral avec azote.
1849	9,625 kil.	9,550 kil.
1850	2,350 »	2,406 »
1851	5,372 »	3,611 »

Par tous ces motifs, je n'hésite pas à prescrire pour les écoles et les stations, des champs de 40 parcelles d'un are, distribuées en quatre bandes parallèles de 10 parcelles chacune.

Les quatre cultures les plus convenables à mon sens, sont :

Le froment ;
La betterave ;
La pomme de terre ;
Les pois.

Afin que les indications du champ d'expériences soient plus conformes aux témoignages de la pratique, je propose de faire alterner le froment et les pois avec les betteraves et les pommes de terre.

Avec un système un peu généralisé de champs d'expériences ainsi compris et appliqué, les hommes pratiques peuvent m'en croire, ils en apprendront plus sur les vrais principes de la production agricole qu'avec tous les livres possibles. Lorsqu'ils seront entrés dans cette voie, et que les gouvernements y seront entrés à leur suite, ils n'hésiteront plus à reconnaître que l'agriculture doit cesser d'être un art livré aux incertitudes de l'empirisme, qu'elle s'est élevée au rang d'une science véritable, dont les principes théoriques satisfont aujourd'hui à tous les besoins de la pratique. Plus j'avance dans ces études, plus mes observations se multiplient, et plus je me sens pénétré de la conviction qu'une révolution véritable est en voie de s'accomplir dans les traditions que la pratique agricole du passé nous a léguées : Révolution trois fois sainte, que nous devons appeler de nos vœux, et favoriser de nos efforts, puisqu'elle est destinée à raffermir la fortune privée aussi bien que la prospérité des États, en assurant à la grande classe de nos semblables, qui vivent de leur travail manuel, une subsistance plus saine, plus abondante, plus réparatrice et moins onéreuse à se procurer.

COMPOSITIONS DES ENGRAIS DESTINÉS AUX CHAMPS D'EXPÉRIENCES.

ENGRAIS POUR LE FROMENT.

(Parcelle n° 1.)

Fumier de ferme.................... 60,000 kilogr.

(Parcelle n° 2.)

Fumier de ferme.................... 30,000 kilogr.

ENGRAIS COMPLET INTENSIF N° 1'. — (Parcelle n° 3.)

Superphosphate de chaux..............	400	kilogr.
Chlorure de potassium 80°..............	200	»
Sulfate d'ammoniaque.................	480	»
Sulfate de chaux.....................	320	»

ENGRAIS COMPLET N° 1'. — (Parcelle 4°.)

Superphosphate de chaux..............	400	kilogr.
Chlorure de potassium 80°..............	200	»
Sulfate d'ammoniaque.................	390	»
Sulfate de chaux.....................	210	»

ENGRAIS SANS MATIÈRE AZOTÉE. — (Parcelle n° 5.)

Superphosphate de chaux..............	400	kilogr.
Chlorure de potassium 80°..............	200	»
Sulfate de chaux.....................	200	»

ENGRAIS SANS PHOSPHATE. —(Parcelle n° 6.)

Chlorure de potassium 80°..............	200	kilogr.
Sulfate d'ammoniaque.................	390	»
Sulfate de chaux.....................	210	»

ENGRAIS SANS POTASSE. — (Parcelle n° 7.)

Superphosphate de chaux..............	400	kilogr.
Sulfate d'ammoniaque.................	390	»
Sulfate de chaux.....................	210	»

ENGRAIS SANS CHAUX. — (Parcelle n° 8.)

Phosphate de chaux précipité............	120 kilogr.
Chlorure de potassium 80°..............	200 »
Sulfate d'ammoniaque.................	390 »

ENGRAIS SANS MINÉRAUX. — (Parcelle n° 9.)

Sulfate d'ammoniaque.................	390 kilogr.

AUCUN ENGRAIS. — (Parcelle n° 10.)

ENGRAIS POUR LA BETTERAVE.

(Parcelle n° 1.)

Fumier de ferme....................	60,000 kilogr.

(Parcelle n° 2.)

Fumier de ferme....................	30,000 kilogr.

ENGRAIS COMPLET INTENSIF n° 2'. — (Parcelle n° 3.)

Superphosphate de chaux	400 kilogr.
Chlorure de potassium 80°..............	200 »
Sulfate d'ammoniaque.................	200 »
Nitrate de soude....................	350 »
Sulfate de chaux	150 »

ENGRAIS COMPLET n° 2'. — (Parcelle n° 4.)

Superphosphate de chaux..............	400 kilogr.
Chlorure de potassium 80°..............	200 »
Sulfate d'ammoniaque.................	140 »
Nitrate de soude....................	300 »
Sulfate de chaux	160 »

ENGRAIS SANS MATIÈRE AZOTÉE. — (Parcelle n° 5.)

Superphosphate de chaux..............	400 kilogr.
Chlorure de potassium 80°..............	200 »
Sulfate de chaux....................	200 »

ENGRAIS SANS PHOSPHATE. — (Parcelle n° 6.)

Chlorure de potassium 80°..............	200 kilogr.
Sulfate d'ammoniaque.................	140 »
Nitrate de soude....................	300 »
Sulfate de chaux	160 »

ENGRAIS SANS POTASSE. — (Parcelle n° 7.)

Superphosphate de chaux................	400 kilogr.
Sulfate d'ammoniaque.................	140 »
Nitrate de soude......................	300 »
Sulfate de chaux......................	160 »

ENGRAIS SANS CHAUX. — (Parcelle n° 8.)

Phosphate de chaux précipité............	120 kilogr.
Chlorure de potassium 80°.............	200 »
Sulfate d'ammoniaque..................	140 »
Nitrate de soude......................	300 »

ENGRAIS SANS MINÉRAUX. — (Parcelle n° 9.)

Nitrate de soude.........................	300 kil.
Sulfate d'ammoniaque..................	140 »

AUCUN ENGRAIS. — (Parcelle n° 10.)

ENGRAIS POUR POMMES DE TERRE.

(Parcelle n° 1.)

Fumier de ferme.....................	60,000 kilogr.

(Parcelle n° 2.)

Fumier de ferme.....................	30,000 kilogr.

ENGRAIS COMPLET INTENSIF. — (Parcelle n° 3.)

Superphosphate de chaux..............	400 kilogr
Nitrate de potasse....................	300 »
Nitrate de soude......................	100 »
Sulfate de chaux......................	200 »

ENGRAIS COMPLET.— (Parcelle n° 4.)

Superphosphate de chaux..............	400 kilogr.
Nitrate de potasse....................	300 »
Sulfate de chaux......................	300 »

ENGRAIS SANS MATIÈRE AZOTÉE. — (Parcelle n° 5.)

Superphosphate de chaux..............	400 kilogr.
Potasse épurée.......................	150 »
Sulfate de chaux......................	350 »

ENGRAIS SANS PHOSPHATE. — (Parcelle n° 6.)

Nitrate de potasse	300	kilogr.
Sulfate de chaux	300	»

ENGRAIS SANS POTASSE. — (Parcelle n° 7.)

Superphosphate de chaux	400	kilogr.
Nitrate de soude	450	»
Sulfate de chaux	350	»

ENGRAIS SANS CHAUX. — (Parcelle n° 8.)

Phosphate de chaux précipité	120	kilogr.
Nitrate de potasse	300	»
Nitrate de soude	300	»

ENGRAIS SANS MINÉRAUX. — (Parcelle n° 9.)

Nitrate de soude	250	kilogr.

Lorsqu'on fait alterner la pomme de terre avec les pois, la betterave ou la pomme de terre avec le froment, la première année on donne à la terre tous les engrais que je viens d'indiquer, et, la seconde année, 3 kilogr. de sulfate d'ammoniaque aux parcelles 3, 4, 6, 7, 8, 9. — Les parcelles 1, 2, 5, 10 ne reçoivent rien. La troisième année on revient au régime de la première.

Les engrais que j'emploie aujourd'hui pour les champs d'expériences diffèrent notablement par leur composition de ceux que j'avais prescrits autrefois.

J'ai substitué, dans les deux séries pour froment et betteraves, le chlorure de potassium au nitrate de potasse. Grâce à ce changement, j'ai pu ramener dans tous les engrais, l'azote et la potasse à la même forme. Autrefois, la potasse entrait dans l'engrais complet à l'état de nitrate, et dans l'engrais sans azote à l'état de potasse épurée : inconvénient qui disparaît dans les nouvelles formules. Dans l'engrais complet, l'azote figurait autrefois sous deux formes différentes : partie à l'état de nitre, et partie à l'état de sulfate d'ammoniaque, alors que, dans l'engrais sans potasse, il était tout entier à l'état de sulfate d'ammoniaque. Or le sulfate d'ammoniaque produi sant généralement plus d'effet sur le froment que les nitrates, la récolte obtenue avec de l'engrais sans potasse se montrait souvent supérieure à celle de l'engrais complet. Cette supériorité se manifestait pour les terres argileuses naturellement pourvues de potasse.

Avec les nouvelles formules, ces inconvénients disparaissent. L'engrais complet étant pris comme type de la série, tous les termes secondaires en dérivent par la suppression pure et simple de l'une des quatre substances : phosphate, potasse, azote et chaux, sans que la forme des trois autres éprouve le moindre changement.

Le chlorure de potassium, et le sulfate de potasse, ne m'ayant pas donné jusqu'ici des résultats concordants sur la pomme de terre, j'ai composé une série d'engrais où les nitrates entrent seuls comme matière azotée.

J'ai pu donner ainsi aux formules plus de simplicité, et aux résultats une expression plus conforme au véritable état du sol.

Avant qu'un champ d'expériences amène des contrastes aussi accusés qu'à Vincennes, il faut en général plusieurs années de culture, et il faut surtout que la terre n'ait pas reçu de fumier depuis plusieurs années, autrement les parcelles qui reçoivent des engrais incomplets, fournissant par leur richesse native le terme manquant, la récolte se montre égale à celle de la parcelle fumée avec l'engrais complet.

Au point de vue pratique, des indications de cette nature ne sont pas moins utiles que les contrastes. Elles nous apprennent en effet que dans ces conditions on peut recourir temporairement à des engrais incomplets, et procéder par fumures alternantes en se bornant aux seules dominantes, ce qui permet d'obtenir le maximum de produits avec la plus faible dépense.

[illegible] indemment plus [illegible]

[illegible] lte obtenue avec de l'[illegible]

[illegible] supérieure à celle de l'[illegible]

[illegible]

DU DOSAGE DES SUCRES.

Je traiterai dans ce chapitre du dosage des sucres par la méthode chimique. Je bornerai cette étude à ce seul procédé, parce qu'il est le plus expéditif, le plus facile, et lorsqu'il est bien appliqué, le plus exact.

Cette méthode repose essentiellement sur ces trois faits :

Le sucre de canne est sans action sur la solution spéciale de cuivre, connue sous le nom de liqueur de Bareswill.

Tous les glucoses réduisent au contraire cette dissolution et en précipitent le cuivre à l'état d'oxydule ($Cu^2 O$).

Le sucre de canne, qui est sans action sur la solution de cuivre à la température de l'ébullition, fixe de l'eau sous l'action de la chaleur et des acides minéraux (chlorhydrique, sulfurique), et se transforme par part égale en deux sucres nouveaux : le *glucose* et la *lévulose,* mélange qui a reçu le nom de sucre *interverti.*

Si l'on adopte pour le sucre de canne la formule $C^{12} H^{11} O^{11}$ celle des glucoses sera $C^{12} H^{12} O^{12}$.

Si l'on prend les équivalents $H = 1$, $O = 8$, $C = 6$,

L'équivalent du sucre de canne $C^{12} H^{11} O^{11} = 171$,

Et celui des glucoses $C^{12} H^{12} O^{12} = 180$.

Par conséquent 171 grammes de sucre de canne produisent 180 grammes de glucose, ou 19 grammes de cre de canne, 20 de glucose.

Il résulte de la fixité de ces rapports qu'au moyen de la liqueur cuivrique, on peut doser avec une facilité égale les glucoses et le sucre de canne : les glucoses immédiatement, et le sucre de canne après l'avoir au préalable interverti.

Comment procède-t-on à ces deux dosages ? Ce chapitre

a pour destination de vous l'apprendre, et comme il n'est pas destiné aux savants, je ne craindrai pas de multiplier les explications, et d'entrer dans les détails les plus circonstanciés toutes les fois que je le croirai utile. Je me suis donné à tâche de répandre dans le monde agricole l'usage des méthodes exactes de la science, et aucune peine ne me coûtera pour atteindre ce but.

Commençons par indiquer le petit matériel et les divers réactifs que le dosage du sucre exige.

MATÉRIEL.

1° Une petite lampe à esprit de vin (n° 1).

2° Une pipette de Mohr (n° 2) : c'est un tube vertical, divisé en centimètres cubes et en dixièmes de centimètre cube, dont une extrémité est ouverte et l'autre terminée en pointe effilée.

Entre la pointe terminale et le corps du tube divisé, on adapte un tube de caoutchouc muni d'une pince à ressort. Cette pince fait l'office de robinet. Exerce-t-on une pression graduée sur les branches de la pince, le liquide s'écoule par jet ou par simples gouttes, au gré de l'opérateur. On peut donc à son aide graduer avec la plus exquise délicatesse l'écoulement du liquide intérieur.

3° Support muni d'un bras articulé pour tenir la pipette suivant la verticale (n° 3).

4° Trois ou quatre petits ballons de 100 centimètres cubes de capacité, pour l'essai des sucres (n° 4).

5° Ballons jaugés, deux de 100 centimètres cubes de capacité et deux de 200 centimètres cubes pour l'exacte mesure des liquides (n° 5).

6° Un ballon de cristal jaugé de 1 litre de capacité (n° 6).

7° Deux carafes de cristal 1/2 litre, bouchés avec un bouchon de liége qui est traversé par une pipette jaugée de 10 centimètres cubes destinée à mesurer la liqueur de cuivre (n° 7).

8° Deux petites pinces de bois, pour tenir les ballons d'essai lorsqu'on les chauffe à la lampe (n° 8).

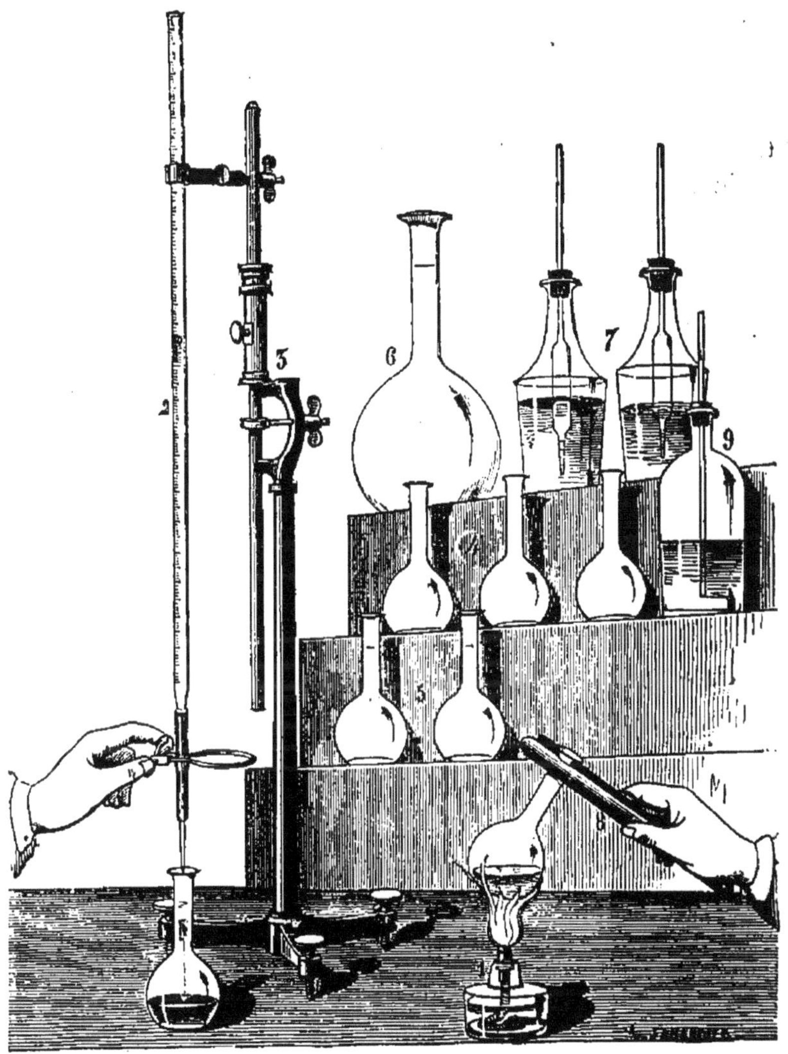

Un flacon d'un demi-litre dont le bouchon est traversé par un tube effilé pour l'acide destiné à faire l'inversion du sucre de canne (n° 9).

Le dessin d'ensemble ci-dessus représente tous les organes de ce petit matériel.

RÉACTIFS.

1° *Acide sulfurique pour l'inversion.* — Pour le préparer, on fait tomber par petit filet 100 grammes d'acide sulfurique dans un verre à précipité contenant 200 grammes d'eau distillée. Le mélange s'échauffe beaucoup. Lorsqu'il est froid, on le verse dans un flacon dont le bouchon est traversé par un tube de verre effilé, comme nous l'avons indiqué pour le flacon n° 9.

2° *Liqueur normale de sucre à 1/2 pour 100.* — On fait dissoudre 1 gramme de sucre candi pur et sec dans 50 cent. cubes d'eau distillée à laquelle on ajoute 2 cent. cubes environ de l'acide sulfurique précédent pour opérer l'inversion, on fait bouillir pendant un quart d'heure. Cette opération doit être faite dans un petit ballon jaugé de 200^{cc} de capacité. Lorsque le liquide est refroidi, on ajoute de l'eau distillée pour compléter les 200^{cc}, on bouche avec le pouce et on retourne plusieurs fois le ballon, pour que la dissolution soit bien uniforme dans toutes ses parties.

Cette liqueur contient donc 1/2 pour 100 de sucre de canne l'état de sucre interverti.

3° *Liqueur cuivrique pour le dosage proprement dit.*

Il faut donner à la préparation de cette liqueur une attention particulière. Pour l'obtenir, on prépare une première solution avec :

> 36 gr. 46 de sulfate de cuivre dans
> 140^{cc} d'eau distilée.

D'autre part :

> 200 gr. de tartrate neutre de potasse et de soude dans
> 600^{cc} de lessive de soude caustique à 22° (B).

On verse la deuxième solution dans une carafe graduée de 1 litre de capacité ; on ajoute ensuite par petites parties la première solution ; enfin on complète le volume de 1 litre par une dernière addition d'eau distillée, dont on s'est servi au préalable, pour rincer les vases qui avaient contenu les deux dissolutions de sulfate de cuivre et de tartrate double de potasse et de soude.

Si le sulfate de cuivre était bien pur, 10^{cc} de cette liqueur exigeraient pour être réduits 0,050 de sucre de canne qui correspondent, on le sait, à 0 gr. 0526 de glucose. Mais avant d'admettre ce titre comme exact, il faut le vérifier.

Comment procéder à cet essai ? Le voici :

On verse, à l'aide de la pipette graduée qui traverse le bouchon de la carafe n° 7, 10^{cc} de dissolution cuivrique dans un petit ballon de verre de Bohême de 100^{cc} de capacité, ou mieux encore dans un tube de verre fermé par un bout, et au fond duquel on fait tomber quelques petits fragments de pierre ponce pour éviter les soubresauts produits par l'ébullition du liquide.

D'autre part on remplit la pipette de Mohr jusqu'à la division supérieure avec la solution normale de sucre à 1/2 p. 100.

Tout étant ainsi préparé, on porte rapidement à l'ébullition la liqueur cuivrique, et on y fait tomber goutte à goutte la solution normale de sucre. Après chaque affusion de liquide sucré, on fait bouillir en agitant le petit ballon ; la liqueur perd d'abord sa transparence, elle devient jaune, puis rouge, et enfin se décolore complétement. Lorsque ce moment approche après chaque addition nouvelle de liquide sucré, on place un instant le ballon sur une feuille de papier blanc, afin de saisir le moment précis où la liqueur est devenue absolument incolore. On ajoute alors une dernière goutte de liqueur sucrée pour s'assurer qu'il ne se forme pas de précipité. Ce résultat obtenu, l'essai est achevé. On lit alors sur l'échelle de la burette la quantité de liqueur employée. Supposons le nombre de divisions égal à 10^{cc}, on dira :

$$10^{cc} : 0^{gr}\,050 :: 100 : x = 0^{gr}\,50.$$

Le titre de la liqueur, que nous appellerons désormais *li-*

queur normale cupro-potassique, est donc exact. La formule que j'ai adoptée a été proposée par M. Violette, professeur de chimie à la Faculté de Lille (1). Je lui ai donné la préférence sur la liqueur de Fehling et de Mohr, parce qu'elle se conserve mieux.

Les dosages proprement dits n'étant que la répétition du premier essai, appliquons la méthode aux trois cas qui se présentent le plus ordinairement : analyse des sucres, dosage des sucres dans les tissus et les jus végétaux.

ESSAI DES SUCRES.

Pour être complète, l'analyse d'un sucre doit fournir trois indications :

La proportion des glucoses ;

La proportion du sucre de canne ;

Celle de l'eau et des matières étrangères.

On obtient ces trois indications à l'aide de deux essais consécutifs.

Par le premier on détermine la totalité des sucres, et par le second la proportion des glucoses ; la différence donne le sucre de canne.

DOSAGE DE LA TOTALITÉ DES SUCRES.

On pèse 1 gramme de sucre ; on le fait dissoudre dans 50^{cc} d'eau distillée environ, auxquels on ajoute 2 à 3 centimètres cubes d'acide pour l'inversion. On fait bouillir pendant un quart d'heure sur une petite lampe à esprit de vin. On retire du feu. On laisse refroidir le liquide, et on le filtre au-dessus d'un deuxième ballon jaugé de 200^{cc} de capacité. On lave avec soin le premier ballon où s'est faite la dissolu-

(1) Violette, *Traité du dosage des sucres*, in-8°, p. 12.

tion, et on verse l'eau du lavage sur le filtre pour enlever les dernières traces de sucre. On ajoute enfin de l'eau distillée dans le deuxième ballon, jusqu'à ce que le sommet du ménisque formé par le liquide affleure la ligne de graduation.

On bouche alors l'ouverture du ballon avec le pouce de la main droite, et on le retourne plusieurs fois sur lui-même, afin de rendre la masse du liquide bien homogène.

La burette de Mohr étant soigneusement lavée avec de l'eau distillée et séchée à l'aide d'un tube enveloppé de papier à filtrer, qu'on fait glisser le long de ses parois intérieures, on la remplit de liquide sucré, et on procède à un nouvel essai de tout point conforme au premier.

Supposons que pour réduire 10^{cc} de liqueur cupro-potassique, il ait fallu employer $10^{cc}8$ de la dissolution sucrée, on dira :

$$10^{cc}8 : 0^{gr}020 :: 200^{cc} : x = 0^{gr}9259.$$

Dans 1 gramme de l'échantillon, il y avait donc 0 gr. 9259 de sucre, soit 92,59 p. 100.

Reste à savoir s'il y avait du glucose et combien il y en avait. Le deuxième essai va nous l'apprendre.

DOSAGE DES GLUCOSES.

On prend un nouvel échantillon de sucre du poids de 10 grammes. On le fait dissoudre dans 50^{cc} d'eau distillée environ. On filtre comme la première fois dans un ballon jaugé, et on porte par l'addition des eaux de lavage le volume du liquide à 100^{cc} seulement. On retourne à plusieurs reprises le ballon pour mêler toutes les couches du liquide. La burette de Mohr ayant été lavée et séchée, on la remplit de dissolution sucrée, et on procède à un nouveau titrage avec la liqueur cupro-potassique.

Supposons que pour réduire 10^{cc} de cette liqueur, il ait fallu 16^{cc} de la liqueur sucrée, on dira :

$$16^{cc}1 : 0^{gr}050 :: 100 : x = 0^{gr}310.$$

Or, 0 gr. 310 pour 10 gr. de sucre = 3, 10 p. 100 de glucose *exprimé en sucre de canne.*

RÉSULTATS.

1° Totalité des sucres...........	92,59
2° Glucose.....................	3,10
Différence..............	89,49

La différence exprime la proportion du sucre de canne.

Pour fixer définitivement la composition du sucre essayé, il ne reste plus qu'à convertir en glucose réel, $C^{12}\ H^{12}\ O^{12}$, le titre du deuxième essai, où le glucose est exprimé en sucre de canne, $C^{12}\ H^{11}\ O^{11}$. On obtient cette transformation en multipliant le résultat du deuxième essai par 1,052.

$$3{,}10 \times 1{,}052 = 3{,}26.$$

COMPOSITION DU SUCRE ANALYSÉ.

Échantillon......................		100,00
Sucre de canne..........	89,49	92,85
Glucose................	3,26	
Différence..............		7,15 p. 100.

La différence exprime la proportion de l'eau et des matières étrangères.

DOSAGE DU SUCRE DANS LES TISSUS VÉGÉTAUX.

Le dosage du sucre, dans ces nouvelles conditions, ne présente pas plus de difficulté que dans le cas précédent. Prenons la betterave pour exemple.

Le sucre est très-inégalement réparti dans la racine de betterave. Sa proportion varie aux divers étages de sa hauteur; d'après M. Violette, la tranche qui correspond au tiers de la racine à partir du sommet représente la richesse moyenne de toute la racine.

Pour prendre le titre d'une betterave, il suffit donc d'opérer sur un morceau appartenant à la zone de richesse moyenne. Pour cela, on enlève avec une petite sonde de métal un morceau de racine de 10 gr.; on le coupe par petits fragments, que l'on introduit dans un ballon de verre contenant 50^{cc} d'eau additionnée de 5^{cc} d'acide sulfurique à inversion, et on fait bouillir pendant dix minutes.

L'opération demande à être surveillée dès le début, car il se produit une mousse très-abondante aux premières bulles de vapeur, et le liquide peut être entraîné au dehors. Mais cet inconvénient n'est point à craindre, si on a soin de diminuer la flamme dès que l'ébullition commence. Peu après, l'opération marche régulièrement; les bulles se forment de préférence sur les morceaux de betterave, qui ne tardent pas à cuire et à tomber au fond du vase en perdant leur couleur blanche, pour prendre une certaine transparence qui indique que l'opération est terminée. Cet effet se produit après quinze ou vingt minutes d'ébullition, qui suffisent dans la plupart des cas.

On retire alors du feu; on complète les 100^{cc} par une addition d'eau distillée; on filtre et on opère sur le liquide comme sur une dissolution de sucre.

Supposons que pour réduire 10^{cc} de la liqueur normale, équivalente à 0 gr. 050 de sucre de canne, il ait fallu employer 6^{cc} de liquide sucré, on dira :

$$6^{cc} : 0^{gr}\,050 :: 100 : x = 0^{gr}\,833.$$

0 gr. 833 pour 10 de betteraves égalent 8.33 p. 100. Ce mode d'opérer suffit à tous les besoins industriels. On ne tient pas compte du glucose, dont la proportion varie entre 0.2 et 0.5 p. 100.

Pour des analyses délicates où il faut avoir égard au rapport des deux sucres, il est préférable d'opérer sur le jus des végétaux. Ceci m'amène à traiter le troisième cas.

DOSAGE DU SUCRE DANS UN JUS VÉGÉTAL.

Sous le rapport théorique, l'analyse d'un jus rentre complétement dans le cas de l'analyse des sucres. Il faut ajouter cependant quelques renseignements pratiques à ceux qui précèdent.

La préparation des jus est une opération des plus simples. Si on doit l'extraire d'une racine ou d'un fruit charnu, on les rape, et on soumet la pulpe à l'action de la presse, après l'avoir enfermée dans une forte toile repliée plusieurs fois sur elle-même. Lorsqu'il s'agit d'extraire le jus d'un système d'organes dont les tissus sont plus résistants, comme c'est le cas pour la canne à sucre et le sorgho, au lieu de râper on coupe la tige de ces végétaux en morceaux de la grosseur d'une noisette, que l'on soumet à l'action de la presse, après les avoir placés dans un petit cylindre de fer étamé dont les parois sont percés d'un grand nombre de trous de 2 millimètres de diamètre; la pression produite par une simple vis en bois, de 5 à 6 centimètres de diamètre, suffit amplement pour l'extraction des jus sucrés, en tant qu'il s'agit de simples essais de laboratoire.

Tous les jus végétaux contiennent de l'albumine et des produits pectiques dont il faut absolument les débarrasser avant de procéder au dosage des sucres, parce que ces substances exercent aussi une action réductive sur la liqueur cupro-potassique. On y parvient en mêlant les jus au sortir de la presse avec leur volume d'alcool à 36°; on filtre et on conserve dans un flacon soigneusement bouché.

L'addition de l'acool a pour effet de précipiter ces matières et permet en outre de conserver longtemps les jus sans altération, ce qui a de grands avantages lorsqu'on se livre à des recherches de longue haleine.

DÉTERMINATION DE LA TOTALITÉ DES SUCRES.

Règle générale, il faut autant que possible ramener les jus

à un degré de dilution voisin de celui de la liqueur sucrée normale. Dans ce qui va suivre, je prendrai pour exemple l'analyse de la canne à sucre.

Pour doser la totalité des sucres, on prend 20^{cc} du jus étendu de son volume d'alcool et filtré ; on les verse dans un petit ballon d'une capacité de 100^{cc} ; on y ajoute 5^{cc} d'acide normal à inversion et 20^{cc} d'eau distillée ; on fait bouillir pendant un quart d'heure ; on laisse refroidir, et on complète les 100^{cc} par une addition d'eau distillée. On retourne à plusieurs reprises le ballon, pour mêler toutes les couches du liquide, et on procède au dosage.

Supposons que 10^{cc} de liqueur cuivrique, équivalant toujours à 0 gr. 050 de canne, aient exigé 2^{cc}36 de la dissolution sucrée, on aura :

$$2^{cc}36 : 0^{gr}050 :: 100 : x = 2{,}1$$

Le jus dont il s'agit ayant été étendu de 10 fois son volume d'eau, pour avoir son titre réel, il faut multiplier le résultat précédent par 10.

$$2{,}1 \times 10 = 21\ 0/0$$

Totalité des sucres exprimée en sucre de canne.

DÉTERMINATION DU GLUCOSE.

La proportion du glucose étant très-faible, on peut opérer directement sur le jus étendu de son volume d'alcool. Supposons donc que 10^{cc} de liqueur cuivrique aient exigé 32^{cc} 5 de liqueur alcoolique, on dira :

$$32{,}5 : 0^{gr}050 :: 100 : x = 0^{gr}155$$

qu'il faut multiplier par 2 = 0 gr. 31 de glucose exprimés en sucre de canne, ou 0 gr. 32 de glucose réel, ce qui donne finalement :

Sucre de canne...........	20,68
Glucose..................	0,32

pour 100 de jus en volume.

Lorsqu'un jus est aussi pauvre en glucose, il faut refaire un deuxième dosage en opérant avec 5cc de liqueur cuivrique seulement; si le jus contenait au contraire 4 à 5 p. 100 de glucose, comme c'est le cas pour le sorgho, au lieu d'opérer sur le jus alcoolisé, il faudrait l'étendre encore de son volume d'eau, ce qui le réduirait au quart de sa concentration naturelle. Dans ce cas il faudrait multiplier par 4 le résultat obtenu.

Je le répète, si le jus est riche, il faut l'étendre d'eau pour qu'il ne contienne que 1 à 2 p. 100 de sucre; s'il est pauvre, il faut n'employer que 5cc de liqueur cupro-potassique.

J'ai dit en commençant que le dosage des sucres au moyen de la liqueur cupro-potassique était susceptible d'une très-grande précision; cette précision est au moins égale à celle que donne le *saccharimètre optique*. En 1861, les deux méthodes ont été dans mon laboratoire l'objet d'une comparaison très-soignée sur un assez grand nombre de jus de betteraves. Voici les résultats que l'on a obtenus :

	Procédé chimique.	Saccharimètre.
1. Sucre de canne........	7,31	7,57
2. — —	8,49	8,63
3. — —	7,37	7,74
4. — —	7,94	8,12
5. — —	8,67	8,70
6. — —	9,71	9,71

Pour simplifier ou vérifier les calculs, voici une petite table qui permet de remonter tout de suite, du volume de la liqueur sucrée employée pour réduire 10cc de liqueur cupro-potassique, à la quantité de sucre de canne cherchée, exprimée en centièmes.

Pour mieux en faire comprendre l'emploi je vais reprendre

l'un après l'autre les trois exemples dont il vient d'être question.

USAGE DE LA TABLE.

PREMIER CAS. *Essai des sucres.* — 1° *Dosage de la totalité des sucres.* — On fait dissoudre 1 gramme de sucre dans 200^{cc} d'eau distillée; on intervertit et on essaie avec la liqueur cupro-potassique. On trouve que pour réduire 10 de cette liqueur il a fallu 10.8 de liqueur sucrée. Reportez-vous à la première colonne de la table, en regard du nombre 10.8 : on lit 92.59. C'est le titre cherché.

2° *Dosage du glucose.* — On fait dissoudre 10 grammes de sucre dans 100^{cc} d'eau. Pour réduire 10^{cc} de liqueur cupro-potassique, il a fallu 16^{cc} 1 de liqueur sucrée. Cherchez dans la troisième colonne de la table le nombre 16 ; vous trouverez en regard 3.12 pour 16^{cc}; pour 16^{cc} 1 on aurait 3.10. C'est le titre p. 100.

DEUXIÈME CAS. *Dosage du sucre dans les tissus végétaux.* — 10 grammes de betterave ont été traités à l'ébullition par l'eau acidulée; le volume de la liqueur a été porté à 100^{cc}. Pour réduire 10^{cc} de liqueur normale cuivrique, il a fallu employer 6^{cc} de liqueur sucrée. Reportez-vous dans la troisième colonne de la table au chiffre 6, et en regard vous trouverez 8.33. C'est le titre cherché p. 100.

TROISIÈME CAS. *Dosage du sucre dans les jus végétaux.* 1° *Totalité des sucres.* — Pour réduire 10^{cc} de liqueur cuivrique normale, il a fallu employer 2^{cc} 36 de jus interverti étendu au 10e. Reportez-vous à la troisième colonne de la table : en regard de 2 vous trouverez 25; en regard de 2 1/2 20; pour 2.36 le titre cherché est donc 21.

Dosage du glucose. — Pour réduire 10^{cc} de *liqueur cuivrée*, il a fallu employer 32^{cc} 5 de *liqueur sucrée;* reportez-vous à la 3e colonne, et en regard vous trouverez 1,54.

Mais le volume du liquide ayant été doublé, multipliez par 2 et vous obtiendrez 3,08.

Proportion de sucre de canne pur contenu dans les sucres impurs ou dans les jus sucrés.

I. $\frac{1000}{V}$ p. 100. II. $\frac{50}{V}$ p. 100.

I. SUCRES RICHES.		II. JUS SUCRÉS.	
Volume du liquide sucré employé.	Proportion de sucre de canne.	Volume du liquide sucré employé.	Proportion de sucre de canne.
Cent. cub.	P. cent.	Cent. cub.	P. cent.
10	100	1	50
10,1	99,01	1 1/2	33,33
10,2	98,04	2	25
10,3	97,09	2 1/2	20
10,4	96,15	3	16,67
10,5	95,24	3 1/2	14,29
10,6	94,34	4	12,50
10,7	93,46	4 1/2	11,11
10,8	92,59	5	10
10,9	91,74	5 1/2	9,09
11	90,91	6	8,33
11,1	90,09	6 1/2	7,69
11,2	89,29	7	7,14
11,3	88,50	7 1/2	6,67
11,4	87,72	8	6,25
11,5	86,96	8 1/2	5,88
11,6	86,21	9	5,56
11,7	85,47	9 1/3	5,26
11,8	84,75	10	5
11,9	84,03	10 1/2	4,76
12	83,33	11	4,55
12,1	82,64	12	4,17
12,2	81,97	13	3,85
12,3	81,30	14	3,57
12,4	80,64	15	3,33
12,5	80	16	3,12
12,6	79,36	17	2,94
12,7	78,74	18	2,78
12,8	78,12	19	2,63
12,9	77,52	20	2,50
13	76,92	22 1/2	2,22
13,1	76,34	25	2
13,2	75,76	27 1/2	1,82
13,3	75,19	30	1,67
13,4	74,64	32 1/2	1,54
13,5	74,07	35	1,43
13,6	73,53	37 1/2	1,33
13,7	72,99	40	1,25
13,8	72,46	42 1/2	1,18
13,9	71,94	45	1,11
		47 1/2	1,05
14	71,43	50	1 0/0

RÉCAPITULATION des PRINCIPES APPLIQUÉS.

1

19 parties de *sucre de canne* produisent 20 parties de *glucose.*

2

Une partie de sucre de canne correspond à 1,052 parties de glucose.

3

Le *sucre de canne* est sans action sur la liqueur cuivrée.

4

Les *glucoses* précipitent la liqueur cuivrée à l'état d'oxydule de cuivre $Cu^2 O$.

5

Un équivalent de glucose, $C^{12} H^{12} O^{12}$, précipite 10 équivalents de sulfate de cuivre ($Cu O. S O^3 + 5 H O$).

180 gr. de glucose correspondent à 1246,8 gr. de sulfate, et 5 gr. de glucose correspondent à 34,633 gr. de sulfate.

6

10^{cc} de la liqueur cuivrique correspondent à 0,05 gr. de sucre de canne.

7

Les acides minéraux convertissent à l'aide de la chaleur le *sucre de canne* en *glucose*,

$$C^{12} H^{11} O^{11} + HO = C^{12} H^{12} O^{12}.$$

8

Le sucre interverti se compose de deux sucres isomères, mais ayant des propriétés optiques différentes :

Le *glucose* (proprement dit) qui dévie la lumière polarisée à *droite* de 56°;

La *lévulose* qui dévie la lumière polarisée à *gauche* de 106°.

9

La table I se rapporte à la solution de 1 gramme de sucre de canne dans 200 centimètres cubes d'eau distillée.

Enfin, comme la table a été construite en supposant la liqueur étendue au dixième, prenez le dixième du résultat, c'est-à-dire reculez la virgule d'un chiffre vers la gauche. Le résultat sera alors 0,31 p. 100 de glucose exprimé en sucre de canne ou 0,32 p. 100 de glucose.

Si le volume du jus, au lieu d'être doublé, avait été triplé quadruplé, quintuplé, etc., on multiplierait toujours le résultat donné par la table, par 3, 4, 5, etc., c'est-à-dire par le coefficient variable qui exprime le degré de dilution du jus, puis on reculerait la virgule d'un chiffre vers la gauche.

Ainsi, par exemple, si l'on avait employé 32cc 5 de liqueur sucrée sur un volume étendu à son quintuple, on aurait 5 × 1,54, soit 7,70, et en reculant la virgule 0,77 p. 100.

TABLES

POUR CALCULER L'ÉPUISEMENT DU SOL PAR LA CULTURE, ET LE RATIONNEMENT DU BÉTAIL.

USAGE DES TABLES.

J'ai publié à la suite de mes entretiens en 1867, une table pour calculer l'épuisement du sol. Aujourd'hui j'ai étendu le cadre de cette table, en fusionnant celles de Wolf et de Kuhn.

La table de Wolf indique comme la mienne de 1867, la quantité d'acide phosphorique, de potasse, de chaux et d'azote, contenue dans les principales récoltes. J'ai apporté à cette table un seul changement, j'y ai substitué partout où je l'ai pu les dosages opérés dans mon laboratoire, et comme complément de cette première indication, j'ai inscrit à la suite leur richesse en principes alimentaires, protéine, matières grasses, hydrates de carbone, minéraux.

Sur le premier point, les agents de fertilité, les indications fournies par les tables ont une valeur absolue. Il est bien vrai, cependant, que la composition des plantes varie dans une certaine mesure avec la nature du sol qui les a produites, mais ces variations n'ont qu'une importance très-médiocre pour les intérêts de la culture.

Sur le second point au contraire, les éléments nutritifs, il faut se servir des tables avec une grande circonspection, et pour que leurs indications méritent la confiance et possèdent une réelle utilité, il faut ne comparer que des produits analogues ou voisins, les pailles aux pailles, les fourrages secs aux fourrages secs, les racines aux tubercules, les farineux aux farineux.

COMPOSITION DES PRINCI-

TABLE POUR CALCULER LE RÉGIME DU

RÉGIME DU SOL.

COEFFICIENTS DE FERTILITÉ :

Dans 1,000 par-
fraîche

INDICATION des MATIÈRES.	EAU.	AZOTE.	ACIDE PHOSPHORIQUE.	POTASSE.	CHAUX.	AUTEURS des ANALYSES.
I. Fourrages secs.						
Foin de prairie.........	144,00	13,10	4,10	17,10	7,70	Wolff.
— trèfle rouge.....	210,00	16,60	3,90	16,40	15,15	Boussingault.
— — blanc.....	160,00	23,80	8,50	10,60	19,40	Wolff.
— — hybride...	160,00	24,50	4,70	15,70	14,80	Wolff.
— luzerne.........	123,09	32,33	7,40	31,28	25,01	G. Ville.
— esparcette......	160,00	21,30	4,70	17,90	14,60	Wolff.
— vesces.........	160,00	22,70	9,40	30,90	19,30	id.
II. Fourrages verts.						
Herbe de prairie en fleurs.	700,00	4,40	1,50	6,00	2,70	id.
Jeune herbe............	800,00	5,00	2,20	11,60	2,20	id.
Raygrass..............	700,00	5,70	1,70	5,30	1,60	id.
Seigle vert............	700,00	4,30	2,40	6,30	1,20	id.
Maïs vert..............	862,00	3,20	0,70	2,90	1,20	id.
Sarrazin...............	826,00	5,10	1,10	4,30	6,60	id.
Trèfle rouge...........	800,00	5,30	1,30	4,60	4,60	id.
— blanc............	810.00	5,60	2,00	2,40	4,40	id.
— hybride..........	815,00	5,30	1,00	3,50	3,20	id.
Luzerne...............	753,00	7,20	1,50	4,50	8,50	id.
Esparcette.............	785,00	5,10	1,20	4,60	3,70	id.
Vesces................	820,00	4,80	2,00	6,60	4,10	id.
Pois..................	815,00	5,00	1,80	5,60	3,90	id.
Colza.................	850,00	5,10	1,20	4,40	3,10	id.
III. Racines.						
Pommes de terre.......	787,34	4,52	0,92	3,35	0,19	G. Ville.
Topinambour..........	792,00	3,35	1,35	5,50	0,30	Boussingault.
Betterave fourragère....	883,00	1,80	0,80	4,30	0,40	Wolff.
— à sucre.......	862,50	3,90	1,15	4,58	0,42	G. Ville.

PAUX PRODUITS AGRICOLES.

SOL ET L'ALIMENTATION DES ANIMAUX.

ties de substance ou sèche.

RATIONNEMENT DES ANIMAUX.

COEFFICIENTS ALIMENTAIRES :

INDICATION des MATIÈRES.	MATIÈRES PROTÉIQUES.	MATIÈRES GRASSES.	MATIÈRES EXTRACTIVES non azotées.	LIGNEUX.	MINÉRAUX.	AUTEURS des ANALYSES.
I. Fourrages secs.						
Foin de prairie.........	85,00	30,00	383,00	293,00	66,00	Kühn.
— trèfle rouge.....	134,00	32,00	285,00	330,00	56,00	id.
— — blanc.	149,00	35,00	339,00	250,00	60,00	id.
— — hybride...	153,00	33,00	259,00	305,00	83,00	id.
— luzerne........	144,00	28,00	257,00	347,00	60,00	id.
— esparcette......	—	—	—	—	—	(pas d'analyse)
— vesces.........	—	—	—	—	—	id.
II. Fourrages verts.						
Herbe de prairie en fleurs.	31,00	8,00	121,00	100,00	20,00	Kühn.
Jeune herbe...........	—	—	—	—	—	(pas d'analyse)
Raygrass..............	—	—	—	—	—	id.
Seigle vert............	33,00	7,50	104,00	79,00	16,00	Kühn.
Maïs vert.............	12,00	5,00	103,00	47,00	11,00	id.
Sarrazin..............	24,00	6,00	63,00	43,00	14,00	id.
Trèfle rouge.......	37,00	8,00	83,00	66,00	16,00	id.
— blanc...........	40,00	8,50	80,00	56,00	14,00	id.
— hybride..........	33,00	6,50	65,00	65,00	10,00	id.
Luzerne...............	45,00	7,00	84,00	93,00	18,00	id.
Esparcette.............	—	—	—	—	—	(pas d'analyse)
Vesces................	37,00	6,00	61,00	60,00	16,00	Kühn.
Pois..................	35,00	6,00	76,00	54,00	14,00	id.
Colza.................	29,00	6,00	37,00	42,00	16,00	id.
III. Racines.						
Pommes de terre.......	20,00	3,00	207,00	11,00	9,00	id.
Topinambour..........	20,00	3,00	150,00	13,00	10,00	id.
Betterave fourragère....	11,00	1,00	90,00	10,00	8,00	id.
— sucrière......	10,00	1,00	153,00	13,00	8,00	id.

COEFFICIENTS DE FERTILITÉ : Dans 1,000 par- fraîche

INDICATION des MATIÈRES.	EAU.	AZOTE.	ACIDE PHOSPHORIQUE.	POTASSE.	CHAUX.	AUTEURS des ANALYSES.
Turneps	909,00	1,80	1,10	3,00	0,80	Wolff.
Navets	925,00	1,30	0,35	2,00	0,62	Boussingault.
Rutabagas	840,00	2,50	1,40	4,90	0,90	Wolff.
Carottes	860,00	2,10	1,10	3,20	0,90	id.
Collets de betterave sucrière	840,00	2,00	0,80	1,90	0,60	id.
Chicorée	800,00	2,50	1,50	4,20	0,90	id.
IV. Tiges et feuilles de plantes-racines.						
Pomme de terre (fin août)	825,00	6,30	1,00	2,30	5,10	id.
— — (commencement d'octobre)	770,00	4,90	0,60	0,70	5,50	id.
Betterave fourragère	907,00	3,00	0,80	4,30	1,70	id.
— sucrière	926,54	3,51	0,67	1,60	0,75	G. Ville.
Rutabagas	850,00	3,50	2,60	3,60	8,40	Wolff.
Turneps	898,00	3,00	1,30	3,20	4,50	id.
Carotte	808,00	5,10	2,10	3,70	8,60	id.
Choux (feuilles)	146,00	—	7,52	17,10	54,10	G. Ville.
— (racines)	168,00	—	10,60	34,90	12,60	G. Ville.
V. Produits industriels.						
Pulpes de betteraves	692,00	2,90	1,00	3,60	2,50	Wolff.
Mélasses de betteraves	175,00	12,80	0,60	66,20	5,60	id.
Résidus (vinasse) de distillerie	907,00	1,90	1,20	15,90	0,10	id.
— de mélasses	907,00	1,90	—	15,90	0,10	Wolff.
— de pommes de terre	947,00	1,60	1,20	2,70	0,40	id.
Farine fine de froment	136,00	18,90	2,10	1,50	0,10	id.
— seigle	142,00	16,80	8,50	6,50	0,20	id.
— orge	140,00	16,00	9,50	5,80	0,60	id.
— maïs	140,00	16,00	4,30	2,70	0,60	id.
Son de froment	135,00	22,40	28,80	13,30	2,60	id.
— seigle	131,00	23,20	34,20	19,30	2,50	id.
Drèche	768,00	7,80	4,60	0,50	1,40	id.
Malt vert	475,00	10,40	5,30	2,50	0,50	id.
— torréfié	42,00	14,10	9,70	4,60	1,00	id.
Germes d'orge	92,00	38,40	12,50	20,80	0,90	id.

ties de substance
ou sèche.

COEFFICIENTS ALIMENTAIRES :

INDICATION des MATIÈRES.	MATIÈRES PROTÉIQUES.	MATIÈRES GRASSES.	MATIÈRES EXTRACTIVES non azotées.	LIGNEUX.	MINÉRAUX.	AUTEURS des ANALYSES.
Turneps	—	—	—	—	—	(pas d'analyse)
Navets	10,00	1,50	58,00	7,00	8,00	Kühn.
Rutabagas	—	—	—	—	—	(pas d'analyse)
Carottes	13,00	2,50	96,00	19,00	10,00	Kühn.
Collets de betterave sucrière	—	—	—	—	—	(pas d'analyse)
Chicorée	—	—	—	—	—	id.
IV. Tiges et feuilles de plantes-racines.						
Pomme de terre (fin août)	—	—	—	—	—	id.
— — (commencement d'octobre)	—	—	—	—	—	id.
Betterave fourragère	20,00	4,00	41,00	15,00	15,00	Kühn.
— à sucre	—	—	—	—	—	(pas d'analyse)
Rutabagas	—	—	—	—	—	id.
Turneps	—	—	—	—	—	id.
Carotte	35,00	8,00	92,00	32,00	26,00	Kühn.
Choux (feuilles)	15,00	4,00	59,00	20,00	12,00	id.
— (racines)	11,00	5,00	120,00	28,00	16,00	id.
V. Produits industriels.						
Pulpes de betteraves	9,00	1,00	62,00	12,00	6,00	id.
Mélasses de betteraves	78,00	—	628,00	—	108,00	id.
Résidus (vinasse) de distillerie	—	—	—	—	—	(pas d'analyse)
— de mélasses	—	—	—	—	—	id.
— de pommes de terre	8,00	9,00	107,00	23,00	3,00	Kühn.
Farine fine de froment	120,00	11,00	723,00	12,00	5,00	id.
— seigle	117,00	20,00	693,00	12,00	16,00	id.
— orge	130,00	22,00	670,00	—	20,00	id.
— maïs	152,00	38,00	705,00	—	9,00	id.
Son de froment	140,00	38,00	450,00	183,00	55,00	id.
— seigle	137,00	31,00	504,00	150,00	53,00	id.
Drèche	—	—	—	—	—	(pas d'analyse)
Malt vert	63,00	15,00	377,00	47,00	18,00	Kühn.
— séché	94,00	235,00	697,00	87,00	23,00	id.
Germes d'orge	—	—	—	—	—	(pas d'analyse)

COEFFICIENTS DE FERTILITÉ : Dans 1,000 parties de matière fraîche

INDICATION des MATIÈRES.	EAU.	AZOTE.	ACIDE PHOSPHORIQUE.	POTASSE.	CHAUX.	AUTEURS des ANALYSES.
Marc de raisin	650,00	—	2,50	8,60	2,50	Wolff.
Vin..................	866,00	—	0,50	1,80	0,20	id.
Bière	900,00	—	1,30	1,50	0,10	id.
Tourteaux de colza.....	150,00	45,30	20,70	13,60	6,10	id.
— lin	115,00	45,30	19,40	12,90	4,70	id.
— pavot......	100,00	52,00	36,10	19,80	26,80	id.
— coton	115,00	—	29,50	21,80	2,80	id.
— noix	136,00	—	20,20	15,40	3,10	id.
VI. Pailles.						
Paille de froment, de mars.	150,00	5,43	1,80	4,43	3,50	G. Ville.
— — d'hiver.	103,60	8,19	1,18	3,16	2,10	id.
— seigle d'hiver...	154,00	2,40	1,90	7,60	3,10	Wolff.
— — de printemps.......	143,00	—	3,10	11.10	4,40	id.
— épeautre	143,00	3,20	3,00	5,30	2,30	id.
— orge...........	132,50	7,17	1,48	11,56	6,60	G. Ville.
— avoine.........	287,00	2,85	1,10	8,80	3,00	Boussingault.
— maïs	140,00	4,80	3,80	16,60	5,00	Wolff.
— pois...........	135,50	15,39	4,05	8,24	28,06	G. Ville.
— haricots	203,20	26,60	4,50	8,24	28,06	id.
— féveroles.......	180,00	16,30	4,10	25,90	13,50	Wolff.
— sarrazin........	160,00	13,00	6,10	24,10	9,50	id.
— colza..........	136,25	10,40	1,54	3,21	9,55	G. Ville.
— pavot..........	160,00	—	2,30	25,10	19,90	Wolff.
Balles de froment de mars.	148,00	9,07	2,50	4,19	5,40	G. Ville.
— — d'hiver.	105,60	10,12	1,89	1,42	1,95	id.
— orge...........	130,83	10,06	2,70	9,96	9,60	id.
— avoine.........	143,00	6,40	0,20	10,40	7,00	Wolff.
Gousses d'haricots......	185,04	14,80	5,50	13,79	2,17	G. Ville.
Écales d'épeautre.......	130,00	4,60	6,00	7,90	2,00	Wolff.
Gousses de pois	166,50	13,62	5,50	13,79	2,17	G. Ville.
Arêtes d'orge	140,00	4,80	2,40	9,40	12,70	Wolff.
Rafles de maïs..........	115,00	2,30	0.20	2,40	0,20	id.
Capsules de lin.........	120,00	—	1,60	18,10	17,20	d.
Siliques de colza........	149,50	11,04	2,08	31,91	31,15	G. Ville.
VII. Plantes industrielles diverses.						
Tiges de lin............	140,00	—	4,30	11,80	8,30	Wolff.

ties de substance
ou sèche.

COEFFICIENTS ALIMENTAIRES :

INDICATION des MATIÈRES.	MATIÈRES			LIGNEUX.	MINÉRAUX.	AUTEURS des ANALYSES.
	PROTÉIQUES.	GRASSES.	EXTRACTIVES non azotées.			
Marc de raisin.........	—	—	—	—	—	(pas d'analyse)
Vin..................	—	—	—	—	—	id.
Bière	—	—	—	—	—	id.
Tourteaux de colza.....	283,00	95,00	243,00	158,00	71,00	Kühn.
— lin........	283,00	100,00	315,00	110,00	77,00	id.
— pavot......	325,00	101,00	267,00	125,00	84,00	id.
— coton?.....	—	—	—	—	—	(pas d'analyse)
— noix........	346,00	125,00	278,00	64,00	50,00	Kühn.
VI. Pailles.						
Paille de froment de mars. — — d'hiver.	20,00	15,00	287,00	492,00	43,00	id.
— seigle d'hiver... — — de printemps.......	20,00	14,00	275,00	507,00	41,00	id.
— épeautre.......	20,00	15,00	287,00	480,00	55,00	id.
— orge..........	30,00	14,00	313,00	456,00	44,00	id.
— avoine.........	25,00	20,00	356,00	412,00	44,00	id.
— maïs..........	30,00	11,00	379,00	400,00	40,00	id.
— pois...........	73,00	20,00	325,00	392,00	49,00	id.
— haricots........	—	—	—	—	—	(pas d'analyse)
— fèveroles.......	—	—	—	—	—	id.
— sarrazin........	—	—	—	—	—	id.
— colza..........	30,00	15,00	332,00	400,00	53,00	Kühn.
— pavot	—	—	—	—	—	(pas d'analyse)
Balles de froment de mars. — — d'hiver.	45,00	15,00	320,00	357,00	120,00	Kühn.
— orge	—	—	—	—	—	(pas d'analyse)
— avoine.........	40,00	15,00	282,00	340,00	180,00	Kühn.
Gousses d'haricots......	—	—	—	—	—	(pas d'analyse)
Écales d'épeautre.......	29,00	13,00	315,00	415,00	85,00	Kühn.
Gousses de pois........	81,00	15,00	333,00	368,00	60,00	id.
Arêtes d'orge..........	—	—	—	—	—	(pas d'analyse)
Rafles de maïs.........	14,00	14,00	426,00	378,00	28,00	Kühn.
Capsules de lin.........	—	—	—	—	—	(pas d'analyse)
Siliques de colza........	40,00	18,00	4 6,00	354,00	60,00	Kühn.
VII. Plantes industrielles diverses.						
Tiges de lin............	—	—	—	—	—	(pas d'analyse)

COEFFICIENTS DE FERTILITÉ : fraîche

INDICATION des MATIÈRES.	EAU.	AZOTE.	ACIDE PHOSPHORIQUE.	POTASSE.	CHAUX.	AUTEURS des ANALYSES.
Lin roui	100,00	—	1,30	1,90	11,10	Kühn.
Filasse	100,00	—	0,70	0,20	3,80	id.
Plante entière de lin	250,00	—	7,40	11,30	5,00	id.
— chanvre	300,00	—	3,30	5,20	12,20	id.
— houblon	250,00	—	9,00	19,40	11,80	id.
Cônes de houblon	120,00	—	9,00	22,30	10,10	id.
Tabac	180,00	—	7,10	54,10	73,10	id.
VIII. Litières diverses.						
Bruyère	200,00	10,00	1,80	4,80	6,80	Wolff.
Fougère	160,00	—	5,70	25,20	8,30	id.
Genêt	160,00	—	1,60	6,90	3,20	id.
Prêle	140,00	—	4,10	27,00	25,60	id.
Varechs	180,00	—	3,70	17,10	16,40	id.
Feuilles de hêtre (automne)	150,00	8,00	2,40	3,00	25,80	id.
Feuilles de chêne	150,00	8,00	3,40	1,50	20,20	id.
Aiguilles fraîches de sapin	475,00	5,00	2,00	0,80	3,40	id.
Roseau	180,00	—	0,80	3,30	2,30	id.
Carex	140,00	—	4,70	23.10	3,70	id.
Jonc	140,00	—	2,90	16,70	4,30	id.
IX. Grains et graines.						
Froment de mars	147,50	23,62	8,93	6,09	0,57	G. Ville.
— d'hiver	154,00	28,29	6,80	5,02	0,51	id.
Seigle	149,00	17,60	8,20	5,40	0,50	Wolff.
Orge	154,25	20,59	9,49	7,27	0,77	G. Ville.
Avoine	208,00	17,50	4,75	4,10	1,20	Boussingault.
Épeautre vêtu	148,00	16,00	7,20	6,20	0,90	Wolff.
Maïs	136,00	16,00	5,50	3,30	0,30	id.
Millet	130,00	24,00	9,10	4,70	0,40	id.
Sorgho	140,00	—	8,10	4,20	0,20	id.
Sarrazin	141,00	14,40	4,40	2,10	0,30	id.
Colza	81,50	41,89	12,86	7,13	3,25	G. Ville.
Lin	118,00	32,00	13,00	10,40	2,70	Wolff.
Haricots	170,01	53,90	12,55	12,26	0,90	G. Ville.
Pois	191,00	42,58	12,55	12,26	0,90	id.
Chanvre	122,00	26,20	17,50	9,70	11,30	Wolff.
Pavot	147,00	28,00	16,40	7,10	18,50	id.

ties de substance
ou sèche.

COEFFICIENTS ALIMENTAIRES :

INDICATION des MATIÈRES.	MATIÈRES PROTÉIQUES.	MATIÈRES GRASSES.	MATIÈRES EXTRACTIVES non azotées.	LIGNEUX.	MINÉRAUX.	AUTEURS des ANALYSES.
Lin roui	—	—	—	—	—	(pas d'analyse)
Filasse	—	—	—	—	—	id.
Plante entière de lin	—	—	—	—	—	id.
— chanvre	—	—	—	—	—	id.
— houblon	—	—	—	—	—	id.
Cônes de houblon	—	—	—	—	—	id.
Tabac	—	—	—	—	—	id.
VIII. Litières diverses.						
Bruyère	37,00	30,00	153,00	197,00	37,00	Kühn.
Fougère	—	—	—	—	—	(pas d'analyse)
Genêt	—	—	—	—	—	id.
Prêle	—	—	—	—	—	id.
Varechs	—	—	—	—	—	id.
Feuilles de hêtre (automne)	—	—	—	—	—	id.
Feuilles de chêne	—	—	—	—	—	id.
Aiguilles fraîches de sapin	25,00	37,00	225,00	119,00	9,00	Kühn.
Roseau	—	—	—	—	—	(pas d'analyse)
Carex	—	—	—	—	—	id.
Jonc	—	—	—	—	—	id.
IX. Grains et graines.						
Froment de mars	132,00	16,00	662,00	30,00	17,00	Kühn.
— d'hiver						
Seigle	110,00	20,00	672,00	37,00	18,00	id.
Orge	100,00	23,00	641,00	71,00	22,00	id.
Avoine	120,00	60,00	566,00	90,00	27,00	id.
Épeautre vêtu	100,00	14,00	528,00	170,00	38,00	id.
Maïs	106,00	68,00	610,00	76,00	13,00	id.
Millet	127,00	33,00	580,00	95,00	30,00	id.
Sorgho	—	—	—	—	—	(pas d'analyse)
Sarrazin	78,00	15,00	581,00	176,00	18,00	Kühn.
Colza	194,00	425,00	104,00	100,00	39,00	id.
Lin	—	—	—	—	—	(pas d'analyse)
Haricots	—	—	—	—	—	id.
Pois	224,00	30,00	526,00	64,00	24,00	Kühn.
Chanvre	163,00	336,00	216,00	121,00	42,00	id.
Pavot	175,00	410,00	137,00	61,00	70,00	id

Dans 1,000 par-
fraîche

COEFFICIENTS DE FERTILITÉ :

INDICATION des MATIÈRES.	EAU.	AZOTE.	ACIDE PHOSPHORIQUE.	POTASSE.	CHAUX.	AUTEURS des ANALYSES.
Betterave fourragère....	140,00	—	7,60	9,10	7,60	Wolff.
— sucrière......	146,00	—	7,50	11,10	10,40	id.
Navet................	120,00	—	14,10	7,70	6,10	id.
Carotte..............	120,00	—	11,80	14,30	29.00	id.
Vesces...............	136,00	44,00	7,90	6,30	0,60	id.
Fèveroles............	141,00	40,80	11,60	12,00	1,50	id.
Lentilles............	134,00	38,10	5,20	7,70	0.90	id.
Lupin................	138,00	55,20	8,70	11,40	2,70	id.
Trèfle...............	150,00	—	12,40	13,80	2,30	id.
Esparcette...........	160,00	—	9,00	10,80	11,90	id.
Fèves................						Boussingault.
X. Produits du bétail.						
Lait.................	874,00	6,40	1,90	1,70	1,50	Wolff.
Viande de veau........	780,00	34,90	5,80	4,10	0,20	id.
— bœuf..........	770,00	36,00	4,30	5,20	0,20	id.
— porc..........	740,00	34,70	4,60	3,90	0,80	id.
Veau (animal vivant)...	662,00	25,00	13,80	2,40	16,30	id.
Bœuf.................	597,00	26,60	18,60	1,70	20,80	id.
Mouton...............	591,00	22,40	12,30	1,50	13,20	id.
Porc.................	528,00	20,00	8,80	1,80	9,20	id.
Sang.................	790,00	32,00	0,40	0,60	0,10	id.
Laine lavée..........	100,00	94,40	0,30	1,90	2.50	id.
Fromage..............	450,00	45,30	11,50	2,50	6,90	id.
Œufs.................	672,00	21,80	3,20	1,60	43,30	id.
XI. Engrais.						
Fumier...............	800,00	4,16	1,76	4,92	10,46	Ville.
Purin de fumier.......	982,00	1,50	0,10	4,90	0,30	Wolff.
Excréments humains frais.	772,00	10,00	10,90	2,50	6,20	id.
Urine humaine fraîche...	959,00	6,00	1,70	2,00	0,20	id.
Mélange des deux, frais..	935,00	7,00	2,60	2,10	0,90	id.
Produits des fosses d'aisances..............	970,00	3,50	2,80	2,00	1,00	id.
Farine d'os...........	50,00	40,00	257,00	—	313,00	id.
Charbon d'os..........	40,00	—	312,00	—	430,00	id.
Superphosphate........	160,00	—	160,00	—	210,00	id.
Guano du Pérou........	140,00	125,00	137,00	16,00	121,00	id.
— **Baker**..........	**40,00**	10,00	405,00	2,00	434,00	id.

ties de substance
ou sèche.

COEFFICIENTS ALIMENTAIRES :

INDICATION des MATIÈRES.	MATIÈRES.			LIGNEUX.	MINÉRAUX.	AUTEURS des ANALYSES.
	PROTÉIQUES.	GRASSES.	EXTRACTIVES non azotées.			
Betterave fourragère....	—	—	—	—	—	(pas d'analyse)
— sucrière......	—	—	—	—	—	id.
Navet................	—	—	—	—	—	id.
Carotte..............	—	—	—	—	—	id.
Vesces...............	275,00	19,00	491,00	56,00	23,00	Kühn.
Fèveroles............	251,00	16,00	445,00	117,00	30,00	id.
Lentilles............	—	—	—	—	—	(pas d'analyse)
Lupin................	—	—	—	—	—	id.
Trèfle...............	—	—	—	—	—	id.
Esparcette...........	—	—	—	—	—	id.
Fèves................	251,00	16,00	445,00	117,00	30,00	Kühn.
X. Produits du bétail.						
Lait.................	40,00	36,00	47,00	—	7,00	id.
Viande de veau........	—	—	—	—	—	(pas d'analyse)
— bœuf........	—	—	—	—	—	id.
— porc.........	—	—	—	—	—	id.
Veau (animal vivant)...	—	—	—	—	—	id.
Bœuf.................	—	—	—	—	—	id.
Mouton...............	—	—	—	—	—	id.
Porc.................	—	—	—	—	—	id.
Sang.................	—	—	—	—	—	id.
Laine lavée...........	—	—	—	—	—	id.
Fromage..............	—	—	—	—	—	id.
Œufs.................	—	—	—	—	—	id.
XI. Engrais.						
Fumier...............	»	»	»	»	»	»
Purin de fumier.......	»	»	»	»	»	»
Excrémens humains frais.	»	»	»	»	»	»
Urine humaine fraiche..	»	»	»	»	»	»
Mélange des deux, frais..	»	»	»	»	»	»
Produits des fosses d'aisances..............	»	»	»	»	»	»
Farine d'os...........	»	»	»	»	»	»
Charbon d'os..........	»	»	»	»	»	»
Superphosphate........	»	»	»	»	»	»
Guano du Pérou........	»	»	»	»	»	»
— Baker,..........	»	»	»	»	»	»

COEFFICIENTS DE FERTILITÉ : Dans 1,000 par-fraîche

INDICATION des MATIÈRES.	EAU.	AZOTE.	ACIDE PHOSPHORIQUE.	POTASSE.	CHAUX.	AUTEURS des ANALYSES.
Guano poissons de Norvége.	150,00	85,00	133,00	3,00	144.00	Wolff.
Salpêtre du Chili.	20,00	150,00	—	—	1,00	id.
Sulfate d'ammoniaque.	50,00	200,00	—	—	—	id.
Sel marin brut.	33,00	—	—	—	12,00	id.
Sulfate de potasse brut.	50,00	—	—	100,00	19,00	id.

Nous croyons devoir en terminant, répéter ce que nous disions au commencement de ce chapitre, relativement aux coefficents alimentaires donnés par les tables. Si on veut pouvoir accorder à ces chiffres une confiance absolue, et par conséquent en tirer une réelle utilité, il faut ne comparer que des produits analogues ou voisins.

Vouloir sur la foi de l'analyse, étendre la comparaison à des produits aussi disparates que le foin, la paille, la bruyère, la farine de seigle, et les tourteaux de lin, c'est vouloir de parti pris annuler l'utilité d'indications qui, renfermées dans leur véritable cadre, méritent toute confiance et peuvent servir de guide à la pratique.

Sous le bénéfice de cette réserve, nous ne saurions trop recommander l'usage des tables. Dans une comptabilité bien ordonnée, le régime du sol, comme l'alimentation du bétail, doit faire l'objet d'une statistique toujours en éveil.

Il n'y a pas à le nier. Plantes et animaux, sont soumis à des conditions de nutrition inflexibles. Pour en retirer tout le profit qu'ils peuvent donner, il faut de toute nécessité ne rien laisser à l'arbitraire, et pour cela recourir à l'usage inties de substance ou sèche.

COEFFICIENTS ALIMENTAIRES :

INDICATION des MATIÈRES.	MATIÈRES.			LIGNEUX.	MINÉRAUX.	AUTEURS des ANALYSES.
	PROTÉIQUES.	GRASSES.	EXTRACTIVES non azotées.			
Guano poissons de Norvége	»	»	»	»	»	»
Salpêtre du Chili	»	»	»	»	»	»
Sulfate d'ammoniaque	»	»	»	»	»	»
Sel marin brut	»	»	»	»	»	»
Sulfate de potasse brut	»	»	»	»	»	»

cessant des tables, comme l'ingénieur recourt à son répertoire de coefficients, le marin à la connaissance des temps.

GÉNÉRA

AÏS, CANNE A SU

RÉPERTOIRE ET CLASSIFICATION DES ENGRAIS CHIMIQUES. — LEUR GÉNÉRATION RÉCIPROQUE.

ENGRAIS COMPLETS.

DOMINANTE : AZOTE.

ENGRAIS COMPLET N° 1. — COLZA, CHANVRE, CÉRÉALES, PRAIRIE.

	A l'hectare. Kil.
Superphosphate de chaux	400
Nitrate de potasse	200
Sulfate d'ammoniaque	250
Sulfate de chaux	350
	1,200

ENGRAIS COMPLET N° 2. — BETTERAVES, CAROTTES, JARDINAGE.

	A l'hectare. Kil.
Superphosphate de chaux	400
Nitrate de potasse	200
Nitrate de soude	300
Sulfate de chaux	300
	1,200

DOMINANTE : POTASSE.

ENGRAIS COMPLET N° 3. — POMMES DE TERRE, LIN.

	A l'hectare. Kil.
Superphosphate de chaux	400
Nitrate de potasse	300
Sulfate de chaux	300
	1,000

ENGRAIS COMPLET N° 4. — VIGNES, ARBRES FRUITIERS.

	A l'hectare. Kil.
Superphosphate de chaux	600
Nitrate de potasse	500
Sulfate de chaux	400
	1,500

DOMINANTE : PHOSPHATE DE CHAUX.

ENGRAIS COMPLET N° 5. — MAÏS, CANNE A SUCRE, SORGHO, TOPINAMBOUR.

	A l'hectare. Kil.
Superphosphate de chaux	600
Nitrate de potasse	200
Sulfate de chaux	400
	1,200

PAS DE DOMINANTE.

ENGRAIS COMPLET N° 6. — LIN A DENTELLE, LÉGUMINEUSES, LUZERNE.

	A l'hectare. Kil.
Superphosphate de chaux	400
Nitrate de potasse	200
Sulfate de chaux	400
	1,000

ENGRAIS HOMOLOGUES.

TYPES (′). Ils ont la même composition que les engrais complets correspondants; le nitrate de potasse est remplacé par un mélange de chlorure de potassium et de sulfate d'ammoniaque.

ENGRAIS COMPLET N° 1′.

	A l'hectare. Kil.
Superphosphate de chaux	400
Chlorure de potassium à 80°	200
Sulfate d'ammoniaque	390
Sulfate de chaux	210
	1,200

ENGRAIS COMPLET N° 2′.

	A l'hectare. Kil.
Superphosphate de chaux	400
Chlorure de potassium à 80°	200
Sulfate d'ammoniaque	140
Nitrate de soude	300
Sulfate de chaux	160
	1,200

ENGRAIS COMPLET N° 3′. (A L'ÉTUDE.)

ENGRAIS COMPLET N° 4′.

	A l'hectare. Kil.
Superphosphate de chaux	600
Chlorure de potassium à 80°	500
Sulfate d'ammoniaque	350
Sulfate de chaux	50
	1,500

ENGRAIS COMPLET N° 5′. (A L'ÉTUDE.)

TYPES (ᵖ). Le superphosphate de chaux est remplacé par le phosphate de chaux précipité $PhO^5, 2CaO + aq.$

ENGRAIS COMPLET N° 1ᵖ.

	A l'hectare. Kil.
Phosphate précipité	170
Nitrate de potasse	200
Sulfate d'ammoniaque	250
Sulfate de chaux	380
	1,000

ENGRAIS COMPLET N° 2ᵖ.

	A l'hectare. Kil.
Phosphate précipité	170
Nitrate de potasse	200
Nitrate de soude	300
Sulfate de chaux	330
	1,000

ENGRAIS COMPLET N° 3ᵖ.

	A l'hectare. Kil.
Phosphate précipité	170
Nitrate de potasse	300
Sulfate de chaux	330
	800

ENGRAIS COMPLET N° 4ᵖ.

	A l'hectare. Kil.
Phosphate précipité	250
Nitrate de potasse	500
Sulfate de chaux	250
	1,000

ENGRAIS COMPLET N° 5ᵖ. (A L'ÉTUDE.)

ENGRAIS COMPLETS INTENSIFS.

Ils diffèrent des engrais complets correspondants par la dose plus forte de la dominante.

ENGRAIS COMPLET INTENSIF N° 1. — COLZA, CHANVRE, FROMENT.

	A l'hectare. Kil.
Superphosphate de chaux	400
Nitrate de potasse	200
Sulfate d'ammoniaque	350
Sulfate de chaux	350
	1,300

ENGRAIS COMPLET INTENSIF N° 2. — BETTERAVES, CAROTTES, JARDINAGE.

	A l'hectare. Kil.
Superphosphate de chaux	400
Nitrate de potasse	200
Nitrate de soude	450
Sulfate de chaux	250
	1,300

ENGRAIS COMPLET INTENSIF N° 3. — POMMES DE TERRE, LIN.

	A l'hectare. Kil.
Superphosphate de chaux	400
Nitrate de potasse	300
Nitrate de soude	100
Sulfate de chaux	200
	1,000

ENGRAIS COMPLET INTENSIF N° 5. — MAÏS, CANNE A SUCRE, SORGHO, TOPINAMBOUR.

	A l'hectare. Kil.
Superphosphate de chaux	600
Nitrate de potasse	200
Sulfate d'ammoniaque	60
Sulfate de chaux	340
	1,200

ENGRAIS INCOMPLETS.

Ils dérivent des engrais complets n° 1 et n° 2 par la suppression de la potasse, et de l'engrais complet n° 6 par la suppression de l'azote.

SANS POTASSE.

ENGRAIS INCOMPLET N° 1. — COLZA, CHANVRE, CÉRÉALES, PRAIRIE.

	A l'hectare. Kil.
Superphosphate de chaux	400
Sulfate d'ammoniaque	350
Sulfate de chaux	250
	1,000

ENGRAIS INCOMPLET N° 2. — BETTERAVES, CAROTTES.

	A l'hectare. Kil.
Superphosphate de chaux	400
Nitrate de soude	480
Sulfate de chaux	120
	1,000

SANS AZOTE.

ENGRAIS INCOMPLET N° 6. — LÉGUMINEUSES, SAINFOIN, TRÈFLE, LUZERNE (1).

	A l'hectare. Kil.
Superphosphate de chaux	400
Chlorure de potassium à 80°	200
Sulfate de chaux	400
	1,000

(1) Pour la luzerne, un mélange de 100 kilogr. de chlorure de potassium et de 100 kilogr. de sulfate de potasse, remplaçant les 200 kilogr. de chlorure de potassium, m'a donné d'excellents résultats.

ENGRAIS A FONCTIONS SPÉCIFIQUES,

Destinés à agir non-seulement sur le rendement de la récolte, mais encore sur la qualité des produits.

ENGRAIS GRANIFÈRE. —— ENGRAIS GLUTIGÈNE. —— ENGRAIS SACCHARIGÈNE.

(A L'ÉTUDE.)

TABLE DES MATIÈRES.

PRÉFACE.

PREMIER ENTRETIEN.

DEUXIÈME ENTRETIEN.

TROISIÈME ENTRETIEN.

QUATRIÈME ENTRETIEN.

CINQUIÈME ENTRETIEN.

SIXIÈME ENTRETIEN.

SEPTIÈME ENTRETIEN.

HUITIÈME ENTRETIEN.

NEUVIÈME ENTRETIEN.

APPENDICE.

FIN DE LA TABLE DES MATIÈRES.

TABLE ALPHABÉTIQUE DES MATIÈRES.

ERRATA.

Page 108.

Au lieu de :

Rente de la terre................	9,910	
Frais de culture................	16,664	30,088 fr.
Frais des étables................	5,514	
BÉNÉFICES..........................		3,333

lisez :

Rente à la terre................	9,910	
Frais de culture................	5,514	30,088 fr.
Frais des étables................	16,664	
BÉNÉFICES..........................		3,333

Page 38. — Ligne 18, *au lieu de :* Il n'est pas nécessaire de fournir aux plantes, parce qu'elles les *tiennent* de l'atmosphère, *lisez :* parce qu'elles les *tirent* de l'atmosphère.

Page 39. — Ligne 12, *au lieu de* : complique ce qui peut être rendu simple, *lisez* : et compliquer ce qui peut être rendu simple.

Page 65. — Ligne 9, *au lieu de :* la chaux et une matière azotée, communiquant aux plus mauvaises tenus, *lisez :* aux plus mauvaises terres.

Page 66. — Ligne 30, *au lieu de* : engrais incomple, *lisez :* engrais incomplets.

Page 136. — Ligne 18, *au lieu de :*

ENGRAIS COMPLET INTENSIF N° 2.

	à l'hectare.	
Superphosphate de chaux.............	400	kilogr.
Nitrate de potasse....................	200	—
Nitrate de soude......................	450	—
Sulfate de chaux......................	250	—
	1,300	

lisez :

	à l'hectare.	
Superphosphate de chaux.............	400	kilogr.
Nitrate de potasse....................	200	—
Nitrate de soude..............	de 400 à 450	—
Sulfate de chaux......................	250	—
	1,300	

EXTRAIT DU CATALOGUE DE LA LIBRAIRIE AGRICOLE

BIBLIOTHÈQUE AGRICOLE ET HORTICOLE

51 VOLUMES, A 3 FR. 50 LE VOLUME

A. B. C. de l'agriculture pratique et chimique, par Perny, 360 pages.
Abeilles (Les), par Bastian, 328 pages, 53 grav.
Agriculture et la population (L'), par L. de Lavergne, 472 pages.
Agriculture de la France méridionale, par Biondet, 484 pages,
Agriculture moderne (Lettres sur l'), par Liebig, 244 pages.
Amendements (Traité des), par A. Puvis, 440 pages.
Bêtes à laine (Manuel de l'éleveur de), par Villeroy, 336 pages, 54 grav.
Botanique populaire, par Lecoq, 408, pages, 215 grav.
Causeries sur l'agriculture et l'horticulture, par Joigneaux, 403 p. 27 gr.
Champignons et truffes, par J. Remy, 174 pages, 12 planches coloriées.
Cheval (Conformation du), par Richard (du Cantal), 400 pages.
Chimie agricole, par Is. Pierre, 2 vol., 752 pages, 22 grav.
Conseils aux jeunes femmes, par Mme Millet-Robinet, 284 pages, 30 grav.
Culture améliorante (Principes de la), par Lecouteux, 368 pages.
Douze mois (Les) Calendrier agricole, par V. Borie, 380 pages, 80 grav.
Drainage (Traité de), par Leclerc, 424 pages, 130 grav., 1 planche.
Économie rurale de la France, par L. de Lavergne, 490 pages.
Économie rurale de l'Angleterre, par L. de Lavergne, 480 pages.
Economie rurale de Belgique, par Laveleye, 304 pages.
Encyclopédie horticole, par Carrière, 550 pages.
Engrais chimiques, par Georges Ville, 2 vol. 810 pages avec grav.
E[illegible]tiens familiers sur l'horticulture par Carrière, 384 pages.
Fe[illegible]e (La), Guide du jeune fermier, par Stockhardt, 2 vol., 616 pages.
Irrigations (Manuel des), par Muller et Villeroy, 263 pages et 123 grav.
Jardinier des fenêtres, et appartements (Le), par J. Remy, 278 p. 40 g.
Jardinier multiplicateur (Guide pratique du) par Carrière, 410 pages, 85 grav.
Laiterie, beurre et fromages, par Villeroy, 392 pages, 59 grav.
Leçons élémentaires d'agriculture, par Masure, 2 vol., 900 pages, 52 grav.
Mouches et vers, par Eug. Gayot, 246 pages, 33 grav.
Mouton (Le), par Lefour, 392 pages, 76 grav.
Pêcher (Culture du), par Bengy-Puyvallée, 230 pages et 3 planches.
Plantes de terre de bruyère, par Ed. André, 388 pages, 31 grav.
Porc (Le), par Gustave Heuzé, 334 pages et 56 grav.
Poulailler (Le), par Ch. Jacque, 360 pages, 117 gravures.
Races canines (Les), par Bénion, 260 pages et 12 grav.
Sportsman (Guide du), par Eug. Gayot, 378 pages et 12 grav.
Vers à soie (Conseils aux éducateurs de), par de Boullenois, 224 p., 2 planches.
Vigne (La), par Carrière, 396 pages et 122 grav.
Vigne (La) **et le vin**, par Chaverondier, 348 pages, 38 grav.
Vigne (Culture de la) **et vinification**, par J. Guyot, 2e éd., 426 p., 30 grav.
Vin (Le), par de Vergnette-Lamotte, 402 p., 31 grav. noires et 3 pl.
Viticulture et la vinification (Lettres sur la), par Blondeau, 328 pages.
Voyages agricoles, par de Gourcy, 428 pages.
Zootechnie (Traité de), par A. Sanson, 4 vol., 1700 p., 184 grav.

Paris. — Imprimerie de Georges Chamerot, rue des Saints-Pères, 19.

www.ingramcontent.com/pod-product-compliance
Ingram Content Group UK Ltd.
Pitfield, Milton Keynes, MK11 3LW, UK
UKHW020608230726
13926UKWH00005B/2267